作者简介

【蔡多文】1951年12月出生于湖南常德。1969年12月入伍，历任战士、排长、指导员、干事、教导员、大队政委、师政治部主任、师政委、驻香港部队副政委，现任中国人民解放军广东省军区政委，少将军衔。上世纪70年代初开始发表作品，已出版散文集《逆境中的人生之路》、《掩卷遐思》、《游目抒怀》、《乡情如歌》、《香江情韵》、《人生悟语》等，作品曾获“全军文艺新作品奖”一等奖。2007年，在香港回归10周年时，撰写的20集大型电视纪实片《情满香江》在中央电视台播出，受到广泛好评。中国作家协会会员，广东省作家协会会员。中国共产党第十七次全国代表大会代表。

讲壇随筆

蔡多文 著

廣東省出版集團
花城出版社

图书在版编目（CIP）数据

讲坛随笔／蔡多文著. —广州：花城出版社，2009.12
ISBN 978-7-5360-5845-3

Ⅰ.讲… Ⅱ.蔡… Ⅲ.人生哲学—文集 Ⅳ.B821-53

中国版本图书馆 CIP 数据核字（2009）第 215313 号

责任编辑：邓　如
技术编辑：薛伟民
封面设计：余锡鑫

出版发行　花城出版社
（广州市环市东路水荫路 11 号）
经　　销　全国新华书店
印　　刷　佛山市浩文彩色印刷有限公司
（南海区狮山科技工业园 A 区）
开　　本　889 毫米×1194 毫米　32 开
印　　张　16.75　3 插页
字　　数　380,000 字
版　　次　2010 年 1 月第 1 版　2010 年 1 月第 1 次印刷
印　　数　1－30,000 册
定　　价　56.00 元

如发现印装质量问题，请直接与印刷厂联系调换。
购书热线：020—37604658　37602819
欢迎登陆花城出版社网站：http://www.fcph.com.cn

作者感言

处在一个人心浮躁、价值嬗变的时代，我们确实需要有道德的熏陶和灵魂的净化。

思想政治教育既要靠真理的力量去启迪，也要靠情感的语言去沟通，还要靠有效的形式去推动。

讲者耕心，听者会心。要想启人以志，须先牵人以心。

所谓“教”，指传统式的教化；所谓“育”，指现代式的培育。过去，我们往往注重的是“教”，而恰恰忽略了“育”。

教育最反对：不看对象，不讲方法，不问效果，不重身教。

授课效果的检验标准：悦于心，聚于魂，化于行。

目录

Contents

真挚心灵的纯情唱和 001

——读多文将军《讲坛随笔》手稿散记

第一讲 学习 修炼 成才

◎ 重读温总理那首诗 002

◎ 修道士何以成了魔鬼 014

◎ 不要看扁了猪八戒 022

第二讲 信仰 追求 气节

◎ 挺起科学信仰的脊梁 030

◎ 关于渔夫和狐狸的故事 039

◎ 信仰在，铁骨在，力量在 046

第三讲　荣誉　使命　责任

◎ 荣誉是德行的奖品 054
◎ 并非仅仅“请狼回归” 063
◎ 从勃兰特的那幅老照片说起 072

第四讲　国家　政党　人民

◎ 永不可淡忘的国家精神 087
◎ 用满腔忠诚爱我们的党 094
◎ 人民是最伟大的圣人 100

第五讲　勇气　胆略　豪情

◎ 最难打败的是自己 111
◎ 无限风光在险峰 118
◎ 点燃激情 125

第六讲　积德　行孝　仁爱

◎ 德以善为首 133
◎ 百善孝为先 139
◎ 为人当以仁爱施人 150

第七讲　自省　自律　自强

◎ 自知者明 161
◎ “羊续悬鱼”的启示 167
◎ 把握自己 172
◎ 自胜者强 185

第八讲　朝气　锐气　正气

◎ 朝气生则暮气衰 …… 195

◎ 由壶口瀑布说锐气 …… 203

◎ 唱响人生正气歌 …… 209

第九讲　团结　友情　共事

◎ 相聚守住一个“缘”字 …… 218

◎ “高山”、“流水”的联想 …… 224

◎ 从少拿利润看李嘉诚的得与失 …… 231

第十讲　做人　做官　做事

◎ 窗子、镜子里的世事人生 …… 240
◎ 要存敬畏之心 …… 245
◎ “醒着”做人做官做事 …… 250
◎ 秉持襟怀坦白的好心态 …… 257

第十一讲　遵规　守纪　崇法

◎ 不依规矩难成方圆 …… 267
◎ 断线的风筝会落地 …… 273
◎ 让规则看守世界 …… 281

第十二讲　勤俭　治家　创业

◎ 斯诺眼中的“中国魔力” …… 293
◎ 家风映照的万象人生 …… 299
◎ 大目标与小目标的辩证法 …… 305

第十三讲　信念　品格　胜利

◎ 揭秘尘缘法师的那壶水 315
◎ 修身重在修人品 321
◎ 成功不是坐等来的 329

第十四讲　官德　忠诚　清廉

◎ “自诛阵”前莫乱心 339
◎ 忠魂是用热血和生命铸就的 347
◎ 让“想一想”的警钟长鸣 351

第十五讲　诚实　守信　厚道

◎ 陈美丽何以能感动中国 …… 361
◎ 老实人乃聪明人 …… 369
◎ 宽厚容人天地阔 …… 375

第十六讲　感恩　知足　尽责

◎ 想起了失窃的罗斯福 …… 384
◎ 做知足常乐者 …… 393
◎ 时时想着沉甸甸的责任 …… 400

第十七讲　风度　礼仪　形象

◎ 漫笔风度说学养 …… 413
◎ 重读桐城“六尺巷” …… 419
◎ 人人都做“形象大使” …… 428

第十八讲　恋爱　婚姻　家庭

◎ 掀开恋爱的“面纱”……435

◎ 绕过婚姻的“暗礁”……444

◎ 构筑家庭的“爱巢”……453

第十九讲　修身　养生　健康

◎ 常常修剪心灵的花园……460

◎ 养生之道重在己……472

◎ 健康胜小康……479

第二十讲　文学　艺术　人生

◎ 发现美、鉴赏美、创造美……489

◎ 掌握好开启你智慧的那把钥匙……493

◎ 创造像文学艺术一样精彩的生活……503

后记……511

真挚心灵的纯情唱和

——读多文将军《讲坛随笔》手稿散记

文艺评论家　陈先义

是胡锦涛主席“干干净净为国家和人民做事”的铿锵之语的心灵唱和，也是四中全会“以优良的党风促政风带民风”的大国之音的灵魂解读……水天之间，一片荷叶，一朵荷花，静静地兀立在素雅的封面之上。品读广东省军区政委蔡多文将军的新著《讲坛随笔》，享受着这个惬意午后的典籍沉香，我看见了阳光在字里行间的脚步。

作为一个长期在军队院校和一线部队任职的政治主官，繁忙的公务决定了多文将军创作的散文化。从《逆境中的人生之路》到《掩卷遐思》，从《游目抒怀》到《乡情如歌》，从《香江情韵》到《情满香江》，从《人生悟语》到《讲坛随笔》，凡 8 卷书近 300 万字，都是他在路上、车上、枕上、下部队时记下的“心得锦什”，在边防、海岛、哨所给官兵授课时留下的“随感札记”，作品一气呵成，少有雕琢，是意志和激情燃烧的道德圣火，是思想与心灵耕种的精神硕果。

这些年，我先后拜读过多文将军的几部散文集，也在纸上记下过自己的不少感悟。近日花城出版社将推出他的新作

《讲坛随笔》，我认真读了这部书的手稿，又一次不由自主地写下一些阅读散记，但愿能引出读者心中的“宝玉”。

读《讲坛随笔》的“勇”。每一位军人都有这样的经历，不管再忙再累，擦拭武器是每天必不可少的功课。当枪刺、枪身、来复线散发出的闪闪寒光刺向你的瞳仁，你必定会感到眼前一亮、心中一动，仿佛自己也变成了没有一点杂质的枪，那搏动的心音就是钢枪铮铮的奏鸣。枪身的锈蚀可以擦掉，但如果精神一旦锈蚀，擦除起来可就要麻烦得多。于是，便有一代代文化勇士拭锋芒于灯下，踏履痕于朔漠，立风骨于寒营，听嘶鸣于长风。《讲坛随笔》就是这样的作品。

多文将军通过反观杰出人物，透析他们身上显现出的超人气魄、不同寻常的热忱、破釜沉舟的勇气，呼唤着时代勇士和强者的精神亮剑：“在我们的文化中，精神上的软弱和消极，生活中过多倚重于立身处世的智谋和技巧，以此作为一生奉行趋利避害的根本，而忽视了对精神和心灵层面的关注，岂不知一个人生命的价值及事业的成就最终起决定作用的，在于是否拥有坚忍不拔的意志力、一往无前的勇气以及成熟独立的人格。逃避和消极的哲学磨损着一些人的理想和个性，让生命变得卑微和平庸。”

《讲坛随笔》溢满英雄情结和阳刚之美。“生命之旅是一条美丽曲折的幽径，路旁有妍花，有丽蝶，有累累的硕果，但我们很少去停留观赏，很少采撷吮吸，一心一意地赶路，一脉相承地追随，一鼓作气地奔波，只因我们心中栽种着更加美丽的理想，只因我们身上激荡着铁流滚滚的血液。”是的，在许多年以前，当多文还是一名基层干部的时候，我就在他的一次自由来稿中，被类似这样的文字所击中，为这些文字里的血性所震撼。

多文将军在本书《后记》中说：“这些年来，我总在思考一个问题，我们的思想教育，怎样才能改变和避免那种概念化的照本宣科、照转照抄呢？怎样才能改变听众对思想教育的逆反心理呢？对于当代中国国民，构筑我们核心思想体系的大厦最需要的是什么？在我看来，我们经常所说的主流思想体系，要切切实实地让老百姓所接受，就必须反思我们思想教育的形式和方法，必须对其进行革命性地改造。于丹、易中天们给了我极大的启发和鼓舞，既然他们能以老百姓喜闻乐见的形式普及国学，为什么就不能用同样的方式向老百姓普及我们发了多少文件、印了多少理论读本所要阐述的主流价值呢?”在当前图书市场迎合之风、戏说之风的时势下，他的这一创作理念是需要巨大的思想勇气和写作勇气的。

读《讲坛随笔》的“仁”。多文将军对这支人民军队有着一种刻骨铭心的仁爱情结。而当这种情结化为迫切的关注和深深的凝望，其思想之光便不时喷涌而出：“一个国家可以只有很少一点兵器与军队，但必须蕴藏着这样一种可能：天边一声枪响，全民族霎时蹦跳起来扑向天边，传送带淌出不尽坦克……”

读《讲坛随笔》，不得不让人正襟危坐。我感佩多文对汉语经典的娴熟，好像已经将其烂熟于心了。多文表现出了迷人的精神魅力和道德热忱，他兼收并蓄，旁征博引，显示了开放的心态，这是一切理论家、文学家须必备的素养。书中广泛涉猎了宗教和哲学经典，如：儒、道、佛、圣经以及黑格尔、康德等鲜为人知的内容，展示了他广博的道德仁义。

读《讲坛随笔》，你会为多文将军放达谦逊的人生态度、深刻的见解、新鲜的哲理和真诚的灵魂拷问所折服。这是因为，在我们这个社会，无论阳光多么灿烂，总会有大地的阴影、社会的阴影、心灵的阴影，发现、揭示和治疗这些阴影，就是《讲坛随笔》的使命所系。

多文将军不仅是这么写的，也是这么做的——生活中的他宅心仁厚。尽管沿街乞讨者中不乏骗子，但只要是他碰上乞丐总要或多或少施舍一点；为了等候一位失主认领失物，他在刺骨的寒风中守候到深夜，直至失主归来；2008 年《人生悟语》一书出版后，从农村走出来的他，想到还有许多贫困山区和革命老区的孩子没有书读，毅然拿出几乎全部稿酬，为广东 20 余所希望小学和常德老家的孩子们捐赠几万册图书……

读《讲坛随笔》的“智”。多文将军涉猎广泛，思维纵深，他从一个人成长的多角度来审视人类的精神轨迹，来寻找道德火种：那些能把人类从黑暗里解救出来的亮光，而不是那些令人消沉的事件与人物。“每天必看日出”的福楼拜，那个不向提着裤子的“敌人”开枪的奥威尔……从他们身上，多文将军读出了人性的美好和感动，而且把最崇高的赞美献给了这些精神道德楷模。多文将军的精神足迹遍布古今中外，他努力寻找人类精神先烈和道德先驱留下的星星火种，通过自己独特的思索和写作来还原、显现它们，意图照亮心灵，点燃激情！而所有的这一切，皆缘于他内心的清澈和明亮。

《讲坛随笔》始终透露出由责任和忧患演绎的智慧：泱泱中华五千年，厚以载物的传统文明，是每一位炎黄子孙的生命光环。但这光环罩住的也有保守者行动的迟缓，还有恋旧者思想的畏缩。“人生之路遍布困顿，不少人只是在不可预知的心态里茫然前行、随遇而安。在历经生命与存在的顽强撞击后，这种以生命为代价的付出，应是人生最高境界上的涅□。”他的这种智慧还表现在：擅用“思索”这把“手术刀”，深入生活的肌理，剖析现代文明的疴疾。

《讲坛随笔》是一本开明祛昧的典籍。对心灵归宿的追求是人类最崇高最神圣的特征之一。英国哲学家培根说得好：“史鉴使人明智，诗歌使人巧慧，数学使人精细，博物使人深沉……”但如今的人们，好像越来越淡忘了古典。如果先前是“神”遮蔽了人，现在则是“人”遮蔽了人，是人们自己在遮蔽自己，总以为今人开明而古人蒙昧。我们也许“明”于现在，却常常“昧”于过去也“昧”于未来，我们也可能“明”于事却“昧”于人，尤其是“昧”于那些精彩的人。

《讲坛随笔》从心理学和哲学的角度深入透彻地阐释了人生幸与不幸的源头。书中关于婚姻与爱情的精辟论述，关于信仰与道德的经典透析，读起来饶有趣味，让你感到亲切“诚服”，而不是被动“训服”，并且确信对寻求理想有所启发。多文将军记录的不是任何抽象的道理，而是他自己心灵感悟的结晶，即便书中所提供的一些生活小窍门，也是通过他的“阅历和观察”获得的人生经验之谈。

多文将军在《后记》中还说：“这几年，我将这种带有对政治工作创新性的探求和想法，在各类讲坛、报告中作了探索性的试验，其反响和赞誉连我自己也不曾想到。去年，我又把讲坛上、课堂上讲到的反响比较好的观点，以随感随笔形式撰写了名为《人生悟语》的一本书，其在军内外读者中产生的广泛影响，更让我始料未及。”也让多文将军从中感受到改革我们传统的思想教育模式，群众是何等急迫和期待，并且深深感到要以自己的思想和行动来阐述文学主张和教育理念，用文学形式表现政治生活的“现在进行时”，主动用文学去干预生活。

读《讲坛随笔》的“诗”。人民军队也是一个诗的海洋。从红军、八路军、志愿军，到中国人民解放军，诗随征途吟，歌伴战斗唱。人民军队的光辉历程，本身就是一部在共产党的绝对领导下攻无不克、战无不胜的英雄史诗。诗意军旅造就了多文将军的文思泉涌、情景交融的文字风格。

《讲坛随笔》充满轻盈、优美的文字美，诗意盎然。它所带来的意象，仿佛就在芳香的阳光里，一首动人的诗歌探出绿色的藤蔓，穿过雪白的窗，爬满红色的墙，彰显勃勃的生命力和细致的美，给文字带来灵动的气息和高贵的蕴藉，使平凡的生活绽放出一缕霞光的异彩。

《讲坛随笔》是对漫谈式散文随笔的探索和实践。自“五四”以来的中国散文，大致可分为两类：一是抒情式的，另一是漫谈式的。可以说，以周作人、汪曾祺为代表的漫谈式散文体现着一种达观主义：对人生必有的缺憾报以坦然，认可相对性而避开绝对性，是对生命有限欢愉的一种退守。它既摆脱了那种无病呻吟的矫饰主义，也避开了那种有病呻吟的感伤主义，有一种“万物静观皆自得”的从容与潇洒。多文将军以丰富的历史人文知识和大纵深的思维跨度，以随意赋形、无拘无束的文体，以诗情画意般的语言深深打动着读者。

没有高深的洞见，没有冷峻的批判，没有人性的探秘，一切诉说都自然而然，就像在大雪覆盖的冬日里，一位面容和善的长者坐在炉火旁，缓缓地与你促膝而谈。多文将军就是用这样一种探寻的目光去审视，一种平静的心态去思索，一种博大的胸怀去包容。在书中，我们看到一个个难解之谜，听到一个个真实的故事。这些故事是另类的，也是原汁原味的；是人性的、道德的，也是诗意的，充满热烈的情感，像温泉一样汩汩流淌。

读《讲坛随笔》的“行”。正应了宋代杨万里的一句名言：“闭门觅句非诗法，只是征行自有诗。”多文将军的道德文章，令人感佩，其本身就是社会担当之行。从《老实人乃聪明人》、《常常修剪心灵的花园》、《最难打败的是自己》、《掀开恋爱的面纱》到《想起了失窃的罗斯福》，展示出的对人生命运的深切关注、对知识理想的不懈追求、对道德信仰的执著坚守，无疑是中国军人最本质的精神内核：忠诚。《讲坛随笔》凝聚着多文将军的忠诚：他把祖国比作圣地，把共产党比作圣殿，把人民比作圣人，从来没有停止“朝圣”的追赶，从来没有停止“崇高”的追随。

多文将军以异常深厚的生活功力、理论功力和文字功力，以洞幽烛微的心理体验、情感体验和艺术体验，尽情地将思想修养、作风历练问题剖析和研判得淋漓尽致，虚中有实，灵动飘逸，激情磅礴。既有绵密扎实的生活经历，又有舒展从容的情思飞扬，每一个命题都浸漫了强烈的客观感受和主观浪漫，使原本枯燥的说教有了很强的艺术张力和思想穿透力。正如他在《作者感言》里写下的：我们确实需要有道德的熏陶和灵魂的净化，理论应当悦于心，聚于魂，化于行……

多文将军还在《后记》中说："称其'随笔'，当然是文学。我想用文学形式搞教育，去普及我们政治教育的内容，不论对文学还是对教育，都是很有意义的新尝试。随笔是一种抒情特色很鲜明的文学体裁，它能紧追时代的脚步，最迅速地反映现实生活，反映社会大众的心灵脉动，因而决不能把随笔搞成单纯的茶肆酒楼的闲适文学、无病呻吟的消遣文学，甚至搞成抒发小情小我的小天地。一个有责任感的作家不应消极地回避生活，而要以手中之笔主动去干预生活，去为我们这个时代鼓与呼，去为我们的民族传承最优秀的文化基因，努力为提高国民的整体素质多作贡献。"

在市场经济最活跃的这片天空下，在近临"两前两制"的那片南粤热土上，多文将军还能坐得下身，静得下心，满怀对理论和文学的虔诚与执著，在文字的沃野里纵横，在思想的广场上漫步，在审视和思索中打捞岁月的沉香，在对比和反观中追索人性的光辉，是很需要一番恒心、耐心和定力的。读《讲坛随笔》，不觉已随作者将祖国河山走了一大半，又将五千年历史梳理了一遍，不是地理胜似地理，不是历史胜似历史。我却更倾心于作者包容四野、骛极八方的胸怀，倾心于他与我们的民族、人民、军队心心相印、息息相通的拳拳之心，倾心于他那充盈的内心世界和美丽情怀……

今年的深秋时节，多文从南方寄来《讲坛随笔》手稿嘱我作序，我认真拜读后信笔写下了以上感言，权为序。

2009 年 12 月 26 日于北京

第一讲

学习 修炼 成才

学习　修炼　成才

XUE XI　XIU LIAN　CHENG CAI

学习是当今人们谈论最多也是最为关心的话题。在知识爆炸的时代，知识不是呈算术级数增长，而是像原子裂变般的爆炸式增长。这个时代比任何时代都需要知识和本领，而解决这个问题的最佳途径和方法就是学习、学习、再学习。孔子在《论语》开篇第一句就是："学而时习之，不亦说乎?"他强调不间断学习是一件非常快乐的事情。这个过程就是一种修炼。学习使人进步，修炼成就人生。学习和修炼的人生，才是最快乐、最幸福的人生。

◎ 重读温总理那首诗

2007 年 5 月 14 日，温家宝总理在同济大学作了一个即席演讲，他说，一个民族有一些关注天空的人，他们才有希望；一个民族只是关心脚下的事情，那是没有未来的。同年的9月6日，《人民日报》以《仰望星空》为题发表了这首诗，其中写道："我仰望星空，它是那样寥廓而深邃；那无穷的真理，让我苦苦地求索、追随。我仰望星空，它是那样庄严而圣洁；那凛然的正义，让我充满热爱、感到敬畏。我仰望星空，它是那样自由而宁静；那博大的胸怀，让我的心灵栖息、依偎。我仰望星空，它是那样壮丽而光辉；那永恒的炽热，让我心中燃起希望的烈焰、响起春雷。"整首共16行的诗，是温家宝总理透明感情的炽热情怀，是理智内涵的汩汩流露，是静穆心田的真诚自省。像温家宝总理所张扬的具有仰望星空品格的人，世界哲学史上有黑格尔、康德等著名人物，特别是康德，不仅在理论上倡导，而且经常在深夜一个人仰望星空。在领袖和先哲们看来，对星空的仰望，在知晓博大的同时，也知道了自己的渺小。知道自己渺小的人，才会谦和、谨慎，才明白去努力探求；知道自己渺小的人，才懂得敬重他人、敬畏自然。

温家宝总理《仰望星空》的自由诗，在中国知识界反响强烈，后来被谱成曲广为传唱。这种哲学意义上的仰望，讲的是胸怀，是理想。而怎样才能使自己在思想上精神上做一个自觉的仰望者，那就是要有博大的胸怀，而博大胸怀应建立在广博的知识之上，而这一切须源于读书。

高尔基说："我读书越多，书籍就使我和世界越接近，生活对我也变得更加光明和有意义。"书籍是知识的博大载体。飘溢着淡淡墨香的文字连接着悠远的历史，浓缩了人生的沧桑，可以将壮丽的文明演绎成启蒙，也可以将遥远的未知燃烧成火炬。英国剧作家莎士比亚用诗一般的语言概括了书籍的真正含义，他说："书籍是人类知识的总结，书籍是全世界的营养品。"对读书的好处，毛泽东同志曾有过一段精彩的论述："有了学问，好比站在山上，可以看到很远很多的东西；没有学问，如在暗沟里走路，摸索不着，那会苦煞人。"毛泽东同志之所以能够高瞻远瞩，驾驭全局，成为伟大的无产阶级革命家、思想家、军事家，一个很重要的原因，就是他有渊博的学问和丰富的知识。他的学问、知识一方面来源于革命的实践，另一方面是从书本中间接获得的。因此，大家一定要好读书、读好书、多读书。

一个人从幼年、少年、青年、中年直至老年，学习将伴随整个生活历程，并影响人一生的成长和发展。一个人是这样，一个团体、一个国家，乃至一个民族、一个社会，也只有不断地学习，才能获取新知识，适应不断发展变化的客观世界，永远立于不败之地。因为一个国家的强大，取决于国家的综合实力；国家的综合实力，又取决于每一个国民的素质强弱。时下，海外媒体经常这样评价说：中国的经济实力已大踏步地向前跨越了，而软实力却还有相当长的路要走。软实力，是一个国家的文化程度、文明素质以及对世界影响力等综合指数的体现，应该说，在这方面我国才刚刚起步。从中国制造走向中国创造的全部症结，都在于我们需要一大批掌握现代化知识的创新型人才，只有在这方面我们赶上西方发达国家了，才能说中国的综合国力增强了，才能真正敢说我们实现了建立创新型国家的飞跃。

在上个世纪的90年代，曾有这样一幅漫画：十年前，站在深圳国贸大厦，如果撒一把石子砸到十个人，其中九个是经理，一个是副经理；五年后，站在深圳地王大厦，如果撒一把石子砸到十个人，其中有两个博士、三个硕士、四个学士，还有一个正在自学考研。这幅漫画说的也许有些夸张，但也充分说明人们“知识恐慌”、“本领恐慌”的意识越来越强烈。就连闻名遐迩的海尔集团首席执行官张瑞敏，也感到“战战兢兢，如履薄冰”，也得天天学习，把学习当作终身的课题。

国家要富强，民族要振兴，需要一大批高素质人才。一个人的前途、成就、幸福也取决于他自身的素质高低。能力素质，这是赢得一切成功的真正资本。法国作家罗曼·罗兰告诉人们：“财富是靠不住的。今日的富翁，说不定是明日的乞丐。唯有本身的学问、才干，才是真实的本钱。”人的才能从何而来，说到底都是从学习中来。一个人，从一生下来就开始学习，学习说话，学习走路，学习做事，学习一切。如果不学习，就不能成为一个真正的人，一个有本领的人。歌德说得好：“人不是靠他生来就拥有一切，而是靠他从学习中所得到的一切来造就自己。”一位老将军这样告诫年轻人：“早学习早进步，晚学习晚进步，不学习不进步。”谁觉醒早，谁行动早，谁就能更好地把握未来，拥有美好的明天。所以，每一个人都要树立终身学习的观念。

学习可以获取广博的知识。古往今来，凡是事业上有所成就的人，一个共同的秘诀就是坚持学习。“诗仙”李白，从五岁开始读书，诸子百家，佛道经典，无不过目成诵，这为他后来成为“诗仙”打牢了基础。人称“文豪”的前苏联作家高尔基，没有上过几天学，全靠自己刻苦学习获得成功。他说：“我读书，就像饥饿的人扑在面包上一样!”数学巨匠华罗庚，由于家境贫寒，初中毕业就失学了。后来到中华职业中学又读了一年，终因缴不起学费而被迫辍学。生活虽然艰辛，但他始终不忘学习，19岁就写出了高水平的论文，25岁就成了年轻的数学家。当时清华大学数学系主任熊庆来教授慧眼识才，毅然聘请华罗庚到清华大学数学系任教，从而造就了一位誉满全球的数学大师。比尔·盖茨能有今天的辉煌，除了天分，主要就是靠后天的勤奋学习成才。他是哈佛大学二年级的肄业生，连本科文凭也没有获得。但他后来靠着观念、智慧和思维，成了“计算机革命的点火人”、“软件的天才”。他的成功主要是靠自学、靠自己的钻研。常言道：“腹有诗书气自华。”你付出了努力，掌握了丰富的知识，就自然气宇轩昂，做起事来也就有了自信心，同时也就有了获得事业成功的坚实基础。

古今中外的许多军事家也都是学富五车、才高八斗的博学之士。被誉为“智慧化身”的诸葛亮，不仅熟读兵书，而且非常重视博览群书，涉猎百家之学。他在论述为将之道时说：“为将而不懂天文，不识地利，不知奇门，不晓阴阳，不看阵图，不明兵势，是庸才。”北宋名将狄青博览史书，贯通秦汉以来将帅兵法，并把学习心得运用于实践，最终成为智勇双全、屡建奇功的一代名将。汉朝开国皇帝刘邦之所以成功，是因为他能将张良的盖世谋才、萧何的盖世治才、韩信的盖世将才统统为己所用，从而夺得了天下，可见刘邦的确高明。

法兰西帝国的创建者拿破仑，十分重视学习，钻研了大量军事著作。他每次出征时，总要携带大量的书籍，并在帷帐中设立“军中图书馆”，是博学成就了他的辉煌。歌德称赞说：“拿破仑是我从来没有见过的富于创造力和善于学习的人。”我国老一辈革命家和将帅们既是驰骋疆场、能征善战的一代元勋，又是知识丰富、造诣很深的治国栋梁。比如，朱德、刘伯承、叶剑英、陈毅等老帅们，集政治家、军事家、文学家于一身，堪称文韬武略兼备，讲武而有奇谋方略，说文而有神采风韵。郭沫若同志曾赞誉朱德元帅“彬彬文质闲骚雅，岳岳元戎驭六龙”；称赞陈毅元帅“一柱天南百战身，将军本色是诗人”。

学习可以不断改造思想灵魂。明代大文学家方孝孺说：“人可不食也，不可不学也。不学则入于禽兽而不自知也。人与其禽兽也，毋宁死。”这些年来，极少数为官从政者不思进取，不学无术，在文山会海中虚度光阴，在迎来送往中乐此不疲，在灯红酒绿中流连忘返，在升官发财中煞费苦心，在不断变化的形势面前落伍了。有的甚至追逐糜烂的生活方式和低级庸俗的思想文化，奉行享乐主义，最后身败名裂，令人痛惜，发人深省。

尽管今天我们的学习条件好了，时间充裕了，但由于各种诱惑的增多，很多人在浮躁的环境中不能超脱，因此对读书学习热情不高，主要表现为：厌学、空学、浅学、歪学。厌学，就是对学习被动应付，没有主观学习的愿望，心里还有厌烦情绪；空学，就是在学习中搞空对空、假大空，或以会代学，或流于形式，或学无实效；浅学，就是对学习心不在焉，学点皮毛、浅尝辄止，看书看皮、看报看题、听课猎奇；歪学，就是在学习中断章取义、学为己用、正理歪用，对自己有利时肆意矫揉造作，不对口味就刻意歪曲贬低。这些不良学习现象是要坚决抵制并切实纠正的。

学习可以提升能力素质。古希腊哲学家捷诺，一次在他的学生面前画了两个圆圈，其中一个小的套在大的里面。他说："大圆圈的面积是我的知识，小圆圈的面积是你的知识。这两个圆圈之外是你、我无知的部分。大圆圈比小圆圈大，因而我接触无知的范围也比你们大。"捷诺的"圆圈说"告诉人们一个道理：学无止境。一个人的知识是有限的，只有不断扩大圆圈，不断读书学习，不断充实完善自己，才不至于坐井观天，孤陋寡闻。

古人讲："书到用时方恨少。"意在强调平时要多学习、多积累。据了解，凡经济发达国家的国民，都是比较注重读书学习的。如韩国率先设立了"读书节"；在日本随处可见的"电车文化"现象；欧美国家"读书俱乐部"的普及推广，等等。美国是读书俱乐部最多的国家，目前已有1200多家，成员达1000万以上。在瑞典，有40％的人参加了读书俱乐部，国民大都养成了读书的良好习惯。

犹太人是举世公认的爱读书的民族。他们认为，生命有终结，学习不能终止；财富可以被剥夺，唯有知识不会流失。以色列仅有600多万人口，但人均图书和出版社拥有率却为"世界之最"：14岁以上的以色列人平均每月读一本书，平均不到 4000 人就有一个公共图书馆，全国五分之一的人有借书证。正是因为爱读书，才使这个多灾多难的民族成为世界上最有智慧和最富有的民族之一。耶稣、马克思、弗洛伊德等三位世界上最具影响力的思想大师，也都是犹太人。据统计，目前诺贝尔文学奖获得者中，有 10 人是犹太人；诺贝尔经济奖获得者中，犹太人占 20%；全世界获诺贝尔奖的科学家中，17%是犹太人，其中“原子弹之父”爱因斯坦、奥本·海墨和“核和平之父”西拉德，以及“氢弹之父”特勒，等等，也都是犹太人。可见，读书对一个民族和一个人的影响是巨大的。杜甫有诗云：“富贵必从勤苦得，男人需读五车书。”如果人们在读书上舍得花钱并且投入时间和精力，在全社会形成读书学习的良好风尚，那么，对一个国家、一个民族而言，就是一件幸事、喜事。

学习可以优化人的心理素质。一个现代社会的新型人才，应该具备诸多方面的良好心理素质，如高尚的品德，超凡的气质，敬业的精神，目标专一的性格，以及坚忍不拔的意志，等等。这些都可以通过学习来获得。这样的人生，是最快乐的人生。《佛经》说：生就是学，学就是生，不学而无法生存，学习就像婴儿生下来要吃奶、鸟儿生下来要扑翅一样的重要。学习是个体生存的必要手段。学习可以促进人的成熟。许多心理学家的实验研究发现，动物，尤其是初生动物的环境丰富程度，可以影响动物感官的发育和成熟，也会影响大脑的重量、结构和化学成分，从而影响智慧的发展。有人研究聋哑人死后的大脑皮层，发现控制视听器官的部位趋于萎缩；对先天盲人复明后进行测验，发现他们眼运动不规则，难以集中注意力于一点，不能精确区分圆形与正方形。印度狼孩卡玛拉回到人类社会时约有七八岁，但智力水平仅相当于6个月大的婴儿；她死时大约16岁，也只相当于三四岁幼儿的智力水平。所有这些研究与事实说明，早期的学习、训练以及相应的文化环境，对人的感觉器官和大脑等机体功能的发育都有着一定影响。

当然，学习是一件不容易的事情，需要恒心和毅力，需要牺牲和付出。汉代匡衡凿壁偷光、晋代车胤、孙康"囊萤映雪"、苏廷吹火读书、李密牛角挂书、陈平忍辱苦读书、陆游书巢勤学、刘勰佛殿借读、贾逵隔篱偷学、陶弘景菜园求学，都是好学的典范。屈原小时候不顾长辈的反对，不论刮风下雨，天寒地冻，躲到山洞里偷读《诗经》。经过整整三年，他熟读了《诗经》305篇，从这些民歌民谣中吸收了丰富的营养，终于成为一位伟大诗人。范仲淹从小家境贫寒，在寺院长大，他以勤俭朴素、勤奋好学的良好品德感动了寺院长老，长老就送他到南都学舍学习。范仲淹依然坚持简朴的生活习惯，不接受富家子弟的馈赠，以磨砺自己的意志。经过刻苦攻读，他终于成了伟大的文学家。玄奘是唐代一位高僧，为了求取佛经原文，玄奘从贞观三年八月离开长安，万里跋涉，西行取经，终于到达印度，历时十七年，著有《大唐西域记》，为弘扬佛教文化和人类文明作出了突出贡献。民族英雄岳飞生逢乱世，自幼家贫，在乡邻的资助下，拜陕西名师周桐习武学艺。当他目睹山河破碎、百姓流离失所的情景后，就萌生了舍身报国的志向。在老师的悉心指导下，终于练成了岳家枪，并率领王贵、汤显等伙伴加入到抗金救国的爱国洪流中。他们勤学成才的事迹，永远是人们学习的榜样。

学识浩瀚如烟海。人们要掌握的东西太多，关键是要有所侧重和选择。

多学些哲学理论。学好哲学，对一个人形成正确的世界观人生观、掌握科学的思维方法、提升为人处世能力等大有好处。哲学是明白学、智慧学，学懂了哲学，脑子就灵，眼睛就明，办法就多；不管什么时候、干什么工作都会有方向，会有思路和办法。李瑞环同志说："不学哲学，天赋再好也不能算明白人。不懂哲学的领导就不是一个清醒的领导。"陈云同志也说："学好哲学，终身受用。"当然，一个人要有所作为，必须具备多方面的知识，而哲学可以帮助人们更好地运用这些知识。哲学不能代替具体科学，但可以帮助人们更好地掌握和运用具体科学。

多学些基础知识。包括文学、历史、地理、数理化以及艺术等方面的基本知识，还包括思想修养、伦理道德方面的知识，这些都是成才所必须具备的基础文化素质。不少成功之士就有这样的体会：文学可以陶冶情操，历史可以明鉴古今，艺术可以愉悦身心，思想修养的书籍则有助于提升人格魅力。

多学些兵家谋略。大家熟悉的《孙子兵法》，就是一本闪烁着中华民族智慧之光的军事书籍，理所当然地应当成为人们的必读之书。据报道，当年进驻海湾地区的美国海军陆战队官兵的背囊里，大多装着一本《孙子兵法》，从美国总统到前线将士，都力图从《孙子兵法》中领悟制胜之策。战争中，多国部队运用各种“诡道”之法“无中生有”，声东击西，欺骗敌方，争取主动，确实收到了奇效。

读书学习不但要学会思考和取舍，而且要掌握金钥匙。孟子说：“尽信书则不如无书。”告诫人们不要迷信书本，读书不能盲从，要独立思考。郭沫若先生说得好：“人是活的，书是死的。活人读死书，可以把书读活。死书读活人，可以把人读死。”因此，读书不能把自己的大脑当成消极地吸收贮存他人知识或现成结论的容器，而应当善于发现问题，不断提出问题，并运用大脑进行独立的分析、综合、比较与判断。这样才能对书本知识做到真正理解和运用。

在当今社会生活节奏加快、业余时间越来越有限的情况下，一个人要想跟上时代步伐，用最短的时间、最快的速度获取最丰富、最有用的知识，就一定要学会学习，比如采取读记结合法、博览群书法、质疑善问法、多路思考法、兴趣激励法、意志磨砺法等等，但不管用什么方法，有一点可以肯定，那就是离不开勤奋。古诗云："书山有路勤为径，学海无涯苦作舟。"说的就是这个道理。

◎ 修道士何以成了魔鬼

有这样一个故事：有个画家想画耶稣，却找不到一个纯真的人做模特。费了九牛二虎之力，他终于找到了一位修道士。画很快完成，画家从此名声大振，那位修道士也得到了丰厚的报酬。后来，有人对画家建议，你既然画了圣人耶稣，也该画一幅魔鬼撒旦才对。画家觉得有道理，可到哪里去找一个心灵丑恶的人做模特呢？他想到了监狱。果然，他在监狱里又找到了一个理想的模特，却还是那位修道士。当修道士得知自己要被画成魔鬼时，放声大哭。画家问："为什么哭呢？"修道士说："你以前画圣人就是我做模特，想不到你画魔鬼也来找我！"画家又问：

“怎么会这样呢?”修道士解释说:“我自从得了那笔报酬,就去花天酒地,很快挥霍光了,为了满足自己的欲望,我就去偷、去抢、去骗,结果就进了监狱。”这个故事告诉人们,做耶稣与做撒旦只是一念之差,不断净化、美化自己的心灵对加强道德修养是十分重要的。

如果说学习是一种能力,那么修炼就是实现个人成长的重要途径。培根说得好:“各种学问并不把它们本身的用途教给人们,如何运用这些学问乃是学问之外、学问之上的一种智慧。”也就是说,人们所学习掌握的知识,就如同埋藏在地下的宝藏,它虽然客观存在,但如果不加以开发利用,就不可能发挥其效益作用。只有把这些知识真正运用到自己所从事的工作中,才能产生巨大的能量。而且从一定意义上说,这种运用知识的学问,更是高于学习知识本身的一种大学问。这种“大学问”,主要是指能力。

人的能力是决定事业成败的关键。能人及善用能人的人,都是事业和命运的主宰者。而成为“主宰者”的能力从何而来?这就要靠修炼。“修炼”,原意是指道家修养练功、炼丹等活动。这里所说的修炼,则更多的是指将所学知识转化为能力,不断提高个人的心性修养,排除外界干扰,从而对错综复杂的事情作出正确判断的过程。学习与修炼,如同一个人在河面上修桥,仅有修桥的材料是不够的,还必须具备修桥的能力。只有这样,才能修造一座好桥，成功地抵达河的彼岸。当然，除了足够的知识储备外，影响一个人成才的因素还有很多，诸如道德修养、意志品质、思维方法、人际关系、个人心态等等，这些因素对一个人的成才同样重要。那么，人们应该如何去修炼呢？

要重视道德修养。道德修养是成才的必备素质，它不是与生俱来的，而是靠教育、实践或感化来获得的，是一个人在长期的、一系列的道德行为中所表现出来的稳定的心理特征。哲学家黑格尔说："一个人做了这样或那样一件合乎伦理的事，还不能说明他是有德的；只有当这种行为方式成为他性格中的固定因素时，他才可以说是有德的。"荀子也曾表达了类似的观点，说："积善成德而神明自德，圣心备焉。"可见，人的行为是受道德支配的，一个人"做人"的原则，在人格的形成和发展中往往会起到定向性的作用。

德是人才的灵魂，立德是成才之本。意大利诗人但丁有句名言："一个知识不全的人可以用道德去弥补，而一个道德不全的人却难以用知识去弥补。"美国品德教育联合会主席麦克唐纳说："光有品行没有知识是脆弱的，但没有品行光有知识是危险的，是对社会的潜在威胁。"人们经常可以听到这么一句俗话："德胜于才是君子，才胜于德是小人，德才兼备才是圣人。"说的就是品德与成才的关系。实践证明，一个缺乏高尚道德修养的人，是很难成就大事业的。

修炼重在炼意志品质。坚强的意志品质是成才的重要条件。中国宋代文学家苏轼曾告诫青年说："古之立大事者，不惟有超世之才，亦必有坚忍不拔之志。"居里夫人说："人要有毅力，否则将一事无成。"法国科学家巴斯特在谈到自己取得的成就时说："我达到目标的奥秘，就是我的坚持精神。"他们用自身的行动证明：优秀的意志品质对一个人的成才是如此重要。有关专家也曾对1000多名智力超常的儿童进行了近50年的跟踪调查，结果发现几十年以后，他们的智商仍高于一般人，不过其人生却不尽相同。有的取得了巨大成就，有的却一事无成。专家们分析发现，那些获得巨大成就者对自己所从事的事业都有忘我的献身精神，执著地追求自己认定的目标，无论遇到多少困难、多大挫折都矢志不移。而那些一事无成者，大多是意志薄弱的人，他们面临一点困难就退缩，遇到一点挫折就一蹶不振。专家们从中得出了一个结论：一个人是否能够取得事业上的成功，很大程度上并不完全取决于人的智力或客观条件，而是取决于他们是否具有坚强的意志。

坚强的意志品质是在困难和挫折中磨砺出来的。俗话说："天有不测风云，人有旦夕祸福。"人生难免会遇到各种各样的坎坷，事业也不会总是一帆风顺。纵观古今，许多成就大事业的人，无一不是凭借坚强的意志品质战胜困难和挫折，并最终取得成功的。司马迁在《报任少卿书》中历数先代圣贤遭逢灾厄，愤而立说的事迹：“盖西伯拘而演《周易》；仲尼厄而作《春秋》；屈原放逐，乃赋《离骚》；左丘失明，厥有《国语》；孙子膑脚，兵法修列；不韦迁蜀，世传《吕览》；韩非囚秦，《说难》、《孤愤》；《诗》三百篇，大氐贤圣发愤之所为作也。”而他本人也正是出于对崇高事业的向往，出于对人生最高价值的追求，在“身陷蚕室，辱遭酷刑，乡党耻笑，世人谤讥”的环境中，坚韧奋发，百折不挠，最终完成了昭辉千古的史书巨献《史记》。前苏联作家奥斯特洛夫斯基，在全身瘫痪、视力丧失的困境中，以坚韧不拔的毅力，以能够摧毁一切障碍的顽强意志，写出了世界名著《钢铁是怎样炼成的》。高尔基曾说：“人最凶恶的敌人就是他的意志力的薄弱和愚蠢。”它告诉人们一个道理：智商和天赋可能不是特别高的人，运气和环境不是特别好的人，如果历练出坚强的意志品质，再加上后天的勤奋努力，也是能够成就一番事业的。

要学会理性思考。孔子说过，“学而不思则罔”。一个人，如果只读书不思考，那么充其量只是一个两条腿的书柜，书读得再多也没有用。读书学习钻进去难，跳出来更难。跳出来就是要联系实际加强思考。思考的过程是对知识由此及彼、由浅入深的加工过程，也是融会贯通、得其要领的过程。没有思考这个中间环节，所学的知识就无法真正入脑入心，更谈不上指导实践。

一个人的思维方法，是一个人综合素质能力的反映，是成才必须具备的重要能力。善于进行理性思考，才能获得真知灼见。爱因斯坦创立的相对论，经过了十年的思考，所以他有句名言："思考，思考，再思考。"牛顿能从苹果落地想到万有引力定律，也是长期思考的结果。他说："我并没有什么办法，只是对于一件事情作长时间的思考罢了。"马克思著《资本论》，整整花了四十年的时间进行思考和写作。中国共产党的几代领导集体，无论是干革命还是搞建设，面对复杂多变的国际国内形势和一些具体的尖锐矛盾，无时无刻不在对中国的前途和命运进行深层次的思考，不断提出治党治国治军的一系列方略。而有些人书读了不少，笔记记了不少，心得体会也写了不少，但仔细盘点一下，属于他自己的东西并不多，而且很多知识如过眼烟云，早被抛到九霄云外了。

思考的过程就是对知识进行加工、整理的过程，同时也是获取新知识的过程。著名策划家王志刚，因为创作了一个又一个杰作，被人们称为"万能策划家"。有人问他："你什么都精通，事事都明晰，什么都能策划，奥妙何在?"王志刚的回答言简意赅:"奥妙在于精到的思维。"他说自己"凡是清醒的时候都在思考"。1820年,法拉第的老师戴维发现,电流通过缠绕在铁块外面的导线时,铁块便成了磁铁。这一发现引起了法拉第的兴趣。他在重复老师的实验中,反复思考,最终取得重大的发现,那就是通过磁产生电。正是有了法拉第的勤于思考、善于思考,才有了我们今天的发电机。

美籍华人、诺贝尔物理奖获得者李政道博士创立的孤立子新理论,也是不断思考的结果。一个偶然的机会,他在聆听其他科学家演讲时,知道非线性方程有一种叫孤立子的解。他经过研究后发现,有关这一理论的文献存在很多漏洞。于是,他就进行了深入论证,终于发现了一个新的孤立子理论,并由此获得了许多新的研究成果。

实践证明,多动一次脑,就会多明一层理;思之愈深,就会得之愈丰。思考的过程其实是一个艰苦的过程。有些人之所以宁愿干体力活也不想坐下来学习,就因为缜密的思考是一种很艰苦的事情。有的人读书学习浅尝辄止,不求甚解,文凭见长,水平却不见长,抓工作沿袭老办法,这都是不愿思考、害怕思考的结果。培根说:"勤于思考是一种美德。"康有为曾说:"好学而不好深思的人,诵据甚博而不求事理所以然,故绝无心得,绝无成就。"每一个人都要博学多思,做一个深邃的思想者,而不要孤陋寡闻，当一个肤浅的读书虫。

要善于与人交往。良好的人际关系是人生事业成功的需求，是人们取得成功的重要条件之一。目前有两本书特别畅销，一本是《成功之路》，一本是《成功的策略》。这两本书的作者，在分别对古今中外数百名成功人士进行分析后，得出了一个相近的结论：个人成功＝15％的专业技能＋85％的人际关系和处世技巧。

这个公式强调了人际关系对个人成功的重要性，说明一个人无论从事什么职业，如果有良好的人际关系和正确的处世技巧，将有助于在事业上取得成功。这是因为，良好的人际关系能够促进人们共同协作，为完成特定的任务而共同奋斗，能够促进人们之间的信息交流和信息共享，可以使人们从友好协作的和谐关系中吸取力量，增强信心，在人生业绩的创造中左右逢源、得心应手。相反，如果一个人单枪匹马，不善合作，甚至与他人之间相互拆台、相互牵制，个人能力将无法发挥，事业成功也就无从谈起。

与人交往中有无亲和力，体现出一个人度量的大小。一个人即便是才华横溢，但度量太小，凡事斤斤计较、患得患失、以牙还牙，是干不好事，也是难以干成事的。在今天这个联系更广泛、交往更密切的现代社会里，人与人之间的合作显得越来越重要。要想赢得人生的精彩，取得事业的成功，就要善于与人交往，增强自身的亲和力。有句话说，地球上最宽广的是海洋，比海洋更宽阔的是人的胸怀。对于渴望成功、追求成才的人来说，你有多宽的胸怀，就能成就多大的事业。在与人交往中，那些总是求全责备，老是盯着对方缺点、小毛病的人是不会受到欢迎的。在这方面，我们应该学习弥勒佛，做到“大肚能容天下难容之事”。这样，一个人就能够树立良好的自我形象，营造和谐的人际关系，打造属于自我的精彩人生。

◎ 不要看扁了猪八戒

成才是实现人生理想价值、塑造美好人生的重要途径。每个人都希望自己的一生过得充实幸福，有价值有意义，也都希望有一个支撑人生的事业，并从中体会到一种成就感。人们这种愿望的一致性，客观反映了成才对人生的重要意义。人人都渴望成才，但并非人人都能成才。因为任何人成才，都有其成长规律，必然受到诸多因素的支配和限制。说到成才，很多人首先想到的是轰轰烈烈干大事，风风光光创大业。然而，现实生活中能够创立伟业、作出突出贡献、取得卓越成就的人毕竟是少数，绝大多数人更多地是要面对平凡的工作、处理繁琐的事务。这样能不能成才呢？回答是肯定的。

大家提到猪八戒，大多数人脑子里会出现一个好吃懒做、整天色迷迷且丑陋不堪的形象。要把他和人才联系在一起，相信有不少人不太认可。但是，观音菩萨愣是选中他担任西天取经的要员，这里就涉及到一个人才标准问题。看看猪八戒的成才经历，可能会有所启迪。他有两个最大特点，一个是做精英不干的事情。猪八戒不像孙悟空那样上天入地，降妖除魔，但他擅长水上功夫，至于背死人等粗活、累活、脏活，他常常自告奋勇。另一个是他善于公关。如果说孙悟空是智商超群，猪八戒无疑是情商高手。齐天大圣心高气傲，谁也不放在眼里，而猪八戒却几乎人人喜爱。因为猪八戒嘴甜，有亲和力，使原本枯燥危险的取经生活充满了乐趣。他心胸也算宽大，虽然总跟孙悟空争来吵去，但关键时刻，兄弟情谊总是压倒一切。这难道不是人才吗？所以，人们对人才的认识不能以偏概全，戴着有色眼镜去评判。

从对猪八戒的认识上可以看出，当今社会对于人才标准的评判还存在一些问题。我认为，只要是对社会能作出贡献、能干成事、能为人民谋利益的，他就称得上是功臣，不愧为人才。哪怕是小小的岗位，同样是成就事业的大舞台。广州军区某部士官宗道辉，是立足本职岗位成才的楷模。他当兵 16 年，精通 18 项军事技能，技术革新成果填补了 6 项新装备技术空白。他先后干过气象引导员、驾驶员、仓库保管员和伞降教练班长等多个岗位，平均每3年就要换一个岗位，每换一次工作就要当一次“小学生”。他把每一个岗位当作新的出发阵地，始终以“百米冲刺”的状态跑好每一棒。探寻他成才的足迹可以看出，对岗位的热爱是他成就事业的基础。他常说：“我无法选择自己从事的岗位，但可以选择对待岗位的态度。”他把每个平凡岗位都当成练兵的舞台，精心演唱自己的“人生大戏”。他当仓库保管员时，并没有在这个“悠闲”的岗位上平庸度日，而是在尽职尽责守好仓库的同时，主动请缨参与“自动开伞器”的研制攻关，最终获得成功。

宗道辉立足岗位成才的经历说明了这样一个道理：成才是不受所从事的职业和工作岗位限制的，有时候仅仅取决于个人的心态。“心有多高，舞台就有多大”。保持良好的心态，对立足岗位成才至关重要。这就需要我们看淡名利，耐住寂寞，守住清贫，安心本职建功立业。

立足本职岗位锻炼成才，应该成为广大青年成才的选择。工作岗位既是获取真知、积累经验、增长才干的平台，也是把基础知识转化为应用知识、把学历转化为能力的载体。岗位无贵贱之分。对于每一个人来说，任何一个岗位都与事业密不可分，都是成就事业的一方舞台，只要勇于从自己做起，立足本职唱“主角”，就能在当今社会中大有作为。

要成政治之才。人作为社会关系的总和，要求每个人都要有基本的政治态度。看一个人品质过不过硬，首先要看他在政治上过不过硬。如果政治方向模糊不清，就难当大任、难受重托。讲政治，主要表现在坚定不移地贯彻执行党的基本路线、方针、政策，坚持党的“一个中心、两个基本点”的基本路线，对祖国无比热爱，对信仰无比坚定，对事业无比忠诚等方面。对任何人而言，彻底纯粹没有政治倾向的人是没有的，任何人都生活在一定的社会环境下，因此政治才是大才，需要我们清醒认识。

正确的政治方向和政治立场源于坚定的理想信念。共产党和人民军队是最有理想、最有追求的先进群体，在长期的革命和建设实践中，涌现出了许许多多的优秀代表。他们有的是为民族的解放、国家的独立创造出不朽业绩的伟大人物，如毛泽东、周恩来、刘少奇、朱德、邓小平等老一辈无产阶级革命家；有的是“我以我血荐轩辕”，“坚贞为党忠感天”的钢铁战士，如杨靖宇、叶挺、江竹筠；有的是“天兵怒气冲霄汉”、“横扫千军如卷席”的战斗英雄，如董存瑞、黄继光、杨子荣；有的是“全心全意为人民服务”、“报国尽在言行中”的共产主义战士，如雷锋、王杰、欧阳海、苏宁；有的是艰苦创业数十载，为攀登现代国防科技高峰屡创奇迹的科研尖兵，如钱学森、邓稼先、钱绍钧；有的是把一切献给党、身残志不残的佼佼者，如吴运铎、史光柱、李志军；还有许多居功不傲、长期隐姓埋名的无名英雄，如“活着的烈士”李玉安、井玉琢、曹发庆，等等。这些英雄人物的思想、品格和意志，无不体现了共产党人和军人所具有的崇高理想和远大志向。

成政治才，归根结底要增强党性修养。在这方面，雷锋是个好榜样。《雷锋日记选》中，“党”字出现的频率最高。掩卷沉思，人们从中可以感知雷锋的人生动力，找到雷锋精神的政治注脚，那就是坚强的党性，因而才冶炼和浇铸出了他那憎爱分明的阶级立场、言行一致的革命精神、公而忘私的共产主义风格和奋不顾身的无产阶级斗志。

要成为复合之才。眼下有一种不良现象，一些大学生甚至博士、研究生拿笔不会写字，靠嘴不会说话，一切生活依赖电脑而导致人体机能渐渐丧失。要知道，仅仅简单使用电脑、懂得网络基本知识并不算真正成才。“一朝鲜，吃遍天”的时代正在渐渐远去。

在信息时代，科学技术的发展使得各学科之间相互渗透，交叉日益增多，各专业、各领域的互通性日益增强，综合已成为科技发展的主流。第一次世界大战时，参战军队的专业技术种类仅有 20 多种，第二次世界大战时发展到 160 多种，21 世纪初已达到 3000 种以上。近年来，世界新技术革命的浪潮一浪高过一浪。重大的变革往往与人的思想观念、素质能力不可避免地发生碰撞与冲击，以信息化为主导的现代生活，不仅是对人们生存方式的挑战，也是对人们综合素质的挑战。

复合人才，主要指具有复合知识结构和综合能力的高素质人才。体现在知识结构上，强调丰富的知识与精深的专业技能相结合；在能力素质上，强调理论研究与实践应用相结合；在意志品质上，强调创新精神与求实态度相结合；在身心素质上，强调强壮体魄与智勇兼备相结合。简单地说，一名合格的复合人才，就是既懂社会又懂自然，既懂管理又懂技术，“指、技、管”相一致，德、智、体全面发展的新型人才。对年轻人来说，要实现能力素质由“单一型”向“复合型”转变，首先要不断完善知识结构。社会实践表明，一个人的才能通常与知识水平的深度和广度成正比。一个知识贫乏的人面对数字化信息化社会实践，将会手足无措。因此，一个人要在精于本专业知识的同时，须尽可能多地通晓文、史、哲、经和数、理、化、工、生等知识，真正成为能够综合运用各种现代知识、复合多能的高素质人才。其次要积极投身社会历练。当今社会是一个没有硝烟的战场，竞争越来越激烈。怎样赢得先机？如何做好细节？就是要在每一次重大社会活动或重大社会关系变革中，使自己的能力素质、意志品质和工作作风得到锻炼提高。因此，每一个立志成才的青年都要珍惜每一次社会实践学习的机会，做到既要身入更要心入，以历练过硬的社会实践能力和综合素质。再次要正确对待工作调整。不同的工作岗位对人的素质要求也会不同，长期在同一岗位上工作，虽然能使业务精益求精，但也容易使人产生思维定势，分析处理问题时难免会陷入老套路中。其实，现在不少人不是不愿意调整工作，而是害怕学习新业务、掌握新知识。这种观念是要不得的。没有压力，何谈工作动力？没有新知识的充实，就不会有新能力的提升，人就会永远生活在过去。

成才之路，是一条不断学习新知识、新技能，是一条不断充实自我、完善自我和重塑自我的艰苦之路。在这条路上，有鲜花掌声相伴，也有坎坷艰辛相随。“科学有险阻，苦战能过关。”只有不怕艰险、奋力拼搏、锲而不舍的人，才有可能实现成才的目标。成才的阶梯，只有用辛勤的汗水才能砌成；成才的道路，必须用不懈的奋斗才能铺就；成才只是一时的荣耀，而学习和修炼却是一生的课题！

第二讲

信仰　追求　气节

信仰　追求　气节

XIN YANG　ZHUI QIU　QI JIE

人的一生假若放到人类历史的长河中，那只是流星似的一瞬。但是对于每一个个体的生命来讲，却是一次从出生到死亡的漫漫之旅。在这漫长旅途中，如何才能不迷失航途、不虚度年华？怎样才能激起生命的浪花、留住岁月的光华？翻开史册，无数仁人志士都以自己的行动或思考，从不同的侧面诠释过这个不朽的话题。从他们的身上，人们可以看到“信仰、追求、气节”这六个字，托起了生命如山的厚重，书写着人类历史最光辉的篇章，鸣奏着人类文明最激情的旋律。

◎ 挺起科学信仰的脊梁

信仰，是一种脊梁，是一种支撑，是一个组织或阶层、一个社会或国家的成员团结奋进的精神支柱和不竭动力。传说中，神在造人后，发现泥做的人是软的，一经风雨就会倒下，于是神就在人的背上插了根脊梁。有了这根脊梁，一个人无论遇到多大的风雨、多深的沟壑时，都可以屹立不倒。这根脊梁，人们因此把它喻为人类的信仰。

信仰是在社会生活中逐步形成的。一个人刚出生的时候，谈不上有什么信仰。待长到懂事时，总以为父母无所不知、无所不能，于是父母就成了孩子心中的上帝。孩子对父母的崇拜，就是人生最初的信仰。这种最初的信仰，往往源于自发性，如经验、民俗、宗教、哲学和统治。人们对于无法证实的命运与上帝，如果他相信其存在，就能成为一种信仰。甚至更有极端的例子，希特勒曾宣称，日耳曼民族是世界上最优秀的民族，犹太民族是劣等民族，为了加快人类进化进程，需要淘汰劣等民族，因此必须屠杀犹太人。在他们看来，法西斯主义也是一种信仰。

信仰的形成受到社会历史条件的制约，受到社会文明的发展传播的影响。比如，在原始社会，由于人们对自然界和自身的认识水平很低，就产生了对神的崇拜，诸如水神、火神、风神，等等。在欧洲中世纪，强烈的宗教信仰曾笼罩了一切，当伴随着工业革命的新时代到来时，恩格斯说，“原有的信仰逐渐削弱了，宗教随着文化的日益发展而破产了，人处在这种不自觉而又没有信仰的状态，精神上会感到空虚，对真理、理性和大自然必然感到失望”。因此，人们的信仰总是以当时的社会历史条件、以人类的全部科学和文明成果为基础的。

虽然人人都有信仰，但信仰有自觉与不自觉、科学与迷信、先进与落后之分。人们从电视上看到一些宗教徒，用几个月甚至半年、一年的时间，行程上千公里，一步一叩头，几乎是贴着地面爬行到拉萨去参加朝圣。每年全世界亿万伊斯兰教徒也都要去麦加参加朝圣，因为酷热和拥挤而造成人员的大量伤亡。究竟是什么力量驱使这些人如此虔诚地拥向拉萨、麦加呢？那就是信仰。自古以来，不同年代、不同国家、不同种族、不同阶层，甚至同一个人的不同人生阶段，都有着不同的信仰。信仰的多样化从来就是一个基本的社会现实，而且信仰的先进程度、自觉程度、牢固程度也各不一样。

信仰从何而来？哲学告诉我们，信仰是从人们对世界本源的认识、对人生价值、人生目的意义的思考和社会实践经验中产生的。对于“我是谁、从哪里来、要到哪里去?”“人生的价值在哪里?”“我为什么活着?”等问题，几乎每个人都曾在不同的人生阶段，有意或无意地思考过、反问过自己。思考这些问题，加上社会实践，就会形成信仰。

有一位作家曾经说过，人活着本来是没有意义的，但人要为自己的人生规定一个意义。是啊，当你赋予人生有意义，你就选择了有意义的人生；当你赋予人生没有意义，你就选择了没有意义的人生。从一定角度来说，赋予人生何种意义，取决于人们自己的世界观、人生观和价值观。

还有学者认为，人生有四大类十六种价值：第一类是与生俱有的价值：年龄、健康、外貌、聪明；第二类是随着成长而培育的：家庭、学校、专长、职业；第三类是进入社会后奋斗的成果：财富、名声、地位、权利；第四类是较长期的需要：朋友、志趣、社团和信仰。在这十六种价值中，最重要的价值就是信仰。

信仰是人生的“主心骨”，它对一个人的成长发展起着精神支柱的作用。人不能没有信仰，没有信仰的生命就等于没有灵魂。因此，确立一种什么样的信仰，对人的一生影响深远。

古代楚国有个卞和，在山中发现了一块璞玉，于是将那块璞玉献给楚厉王，厉王让玉匠鉴别，而玉匠说那是石头，结果厉王把卞和当作骗子而砍去了左脚。然而卞和对那块璞玉依然深信不疑，后来再次把它献给武王，结果与上次一样又被砍去了右脚。武王死后，文王即位，卞和抱着那块璞玉在楚山下哭，一连哭了三天三夜，眼泪流尽继而流血，卞和痴心不改，最后那块璞玉终于通过玉匠的鉴定，证明是块罕见的宝玉。这就是历代传颂的“和氏璧”。在卞和那个年代，帝王的肯定就是对稀世珍宝的最后定论。且不说卞和的行为是否有意义，但至少这个悲惨的“和氏璧”的故事告诉人们这样一个道理，那就是：信仰是人生的精神支柱和动力。人有了坚定的信仰，才能为实现自己的理想而进行不屈不挠的斗争。正是这种对真理的坚信不移，卞和才有着如此坚定的决心，才不惜舍去自己的双脚，要让美玉展现它的光彩，要让真理得到公认。

古往今来，凡成就事业者，都以坚定的信仰作支撑。共产党人以共产主义的远大理想为最高信仰，这是人类文明史上最崇高、最伟大的信仰。因为它以全人类的利益为最高利益，以人类的平等、自由、解放为最高追求。正是为了这一信仰，无数革命先辈用热血铺就一条英雄路，在为崇高的理想奋斗中而成就了人生的伟业。尤其是在一个人处于极度艰难的情况下，信仰就愈发显示出无穷的力量。革命先驱李大钊在敌人的绞刑架下慷慨陈词、痛斥敌人，夏明翰英勇就义前写下“砍头不要紧，只要主义真”的不朽诗句，方志敏在敌人的威逼利诱面前坚贞不屈，写下“严刑拷打算得了什么？死亡也无法叫我开口”的铮铮誓词，就是因为他们深信“我们信仰的主义，乃是宇宙的真理”，深信“共产主义在世界、在中国，必然要得到光荣的胜利”！方志敏在《死——共产主义的殉道者的记述》中写道：“一切难于忍受的生活，我都能忍受下去！这些都不能丝毫动摇我的决心，相反地，是更加磨炼我的意志！我能舍弃一切，但是不能舍弃党，舍弃阶级，舍弃革命事业。”这是何等坚定的革命信念！何等高尚的精神情操！

荧屏热播的电视剧《潜伏》，就是以信仰为主线展开的，让人在穿越历史走进血与火年代的同时，重新见证了科学信仰的力量。这是文艺作品用艺术形象对信仰的解读。因为信仰，余则成参加了地下党，与敌人虚与委蛇，明枪暗箭，在可以安全脱身的情况下，为了拿到敌人的潜伏名单再次赴险；因为信仰，余则成辗转南下继续潜伏，牺牲了等他爱他的女人，牺牲了向往多时的平静生活；因为信仰，吕宗方牺牲自己给前来接头的同志鸣枪示警，秋掌柜咬舌自尽保护战友的安全，廖三民选择与敌人同归于尽……在这个没有硝烟的战场上，为了信仰，他们没有名字，只有代号；没有声音，只有行动；成功不能宣扬，失败无法解释。为了信仰，他们甚至只能将自己知道的一切带进坟墓，也许只有墓碑才知道，他们的主人是如何在艰苦卓绝的环境中坚守着这份共产主义信仰。正如《潜伏》

剧中的主题曲所唱的那样：生命只为一个信仰，无论谁能听见……我的信仰是无底深海，澎湃着心中的火焰，燃烧无尽的力量。

信仰的动摇，是一个人人生最根本的动摇。轻则改变人生走向，重则毁其一生。现实中这样的例子很多。广东阳春市原副市长杨启周，认定市长曾某既阻了他的官路，又断了他的财路，竟起杀人之心，雇凶谋杀曾市长，后因事情败露未遂，被判刑16年。在粤北山区大埔县有座五虎山，县委县政府就坐落在五虎山麓。该县原县委书记丘福金，十分迷信算命这一套。他生肖属猪，算命先生告诉他虎克猪，为此，他针对这座五虎山演出了一幕幕“降虎镇虎”的闹剧：按照算命先生的指点，他在县委县政府背后的虎山公园环园十几公里围起了铁丝网，这叫“虎囚笼内”；他特意从广州请来跳伞队表演跳伞，十多名“神兵”从天而降，落到“虎”背上，这叫“天降鸟屎洒虎背以克虎”；又在“虎”背上舞龙，这叫“火龙降虎”；还修了一条弯弯曲曲的盘山公路，这叫“用绳拴住虎脖”。他这番折腾，连老百姓都觉得好笑。结果他这只“猪”非但没有降住“虎”，反而因受贿案发，被判刑7年。

这些人之所以走到邪路上去，都是因为在信仰上出了问题。有一首题为《寒山》的诗写道：“人以身为本，本以心为柄。本在心莫邪，心邪本丧命。”心若不邪，信仰就不会偏移动摇。如果信仰发生了偏移动摇，哪怕曾经参加革命工作多年，他也会丧失起码的政治立场，干出违法犯罪、丧失道德品格的事情来。

信仰对于个人而言，就是立身做人、为人处世的“主心骨”；而对于一个政党、一个民族、一支军队而言，信仰就是精神大厦和灵魂归宿，可以产生出强大的精神力量。

当年在井冈山斗争遭受挫折和危难之时，革命队伍中有少数人对革命前途悲观失望，缺乏信心，提出了“红旗到底能打多久”的疑问。毛泽东同志等革命先辈不仅坚信革命的高潮必将到来，而且敏锐地觉察到，不解决党内、军内一部分人出现的怀疑“红旗到底能打多久”的右倾悲观情绪，不回答中国红色政权能否存在、发展等问题，中国革命的形势就难以发展。为此，1928 年 5 月，毛泽东写了《星星之火，可以燎原》这篇著名文章，照亮了革命前程。在红军长征、抗日战争、解放战争中，毛泽东光辉思想始终指引着中国革命的前进方向，建立了新中国。在社会主义建设和改革的进程中，中国共产党始终高举马克思主义旗帜，坚持与时俱进，历经艰险，引领中国特色社会主义建设事业不断取得新的胜利。与此形成鲜明对比的是，作为十月革命故乡和社会主义国家“老大哥”的苏联，曾经拥有数千万党员，却在一夜之间就失去了执政权。前苏联的解体固然有多方面的原因，但是丧失对共产主义的信仰，却是其中最根本的原因。面对社会主义苏联的结局，人们无不痛惜地说："共产主义信仰不能丢。丢掉了，社会主义江山就要垮台。"今天，在前苏联和东欧一些社会主义国家普遍流行的怀旧情绪，是对充满信仰的昨天的深切怀念，也是对如今政治纷乱无序状态和经济生活全面滑坡的不满。没有信仰作支撑，社会将会如一盘散沙。

同样具有说服力的是中国近现代史上有代表性的三支军队的比较：它们分别是满清的八旗军、国民党的北伐军及后来的国民党军、中国人民解放军。八旗军入关时，携新生力量崛起的势能，马踏中原，骁勇善战，后来国运衰败，势能消失，此时亟须新的能够支撑官兵英勇战斗的信仰信念，但封建统治的"家天下"不可能产生出这样的军队，等到鸦片战争发生、八国联军攻进北京时，便一触即溃。国民党军队也与之相类似，北伐时带着三民主义的信仰，所向披靡，后来由于这支军队蜕变为四大家族的家丁，走向了人民的对立面，精神支撑没有了，等到了解放战争时，已不堪一击。而中国共产党领导下的人民军队，自建军之日起，在所有对手面前都没有败绩，这得益于从未放松的政治信仰建设，由此保证了广大官兵拥有强烈的自我牺牲精神。在这方面，毛泽东同志当年在《井冈山的斗争》一文中曾说：“同样一个兵，昨天在敌军不勇敢，今天在红军很勇敢，这就是民主主义的影响。红军像一个火炉，俘虏兵过来马上就熔化了。”

透过历史，人们会发现，总有一种力量让人振奋，总有一种精神让人震撼，总有一种坚持让人感动，总有一种信仰值得人坚守。只要挺起科学信仰的铁脊，人生的道路就会越迈越宽阔，追求真理的脚步就会越走越坚实。

◎ 关于渔夫和狐狸的故事

信仰需要坚守，希望和理想是需要不断追求的。一位哲人说过，追求是人类身体内的血液，养育着每一个人的躯壳。人生一世，草木一秋。只有不懈追求，才能永葆生命的绿色；只有不懈追求，才能激活生命无悔的铁血。

放眼大千世界，有的人追求崇高的事业，有的人追求高尚的品格，有的人追求远大的理想，有的人追求物质享受，有的人追求功成名就，有的人追求美满爱情，有的人追求幸福家庭，有的人追求金钱财富……也有的人缺乏追求，如同行尸走肉，在麻木颓废中了此一生。

孔子说，做人要有境界，人生要有追求。屈原在《离骚》中写道："路漫漫其修远兮，吾将上下而求索。"成思危同志在谈人生感悟时，说到人的一生中有三样东西最重要：责任心、进取心、求知欲。一个人要有所作为，就得树立远大志向，勇于进取，不懈追求。

立志，是青年人的共同问题。看一个人将来有没有作为，先要看他有没有志向，有什么样的志向。高尔基说："一个人追求的目标越高，他的才能就发展得越快，对社会就越有益，我相信这是一个真理。"俗话说得好，要立长志，不要常立志。还有句成语，叫"矢志不移"。就是说，志向一旦确立起来，就不要轻易改变和放弃。如果见异思迁，到头来很可能一事无成。

农民起义领袖陈胜，少年时替人耕种，因不满足于现状，受到同伴嘲笑，他发出"燕雀安知鸿鹄之志"的感慨。他立志"壮士不死则已，死即举大名耳。王侯将相，宁有种乎"，正因为先有鸿鹄之志，才有后面陈胜起义的壮举。可见，有没有远大的志向，人的精神状态和所取得的成就都会大不一样。

曾经有人问英国的思想家布莱克："你成为一个伟大的思想家，成功的关键是什么？"布莱克告诉他："多思多想！"这人满怀"心得"，回去躺在床上，望着天花板，一动不动，开始多思多想。一个月以后，布莱克在回家的路上，碰见了那人的妻子，她对布莱克说："求你去见我丈夫一面吧，自他从你那里回来后，就像中了魔一样。"布莱克过去一看，只见那人已骨瘦如柴，拼命挣扎着爬起来对布莱克说："我每天除了吃饭，一直在思考，你看我离伟大的思想家还有多远?"布莱克问："你整天只想不做，那你思考了些什么呢?"那人道："想的东西太多，头脑里都装不下了。"布莱克说："我看你除了脑袋上长满头发，收获的全是垃圾。"那人疑惑不解："垃圾?"布莱克告诉他："只想不做的人只能生产出思想垃圾。成功是一把梯子，双手插在口袋里的人是爬不上去的。"故事中的年轻人，只尚空谈，不重实干，注定不会取得成功。

人生的手段和目标，有时会发生轮回。有一则关于渔夫和商人的故事，说有一位美国商人到小渔村看到了一位渔民，每天在大海中打捞了几条鱼便回来了。商人很奇怪，问："你为什么不多花些时间捕得更多一些呢?"渔民说："这些鱼已经够我吃的了。"商人问："那你每天有那么多的时间干什么呢?"渔民说："回来和孩子玩一会，和老婆聊天，黄昏的时候和老哥们一起玩吉它。"美国商人很不以为然，他告诉渔民："如果你能按照我的话去做，也许你的生活会变得更好。"渔民很想听听。商人说："你在大海中多停留一会，抓到更多的鱼，然后卖钱。有了钱之后，你可以拥有一艘大船，甚至一支船队。这样你每天就有几十吨的鱼，你不需要卖给鱼贩，而要自己开办加工厂进行直销。这样你就会拥有大把的金钱。有了钱之后你可以搬到城里，比如洛杉矶或者纽约。”渔夫问：“到了城里干什么?”商人说：“到了城里，你可以发行公司股票，这样你就是富翁了，一辈子都不需要为钱发愁。”渔夫问：“再然后呢?”美国商人哈哈大笑：“然后，你就可以搬到小渔村，抓抓鱼，和孩子玩玩，和老哥们喝喝酒，玩玩吉它。”

另一则是关于狐狸的故事，说有一只狐狸看到院子里有许多葡萄，可是苦于身子太肥钻不过墙洞。于是，它在墙外饿了六天，终于把自己饿瘦了。它钻进了墙洞，吃到了美味的葡萄。可是，吃饱了肚皮的狐狸又无法钻出墙洞。于是，它又饿了六天，才钻出墙洞。结果它还是原来的那只狐狸。

这两个故事告诉人们，选择追求的目标，首先要认清它的意义和价值。现实生活中，许多人受到欲望的驱使，盲目去追求一些没有真正意义的东西，忙忙碌碌却不知为何而忙，拼命追逐却不知所求何物。这等于是在浪费生命。有一次，乾隆帝巡视江南，见江上千帆竞渡，便问左右：“江上熙来攘往的人都是为了什么?”大学士纪晓岚随口答道："无非为名利二字。"真可谓一语道破天机，看透人间百态。

树立人生目标，既应"志当存高远"，也要"行能务实际"。只有把个人理想融入到最高理想和共同理想之中，个人理想才能获得实现的空间和平台。否则，沉迷于个人设计，往往就会处处碰壁。生活经验告诉人们，那种脱离了共同理想的个人理想，只是空中楼阁而已。同时，还要把大目标和小目标统一起来。列宁曾经说过："要向大的目标走去，必须从小的目标开始。"只有确立一个个小目标，并刻苦努力地去完成，才能最终实现大目标。所谓"千里之行、始于足下"，"九层楼台、起于垒土"，说的就是这个道理。

追求要执著，要有一股"咬定青山不放松"的韧劲，持之以恒，不轻言放弃。有一年的高考语文作文题是看图作文，图上画的是一个人在挖井，他挖了很多口井，但没有一口井出水。每当他把井挖到一定的深度，见还没有出水就放弃了，又去另一个地方挖，挖来挖去，挖了几口井，可就是没找到水。其实这块地的下面是有水的，只是挖井人挖的深度不够，总是差那么一点，如果再挖深一点，就成功了。这种情况在现实生活中常有发生。它警示人们：人生追求要坚定，不能三天打渔，两天撒网，否则到头来，白白浪费了时间和精力。

古往今来，凡成就事业者，无一不是经过一番艰苦磨练，并且经历的苦难越多，取得成功的可能性就越大。有人专门翻阅分析过国外 293 个著名文学家的传记，发现有 172 人曾在生活和工作中遇到或遭受过不少困难和挫折，他们的成功有一个共同的公式：挫折＋奋起＝成功。

实践也表明，艰难困苦是给成功者的一份特殊馈赠品。诺贝尔实验炸药经过了无数次的失败，有一次意外发生了爆炸，五个人被炸死，他自己也被炸得血肉模糊。后来，他把实验室搬到一个无人居住的小岛上，又经过无数次的实验，终于在 1866 年制造出了甘油炸药。爱迪生发明电灯，莱特兄弟发明飞机，都是在经过多次失败之后，才最终获得成功的。科学发明基本上都是这样，很少有做一次实验就取得成功的。所以说，失败是成功之母。

华益慰是北京军区总医院的医生，他把当一名好兵、做一名好医生作为毕生追求，树立了坚定的人生信仰。他对工作极端负责，对技术精益求精，几十年如一日，管好每一位患者，查好每一次体征，做好每一台手术，写好每一份病历，接诊了上万人，手术数千例，从没发生过一起医疗差错，事业达到了“做一台手术，留一个精品”的至高境界，被人民群众称为“值得托付生命的人”。大家赞叹："华益慰以治学严谨和高尚人格，书写了大写的人生论文，传下了最好的医德范文！"

《北京青年报》曾刊登过这样一则消息：清华大学十五食堂的临时工小张师傅，因家境贫寒，读到高二就辍学外出打工。他在做饭炒菜之余学习英语，数年间就获得了四级、六级英语证书。更让人称奇的是，他以 630 分的高分通过了托福考试，让许多在校的研究生都自叹弗如："考托福一般考到 600 分就不错了，可他考了 630 分。"还有一名司机应聘到一家报社开车后，因为经常接送记者采访，于是自己也开始钻研起新闻业务，不久也学会了写新闻。一旦有突发事件发生来不及告诉记者时，他就自己采写，而且有的稿件质量还比较高。后来报社招聘采写人员，他被聘用并且当上了首席记者。从一名食堂临时工到托福证书的获得者，从一名汽车驾驶员到首席记者，没有坚韧的毅力是不可能做到的。世界上的许多事情不是有没有可能，一个人也不是天生的行与不行，关键看你敢不敢想、去不去做。世上无难事，只要肯登攀。一个人只要执著追求，永不舍弃，就能成为专才，并由此改变命运。

无数事实证明，一个人如果对他所从事的工作达到了痴迷程度，就能心无旁骛，甚至看起来有点傻气，但这样的人往往能干成大事。钱钟书专门有一本叫《痴气人生》

的集子，讲了他很多不入世俗的趣事。鲁迅在潜心写作的时候，把馒头蘸着墨水吃，吃得满嘴是墨也毫无察觉。《聊斋志异》的作者蒲松龄，终生爱读书，他作诗自嘲："生平喜摊书，垂志如若狂。"数学家陈景润，经常痴迷于数学思考，走路时撞上了电线杆，还连忙说"对不起"。他的袜子常常颜色不同，人家问他怎么回事？他说："换上另一双，还是一样的。"他的心思根本没放在这类琐碎小事上。

生命之旅是一条美丽曲折的幽径，路旁有妍花，有丽蝶，有累累的美果，但我们很少去停留观赏，很少采撷吮吸，一心一意地赶路，一脉相承地追随，一鼓作气地奔波，只因我们心中栽种着更加美丽的理想，只因我们身上激荡着铁流滚滚的血液。

◎ 信仰在，铁骨在，力量在

气节是在人生追求的过程中所表现出来的一种精神状态、道德境界和行为操守，它集中体现了人的信仰、志气和节操。人生在世，有时会面临着正义与邪恶、忠良与奸佞、高尚与卑琐、刚毅与软弱、尊严与媚俗、正气与邪气的考验，如何作出抉择，正是对一个人气节的全面检验。

中华民族是一个伟大的有骨气的民族。高昂的民族气节、高尚的政治气节、高贵的生活气节，如铁骨撑起了每一个风云人物的历史形象。严颜被俘后声言“但有断头将军，无有降将军”，诸葛亮“鞠躬尽瘁，死而后已”，范仲淹“先天下之忧而忧，后天下之乐而乐”，齐民为保人格尊严“不食嗟来之食”，岳飞气吞金军精忠报国，陆游至死不忘平定中原，陶渊明不畏权贵“不为五斗米折腰”，文天祥留取丹心照汗青，以及谭嗣同“我自横刀向天笑”，钱壮飞身在敌营心向党，贺龙视高官厚禄如粪土，叶挺铁骨铮铮赋《囚歌》，狼牙山五壮士誓死不投降，闻一多拍案而起斥特务，刘胡兰“生的伟大、死的光荣”，朱自清饿死不吃美国“救济粮”，邓稼先为中华民族造“争气弹”，等等。他们要么表现出“匹夫不可夺志”的独立人格精神，要么表现出为国家和民族而杀身成仁的民族气节，被鲁迅先生誉为“中国的脊梁”。

气节是一种坚守道德准则的品质。有没有气节，是衡量善恶、区分勇懦、辨识忠奸的“试金石”，所谓“疾风知劲草”、“时穷节乃见”，就是说一个人的人格品质，最终要在气节上见分晓。气节不存，德则不立，因而气节又是以德立身的根本。古人常借物咏志，有“岁寒三友”的说法，“岁寒三友”指的就是松、竹、梅。如松树：“大雪压青松，青松挺且直”；竹子：“千磨万击还坚劲，任尔东西南北风”；梅花：“不要人夸好颜色，只留清气满乾坤”，人们常用这些物的精神来喻指人应有的气节。中国古代思想家也认为，人之所以区别于动物，就是人有道德，人若要像动物一般生活，便是人的耻辱。荀子说：“水火有气而无生，草木有生而无知，禽兽有知而无义，人有气，有生有义，故最为天下贵也。”陆九渊则说：“若某则不识一个字，亦须还堂堂地做个人。”这种以人自身的道德修养而非金钱、权力等身外之物来肯定人的价值取向，使中国人较早就认识到了崇高的人生追求：要做一个“大写的人”。

气节的有无，体现德的高低。翻阅史书，只有气节高尚者才永留青史。人格高尚，气节坚贞，就处处受人尊崇；丧失人格，变节偷生，就会遭人唾骂。著名艺术家徐悲鸿曾说：“人不可有傲气，但不可无傲骨。”鲁迅先生就是这样一个有傲骨的人。毛主席曾赞扬鲁迅说：“鲁迅的骨头是最硬的，他没有丝毫的奴颜和媚骨，这是殖民地半殖民地人民最可宝贵的性格。鲁迅是在文化战线上，代表全民族的大多数，向着敌人冲锋陷阵的最正确、最勇敢、最坚决、最忠实、最热忱的空前的民族英雄。”诗人臧克家在纪念鲁迅逝世三十周年的诗中写道：“有的人活着，他已经死了；有的人死了，他还活着。”鲁迅先生不仅受到国人的尊重，也为外国人所敬仰。日本仙台公园里修建了一座鲁迅先生的纪念碑，供日本人民敬仰。叶挺在他的《囚歌》中写道："为人进出的门紧锁着，为狗爬出的洞敞开着，一个声音高叫着——爬出来吧，给你自由！我渴望自由，但我深深地知道——人的身躯怎能从狗洞子里爬出……"叶挺把那些丧失革命气节的人比作狗，为了苟且偷生，不惜出卖自己的人格，要从狗洞里爬出去。一个有志气的人，怎么能低下高贵的头？只有那些贪生怕死、苟且偷安、贪图享乐的懦夫，才会丧失革命意志和人格，屈膝求荣，动摇变节。

汪精卫在推翻晚清政府的时候，一度也是志士，但是在他功成名就之后，骨头变软、人格变卑微了。卢沟桥事变后，身为中国国民党副总裁、国民参政会议长的汪精卫，屈服于日本军国主义的侵略扩张，竭力鼓吹妥协和投降，并在日本帝国主义的指使下，在南京成立伪政权，组建伪军，以"和平反共建国"为口号，破坏抗战，配合日军对抗日根据地进行"清乡"和"扫荡"，残酷杀害沦陷区人民。汪精卫丧失气节、叛国投敌的丑恶行径，为每一个有民族正义感和尊严感的中国人所不齿。

1995 年，在珠海曾发生了这么一个事件：瑞进电子公司的韩国女老板金珍仙，因为一件惹她生气的小事，就胁迫所有的中国工人下跪，但唯一拒绝下跪的是一个名叫孙天帅的小伙子。他说："死也不跪！我是一个有人格、有尊严的中国人!”在众多工人中，他是唯一一个有血性、有骨气的人，这不能不引起人们的深思。

在互联网上还可以看到类似的故事，说是某德国独资企业招人，某人去应聘，考官的问题是想让他评价中国的现状，结果这个人把中国贬得一无是处，并且流露出想到国外发展的想法，结果他被淘汰了。德国老板的理由很简单：一个连自己祖国都不爱的人，他还能爱什么呢？这位德国老板的确高明。因为一个缺失气节操守的人，是不堪重用、没有市场的。

《论语·里仁》里有句话：“朝闻道，夕死可矣。”讲的就是可以为真理和正义而不惜献身，这个“道”，就是气节的力量源泉。春秋时期，齐晋两国出现过一个秉笔直书、以身殉道的史官群体，尤以齐国太史三兄弟和晋太史董狐最为典型。齐国太史虽因直书“崔杼弑庄公”而被权臣崔杼所杀，但太史的大弟不屈不挠，也因据实续记而被杀。幼弟还是不畏强权，誓死捍卫历史的真实，最终崔杼慑于太史三兄弟的正气而作罢。晋国太史董狐也因为不畏权贵，“书法不隐”，记下“赵盾弑其君”而被孔子称赞为“古之良史”。由此，不畏权贵、秉笔直书就为中国历代史家所效仿，成为中国古代史学的一条铁规。在中国封建君主专制下，大义直言是要冒杀头危险的，历代史家要做到这一点，如果没有一腔浩然正气，显然是不可能的。正因为如此，文天祥在《正气歌》里盛赞："在齐太史简，在晋董狐笔。"

在"百家争鸣"的战国时代，"纵横家"张仪有一个"舌在否"的幽默故事：一次，他在与楚国丞相谈论强国之道、游说连横之策时，被丞相门客诬为盗璧之贼，不仅身受鞭笞之辱、驱逐之窘，而且在带着伤痛回家时又遭妻子讥笑。其妻曰："嘻！子毋读书游说，安得此辱乎？"仪曰："视吾舌尚在否？"其妻笑曰："舌在也。"仪曰："足矣。"这个故事体现了张仪为坚持自己的主张而置生死荣辱于度外的坚贞气节。历史上为科学真理而牺牲的哥白尼、伽利略，为"不自由毋宁死"而上断头台的罗曼夫人等，他们都是把信仰上升到为国家、为民族、为真理而舍生取义上，因而也就获得了无畏的精神力量。

在党的七届二中全会上，毛泽东主席警示全党："敌人的武力是不能征服我们的，这点已经得到证明了。资产阶级的捧场则可能征服我们队伍中的意志薄弱者。可能有这样一些共产党人，他们是不曾被拿枪的敌人征服过的，他们在这些敌人面前不愧英雄的称号；但是经不起敌人用糖衣裹着的炮弹的攻击，他们在糖弹面前要打败仗。"当前，中国处在和平时期，虽然没有刀光剑影，但社会生活中的一些消极因素，正成为思想领域里的"软杀手"、"污染源”，侵蚀着个别意志薄弱者。这是和平时期的另一种考验，是一场没有硝烟的战争。这就要求每一个公民都应有坚定的信仰、正确的追求和坚贞的气节，做一个真正的人，做一个大写的人。

第三讲

荣誉　使命　责任

荣誉　使命　责任

RONG YU　SHI MING　ZE REN

荣誉、使命、责任，是一个古老的话题。古罗马警句说："荣誉是人生的第二遗产。"元末明初小说家罗贯中在《三国演义》里写道："但有使命，万死不辞。"明末清初思想家顾炎武也写下了"天下兴亡，匹夫有责"的警句。这些在今天读来仍振聋发聩、引人深思。但同时，它又是一个常议常新的话题，不管岁月如何更替，人们依然有着不变的情愫。因为荣誉、使命和责任，早已成为人类心灵深处高贵的品质，成为维系当今和谐社会良性运行的纽带，成为人们的立身之本和成事之基。

◎ 荣誉是德行的奖品

英国唯物主义哲学家洛克有一句名言："荣誉是德行

的奖品。”莎士比亚说：“品行是一个人的内在，名誉是一个人的外貌。”荣誉既包括客观上他人对自己的评价，也包括主观上自己对这种评价的重视。它作为社会成员对社会的奉献和创造的一种象征，一直受到人们的赞美和追求。一个人对社会做出了奉献和创造，社会将会以荣誉和奖励给他以回报。这也是人们为了赢得荣誉而愿意主动去做那些有益于社会的事情的重要原因，当然这也并非只局限于纯粹的道德方面。

在一个充满羞耻感的社会，无论何时何地，荣誉都是一种公认的普遍价值。现实生活中，除了少数完全堕落的人，其他人都是渴望获得荣誉、得到尊重的。人一旦有了这种愿望，就会把自己看作是一个对社会有用、相信自己能够对社会有所贡献、能得到社会尊重的人，并且愿意为之付诸行动，担当起自己对社会那份应尽的责任。如果一个人丧失了荣誉感，无疑是人生的极大悲哀，这将使他沦入庸俗或者无耻。

荣誉是诱人的，但与道德相比，只不过是浮云而已。荣誉没有美德的支撑，也是不会长久的；基于美德基础上获得的荣誉，才会长久坚固，并且蕴藏着巨大的力量。有这样一个事例：公元前480年春末，波斯国王率海陆大军进犯希腊。一些明智的波斯人听说希腊人正在举行运动比赛，优胜者的奖品不是金钱，而是用橄榄枝编成的代表荣誉的冠冕时，大为震惊，感到“这是一群不可战胜的敌人”。果然，最后波斯人的进犯在气贯长虹的希腊人面前遭到了惨败。

古语说，小胜在智，大胜在德。无论是一个国家、一个组织，还是一个人，当荣誉成为安身立命、奋斗进取的动力源泉时，就可以改变成败、创造辉煌。对于荣誉，人们需要去正当争取、去极力珍惜，需要以良好的心态去崇尚。

中国古代哲人墨子说过：“名不可简而成也，誉不可巧而立也。”比尔·盖茨在总结自己的成功法则时谈到：“成功是你的人格资本。这世界并不会在意你的自尊，这世界指望你在自我感觉良好之前先要有所成就。”这些都告诉人们，只有通过兢兢业业地工作、勤勤恳恳地努力和持之以恒地拼搏，才能赢得社会所给予的荣誉。纵观古今中外，许多名人都是在平凡甚至苦涩的生活中成就了辉煌的事业，从而青史留名。汉代著名科学家张衡把“人生在勤，不索何获”作为自己的人生宗旨，始终保持勤奋耕耘、不计名利的超然态度，终于在科学发明和理论著述上取得了丰硕成果。第一个获得诺贝尔奖的女科学家居里夫人，一生都在窘困的生活中度过。她认为：“科学的探讨和研究，其本身就含有至美，其本身给人的愉快就是报酬，所以我在我的工作里寻得了快乐。”

人们向往成功，羡慕荣誉，这是好事。但应该认清荣誉的本质和来历，看到荣誉背后的艰辛。英国历史学家、哲学家卡莱尔说，世界荣誉的桂冠，都是用荆棘编织而成的。在一则“天下没有白吃的午餐”的故事里，说是一位年轻的国王登基以后，就召集国内的贤士，命令他们收集全世界的智慧，编纂成册，使他能够学习如何做一个英明的国王。贤士们辛勤工作了 30 年，用一群骆驼载负着 5000 卷书回来了。但国王忙于政务，不可能读完这么多书，于是吩咐他们把这些智慧大大压缩。5 年后，贤士们把这些智慧压缩成了 500 卷书，国王仍不满意。又过了 10 年，贤士们带回了 50 卷书。然而国王已经老了，已没时间把这些书都读完，再令贤士们要在一本书里汇集最精华的人生智慧。贤士们又工作了 5 年，回到国王身边。这样 50 年过去了，他们都已老了。他们将一生辛勤工作的成果，浓缩成一句话送到国王手里。但此时，国王已奄奄一息，连这一句话都来不及看了。这句话的内容就是：“天下没有白吃的午餐。”

在众所周知的“滥竽充数”故事里，那个根本不会吹竽的南郭先生，由于齐宣王爱听竽的合奏，却也在合奏团里混了三年；后来爱听独奏的齐湣王继位，南郭先生就混不下去了，只能溜之大吉。这些都深刻说明，一切荣誉的获得必须经过艰苦地努力，否则，即使侥幸获得也不会长久。所以，人们在既想获得荣誉，又不想经过艰苦努力时，就要切记："天下没有白吃的午餐。"

现实生活中，总有一些妄想不劳而获的人。有的贪婪之徒，就是想无端占有国家、集体的利益；一些受贿之徒，就是想无端占有他人的利益。老子说："甚爱必大废，多藏多厚亡。"得便宜处实际上早已失去了便宜，贪官污吏失去了为官之德，机关算尽，最终还是要连本带息地偿还。从清朝乾隆时期的大贪官和珅，到50年代初期的刘青山、张子善，再到后来的陈良宇、陈希同、成克杰、李真之流，莫不是如此。和珅侵财无数，富可敌国，但最终人亡财去；李真受贿800多万元，在监狱里陪伴他至死的仅仅两小包衣物。因为他们争的是个人之功，求的是一己之名，落得个身败名裂的可悲下场也就是必然的了。其实，古人早就有"势不可使尽"、"福不可享尽"、"便宜不可占尽"、"聪明不可用尽"的做人"四不可"箴言，抛弃其中因果报应的宿命论糟粕，其做人做事的警世精华在今天仍然值得人们学习汲取。

人该求名，但求名要取之有道。这个"道"，就是指通过正当途径，靠自己的勤奋努力获得。人们只要以对社会的奉献去追求崇高的荣誉，以勤奋的创造去获取正当的利益，都是无可非议的。取之无道，靠机会命运，靠不正当手段，想不经过艰苦努力，指望一举成名、一蹴而就，即使浪得虚名，那也很可能引起人们反感，遭来臭名、骂名，甚至可能走上歧路，最终免不了吃苦头、摔跟头。人们只有在小事小节上加强修养，从一点一滴上改造思想，才能成人、成事、成业，人生路上才会开满荣誉之花。

荣誉既然来之不易，就更需要人们去备加珍惜，不能把它作为炫耀骄傲的本钱，更不能把它当作享乐安逸的资本。感动中国的独臂英雄丁晓兵，多年来自觉珍惜荣誉、不为荣誉所累。丁晓兵20年前荣立战功，成为“战斗英雄”；20年后又被评为“中国武警十大忠诚卫士”、获得“保持英雄本色的忠诚卫士”荣誉称号，受到胡锦涛总书记的亲切接见。从“战斗英雄”到“时代英雄”的不平凡历程，是他冲破生死关、跨越残疾关、迈过荣誉关、翻过利益关的艰难历程，是他始终保持英雄本色，在不懈奋斗中追求壮美人生的必然结果。面对荣誉，他完全可以居功自傲，放弃艰苦的工作，选择一方安乐窝，在炫目的荣誉光环中过着舒适的生活，或是凭借伤残的肢体资本，平步青云。然而，丁晓兵却没有拿这种过去获得的荣誉当作向组织伸手的资本，而是告别光环，坚持从零开始，用他残缺的身体和超然的毅力，从伤员到学员、从基层指挥员到中高级领导干部，努力实践着自己生命的价值，把肩负的使命职责放在人生旅途，树立起一面真正的英雄旗帜。

生活中，有许多像丁晓兵一样满载荣誉的人，他们不因身残体伤而停步，毅然抛弃那些虚无的“本钱”，挑战自我，自力更生，奋勇创业。许多当年为中国革命和解放事业奋斗的老红军、老八路，解放后他们响应党的号召，大都返乡务农了。尽管过着清苦的生活，但当他们回想起那么多牺牲的战友，就会感到很知足。因为，他们对待荣誉有着正确的心态。但也有一些人，获得荣誉以后就逍遥在自己的“本钱”里，放弃了人生追求，消磨了进取意志，最后人和事如过眼烟云悄然湮灭，更有的人走到了社会的对立面，成为人民的罪人。抗日战争期间，黄克公居功自傲，开枪打死不愿与他谈恋爱的抗大女战士，结果被毛主席下令执行枪决。安徽双轮集团原董事长、总经理刘俊卿，曾有过“全国五一劳动奖章”获得者、全国优秀青年企业家和安徽省优秀企业家等荣誉，但这些荣誉并没有让他意识到责任重大，相反却个人私利不断膨胀，最终因犯受贿罪、巨额财产来源不明罪、贪污罪被判处死刑，缓期两年执行。

正反事例告诉人们，有些人在荣誉面前冷静坦然，是因为他们知道荣誉仅仅代表过去；有些人在荣誉上得不偿失，是因为他们不善于爱惜自己。人不能生活在过去的光环中，靠已取得的荣誉去经营人生，总有一天会坐吃山空，人生也因此黯然失色，甚至划出畸形的轨迹。只有把荣誉当作起点重新开始跋涉，人生就会精彩纷呈。

在追求荣誉方面，人们往往更为看重名誉和利益两个方面。名与利如同一把“双刃剑”，古语也有“名缰利索”之说，它既能够给人以激励和鞭策，也可以给人以诱惑，使人陷入迷茫。如何看待和对待名利，古人早就有“不以物喜，不以己悲”、“古今多少事，都付笑谈中”等许多哲理名言。《培根论人生》中也写道，追求荣誉的目的，不在荣誉本身而在事业。在名利问题上，始终以淡泊之心泰然处之，做到心无旁骛，人争我淡，自得其乐，不失为一种正确对待的高尚境界。

淡泊是做人的一种境界。淡泊做人的人，会把名利、地位、金钱看得很淡，对自己的得失能客观冷静地分析对待。孔子在《论语》中谈到：“君子喻于义，小人喻于利”，把义与利作为评定君子与小人的重要标准。《菜根谭》中也有句格言：“真味是淡，至人如常”，它告诉人们平平淡淡才是真的人生哲理和智慧。有一个古老的故事，说是古代一位权势显赫的君主，召集了国内的智士，要他们提出一句简单而颠扑不破的话，要能适用于人生的每一个阶段、每种景况。几个月后，智士们带回来的一句话是：一切，都会过去的。是啊，世界上所有的一切都会过去，不论是成功或失败、快乐或忧伤，凡事只要淡看，只要尽力而为，就会问心无愧。

然而，淡泊也不是不思进取，碌碌无为，而是以淡泊之心对待生活和人生，实现自我、超越自我。一次，居里夫人把获得的奖章给幼子玩耍，客人见到后，问她为什么不收藏好。居里夫人回答："荣誉就像玩具只是玩玩而已，绝不能永远守着它，否则将一事无成。"俄国著名作家契诃夫说："我什么也不要。"正因为他"什么也不要"，精力才集中在事业上，才成就了他人生的辉煌。

当名与利真正降临时，敢于舍弃也是做人的一种智慧。人的一生，仿佛就是得失的轮回。百得必有一失，百失也会有一得。只有有所舍，才能有所得，才能真正掌握取舍的钥匙。

细读中国历史，人们会发现，追求与放弃是结伴而行的，放弃的典范比比皆是。汉代名将韩信与谋士张良一同辅佐刘邦取得天下，韩信封侯享受富贵，张良却放弃富贵功成身退，结果韩信横尸未央，而张良则终老林泉。同为功臣，却结局不同，这就是放弃的智慧。晋代陶渊明不愿"为五斗米折腰"，放着县太爷不做，情愿回乡务农，成就了一代田园诗人的美名；唐代诗仙李白一身傲骨，毅然放弃宫廷的锦衣玉食，遍游名山大川，给后人留下了不朽诗作。因为放弃，陶渊明、李白在学识上获得了成功，赢得了荣誉。

现实生活中，一些正走在成功道路上的人，因为忽略了放弃，被名利碰撞得头破血流，甚至失去了身家性命。试想那些走向刑场和牢房的贪官们，如果懂得舍弃，拒绝贪婪，人生也许会是另外的样子。作为普通人，要真正做到有所舍弃，也并非易事。因为人们的选择总是趋利避害、取多舍少的，但学会舍弃，把名利看淡、看透的人，暂时看似舍弃了一些东西，但最终却会得到更多。

在人生的道路上，名利和享乐犹如过眼烟云，奉献和创造才是实现生命价值的重要支点。只有那些淡泊名利的人，才能在生活的征程上志存高远，使自己的人生更加璀璨辉煌。

◎ 并非仅仅“请狼回归”

使命是个神圣而光荣的字眼。古往今来，不同时代、不同阶级的人，对使命的理解有一点是共同的，即因为使命神圣而对它无比敬畏和神往。使命在肩，倍添动力，万死不辞。昭君甘愿出塞，承担起化解民族矛盾、巩固边境安宁的使命；霍去病一句“匈奴未灭何以家为”的豪言壮语，表达了舍小家顾大家、立志报国的军人使命；苏武牧羊十九载，心中始终不忘肩负的使者之命；郑和七次下西洋，肩负着维护国威、联系各国的使命。对不惜一切完成使命者，人们总是敬佩有加的。

古人崇尚使命的尚且不少，追求使命的共产党人更是不胜枚举。在近一个世纪的峥嵘岁月里，无数共产党人为了党的理想事业，或英雄就义于刑场，或壮烈牺牲于战场，或献身于工作岗位上。方志敏、王若飞、夏明翰等革命先烈，面对敌人的威逼利诱，宁死不屈，面对敌人的屠刀和枪口，视死如归；焦裕禄、孔繁森、郑培民等党的好干部，与人民同甘共苦，为党的事业奉献终生。周总理在十年浩劫中面对林彪、“四人帮”的干扰和破坏，以危病之躯，忍辱负重，顾全大局，任劳任怨，力挽狂澜，甚至躺在病榻上，吊着输液瓶，还约人议谈祖国统一大业。陈云同志曾赞叹说：“如果没有周总理，文化大革命的后果不堪设想。”革命前辈这种“鞠躬尽瘁、死而后已”的高风亮节，令人肃然起敬。

事实上，人们对使命的担当，尽管因人因时而异，但本质上却是相同的，都是怀着一份强烈的忧患意识、高昂的革命斗志和忠诚的奉献精神。

“国家兴亡，匹夫有责”。强烈的忧患意识，是履行使命的动力源。古人云：“人无远虑，必有近忧。”“忧劳兴国，逸豫亡身。”唐代魏征也说过：“自古失国，皆为居安忘危，处治忘乱。”一个民族、一个国家如果没有强烈的忧患意识，就会失去进取心和生命力，结果将是非常危险的，甚至有亡国的危险。

长期以来，美国是世界上经济、军事和科技大国，但美国人从来不认为自己处在“太平盛世”，相反总认为自己处在各种挑战之中。即使是冷战刚结束的一段时间里，美国失去了前苏联这个强大的对手，也没有丝毫放松，而是四处寻找威胁来源。在美国，有这样一句格言：“没有一个伟大的敌人，便没有一个伟大的美国。”的确，美国是一个不断寻找敌人的国家。它建国 200 多年来，发动、参与的战争和对外军事行动就超过 240 次。可以说，是战争造就了美国，是民众的强烈忧患意识成就了美国。当然，美国以侵略和牺牲他人利益的所谓“忧患”不足取，但是，这至少从一个方面说明了这个国家不囿于安全和富有的进取精神。据报道，美国人曾经用“请狼回归”的办法来教育民众培养和强化忧患意识。在美国阿拉斯加的一个自然保护区里，原来有许多鹿群，也有许多狼群。人们为了保护鹿群，把狼全部赶走。鹿群享尽太平，头数一时猛增。但是，舒适却伴随着厄运。由于鹿的运动量减少，体质下降，没过多久便大量死亡，最后所剩无几。结果只好又把狼群“请”回来，追逐捕食鹿群，从此鹿群重现生机。这就说明，世界上任何事物的生存与发展，如果缺少危机意识和竞争精神，它就会失去生存和发展的能力。美国请狼回归，绝非仅仅为了狼，而是为了一个民族把危机意识铭记在心，把使命意识铭记在心。

漠视安全威胁，沉溺于和平盛世中，必然带来无穷的祸患，这是历史的铁律。历史上，因为不能正确认识安全威胁而招致被动、甚至亡国的例子屡见不鲜。公元 1 世纪—2 世纪，古罗马成为一个强大的帝国之后，罗马人长期沉溺于升平歌舞、纸醉金迷，逐渐变得骄奢淫逸。据史载，在贵族举办的酒宴中，人们隔一段时间就服用一次呕吐剂，以便清空胃囊继续享受美食。当权者不思防备，甚至将防卫重任也交给外籍雇佣军“代理”。结果到了 3 世纪以后，罗马迅速衰落，国家四分五裂。法兰西民族赢得第一次世界大战胜利后，粉饰太平的风气弥漫朝野，国防建设和战争准备因而松懈。结果，在新的战争面前束手无策，仅仅一个半月时间，巴黎城头就挂起了白旗，凯旋门迎来的不是胜利的庆典，而是亡国的悲剧。1990 年 8 月，科威特作为当时世界最富裕的国家之一，由于不重视国防，军队战斗力低下，结果仅 8 个小时，首府埃米尔王宫就被当年拥有百万之师的伊拉克军队攻占，亲王战死，国王出逃，后来在不到一周时间内就被全面占领，被宣布为伊拉克的第 19 个省。

中华民族素有居安思危的传统，但历史上也不乏乐享太平、由盛转衰的深刻教训。在我国唐朝历史上，曾经有过一段叫“贞观之治”的强盛时期，可惜唐太祖的后代们整日耽于享乐，不整中央军旅，废弛各项兵制，结果酿成“安史之乱”。宋朝时，中国是世界上经济最为繁荣的一个国家，但历代帝王将相无视北方边患，扬文抑武，贪逸苟安，导致世风日下，军备废弛，结果北方民族入侵时，一触即溃，终成衰败之局。清代末期，由于闭关锁国，看不到西方国家迅猛发展，看不到由此带来的潜在威胁，仅几十年后，就在洋人的“坚船利炮”面前一败涂地。

前事不忘，后事之师。人们应从中受到深刻的警示和启迪。现在，过惯了和平生活的人们，很容易淡忘战争的血腥味；忙于经济建设的国家，往往听不见战争徘徊的脚步声。在一些人那里，战争的忧患意识消失了，国防观念淡薄了，强化经济建设、弱化国防建设的现象滋生了。要看到，今天的世界并不太平，达摩克斯之剑仍然高悬在人类的头顶。当以美国为首的北约轰炸我驻南使馆的爆炸声仍犹在耳，当南海上空中国飞行员王伟驾机被撞魂归大海时，居安思危应当成为国人不可忘却的警句。

人生如战斗，每一个人都必须有高昂的斗志和坚韧的毅力。孟子曰：“天将降大任于斯人也，必先苦其心志，劳其筋骨，饿其体肤。”越是处于艰苦环境，越要咬定青山不放松，不被困难所吓倒。在中外历史上，有许多志士仁人不懈追求，奋发进取，从而创造了辉煌成就的生动故事。商鞅“三劝”秦孝公，推行新法不动摇；越王勾践卧薪尝胆，十年生聚，十年教训，终成霸业；布鲁诺抱定日心说的科学真理，烈火焚身若等闲；德国作曲家贝多芬 46 岁时耳朵变聋，但在晚年谱写了他作品中最好的乐章，其中包括 5 首交响乐，等等。正因为他们具有“一往无前，愈挫愈奋”的勇气，才能沧海横流显出英雄本色。

香港知名富商霍英东先生，曾将自己的成功归于勇气、勤奋、诚实、信用，更在于坚持，哪怕濒于绝望境地。在美国享有很高威望的第十任总统林肯，他总结自己的经历时写道：“家境贫寒，母亲早亡；孤苦奋斗，厄运不断。两次经商两次失败，十一次竞选八次失败。为此也曾经心碎过、痛苦过、崩溃过。有好多次，都绝望之极，担心自己会不会再爬起来。他对自己的评价：虽然心碎，但依然火热；虽然痛苦，但依然镇定；虽然崩溃，但依然自信。因为我坚信，对付屡战屡败的最好办法，就是屡败屡战，永不放弃。”道格拉斯·麦克阿瑟将军当年申请进入西点军校时，被两次拒绝。但他仍然试了第三次，终于顺利进入，从此名留史册。他们的成功，只因为屡败屡战，从不气馁，从不放弃。

犹太民族长期饱受蹂躏、放逐、杀戮，面对一次又一次灭顶之灾，他们在挣扎中流亡，在苦难中生存。但他们相信明天，相信强者，相信奋斗带来光明。从公元 135 年，罗马人将成千上万犹太人赶出家园开始，犹太民族开始了长达 2000 年的流浪，处处受到排挤剥削和迫害。文化上，没有宗教和信仰自由；经济上受到限制，财产经常被剥夺；政治上，被视为一切罪恶之首，成为欧洲各国政治矛盾下的牺牲品。19 世纪中叶后，欧洲掀起新一轮反犹太人高潮，二战中欧洲有近 600 万犹太人被纳粹德国屠杀，面临种族灭绝的危险。但就是在这种情况下，他们仍顽强地生存下来。并且在地上少内河、地下无矿藏、80%—90%的国土是荒漠的贫瘠土地上，经过 40 多年的艰苦建国，荒漠变绿洲，国家实力不断增强，并成功地在中东列强的夹缝中强盛了起来。他们生存力量从何而来，生命之源从何而来？靠的就是顽强坚韧精神和挑战风险，永不气馁的进取意识。

人来到世上，每个人都被赋予了生命，但人生的价值并不在于人物质生命的长短，而在于人生价值的高低。英国弗兰西斯·培根在《荣誉》一文中谈到，最伟大的荣誉之中，有一种是罕见的，那就是为了国家利益而捐躯或者使自己遭受危险。因而，从一定意义上说，勇于牺牲奉献是人生价值的一种最高的境界。

纵观人类史上取得的每一次进步，都与人类英勇无畏的勇气、与思想先驱发现者及各行各业的伟大人物密不可分。苏格拉底 72 岁高龄被令在雅典饮鸩自尽；布鲁诺因为揭露那个时代风行而错误的学说，被活活烧死在罗马。当宗教法庭宣判他死刑时，他骄傲地说，你们宣判我死刑时，比我接受你们的死刑宣判更为害怕吧。紧随其后的伽利略，也是一位科学巨人。70 岁时，由于他发现的地球互转说被视为异端邪说，被终身监禁在宗教牢狱至死，甚至死后教皇也拒绝其尸体安放于故墓中。他们为了伟大思想而殉道，无疑是勇敢而值得人们称颂的。诺尔曼·白求恩，受加拿大和美国共产党派遣，率加、美援华医疗队来到中国，伤口不幸感染恶化，病逝前，他在遗书中写道："我在这里十分快乐，我唯一的希望就是多有贡献。"毛泽东主席在《纪念白求恩》一文中，称赞他的牺牲精神、工作热忱和责任心均称模范。

中华民族历来是一个具有牺牲奉献精神的民族。司马迁在《报任安书》中的那句"人固有死，死有重于泰山，或轻于鸿毛，用之所趋异也"，是司马迁的生死观的深刻总结。毛泽东主席在《为人民服务》一文中，讴歌了张思德同志为革命事业不怕牺牲的精神，称赞他是为人民利益而死的，他的死是比泰山还要重的，阐述了革命者的生死观。

中国最早传播马克思主义的李大钊，1927年4月在北京被奉系反动军阀逮捕。面对敌人的绞刑架，他大义凛然，视死如归。革命先驱瞿秋白坦然面对死亡，他说：人生有小休息，也有大休息，今后我要大休息了。然后高唱着自己翻译的《国际歌》走向刑场，慷慨就义，牺牲时仅36岁。

抗日英雄杨靖宇将军，在一次战斗中被上千名日寇包围，他只身在零下40度的深山老林里与敌人周旋，在缺吃少穿的情况下仍顽强战斗了6天，最后壮烈牺牲。日军指挥官还惨无人道地令人剖开他的腹部，发现他的肠胃中竟没有一粒粮食，只有树皮、草根和棉絮。

毛岸英，作为毛泽东主席的长子，在朝鲜战争爆发，我志愿军部队即将开赴朝鲜前线时，主动请缨赴朝参战。在敌机的一次轰炸中壮烈牺牲，以身殉国。当有人提出要把岸英的遗体运回国内安葬时，毛泽东答道："青山处处埋忠骨，何须马革裹尸还。"体现了一代伟人宽广的革命胸怀。至今，毛岸英仍与无数革命烈士的遗体一起留在异国他乡。

"努力为生，还要努力为死，为民众的幸福，为中华之崛起。"周恩来总理这首脍炙人口的诗就是对革命前辈英勇献身精神的最好诠释。牺牲奉献是人生价值的真谛。活着，是为了让大家生活得更美好；死了，是为了让后人更幸福。正是这样的人生价值观、生死观，使无名先烈为了民族的大业慷慨赴死、义无反顾。每一个人都要以革命前辈为榜样，自觉实践和弘扬牺牲奉献的精神，努力使自己无愧于社会，无愧于历史。

◎ 从勃兰特的那幅老照片说起

二十几年前，《羊城晚报》曾发表过一幅上世纪 70 年代的老照片，题目是《"勃兰特跪下了"》。这幅让世界关注的照片，记述的是 1970 年 12 月 6 日，联邦德国总理勃兰特向波兰的华沙无名烈士墓献完花圈后，来到华沙犹太人殉难者纪念碑前的广场，突然，他双膝着地跪在纪念碑前，向二战中被德国纳粹屠杀的 510 万犹太人表示沉痛悼念，为纳粹时代德国犯下的罪孽深感内疚，认罪赎罪。

此举震惊了世界，也震撼了德国人的灵魂。当时的民意调查显示，80％的德国人对此表示赞赏，表达了德国民众的悔罪诚意。波兰人民也对此表示了理解和信任，认为对于"结束那段痛楚与牺牲的罪恶历史迈出了重要一步"。

1971年，勃兰特被授予诺贝尔和平奖。另外，战后的德国政府，除了对纳粹受害者作经济赔偿外，每年还在圣诞节前，根据专立的档案，按性别和居住国家给世界各地仍然在世的集中营幸存者寄去一封慰问信和一箱圣诞用品。此举已坚持了数十年。

相反，我国的近邻日本，在对待历史问题上的表现却迥然不同。日本政府一直拒绝向深受其害的亚洲各国人民道歉，“军国主义”阴魂不散，多任首相都曾以公职朝拜供有甲级战犯的靖国神社，篡改违背历史真相的教科书，等等。这些逆历史潮流而动的种种不良行径，理所当然地受到了各受害国政府和人民的反对和谴责。

国有国格，人有人格。生活中，人们在评价一个人时，除了看他的才华成绩外，往往还要看他的道德人格。其实，评价一个国家时又何尝不是如此。从德国总理的言行中，体现的是一个国家的忏悔和责任，因而赢得受害国政府和人民的理解；从日本政府的言行中，我们看到的是一种对自己所犯罪恶责任的推卸，更是一种缺乏维护人类正义责任的表现。一个没有责任感的民族，即使不被别的民族消灭，也会自生自灭；一个没有责任感的人，必定会遭到他人的蔑视。

责任是对人生义务的勇敢担当，是对现实生活的积极承受，是对肩负使命的忠诚信守，是检验一个人做人是否合格的重要标准和尺度。在许多人看来，责任是与生俱来的。无论一个人担任何种职务，从事什么样的工作，他都承担着不同的责任。工人生产要“服务人民”，军人从戎要“保家卫国”，教师执教应“传道、授业、解惑”，医生行医得“救死扶伤”，艺人从艺须“德艺双馨”，商人经商要“诚实守信”，等等。正是责任，把所有人都联结在一起，维系着整个社会链的平衡。

正视责任，会使我们自己充满责任感；坚守责任，就是坚守我们自己最根本的人生义务，让自己的人生更有意义，让这个社会更加和谐。法国前总统戴高乐将军有一句名言：每当历史最恶劣的时候，我的义务就是把法国的责任担当起来。他的一生确实践行了这一诺言。领导干部的楷模牛玉儒，始终有着强烈的责任心、事业心，他把担当的任何职责，都当作事业而不仅仅是事情去干，从不敷衍。防治“非典”斗争中，中国工程院院士、呼吸病专家钟南山，以其大无畏的献身精神、实事求是的科学精神、拯救生命于死神的博爱精神成为科学家和医疗战线的模范。2004 年刮起的审计风暴，作为审计长的李金华为何敢于铁面？关键是他们心里始终怀有一种强烈的责任意识。

责任是成功的支点，坚守责任是一份境界。每一个有责任感的人，就要以尽职尽责和勇于负责的态度，勇担社会责任，恪守工作责任，履行家庭责任。

一个社会组织和团体，需要履行社会责任。应该肯定，当前整个社会的责任心是好的，但在个别党政领导干部身上，缺乏社会责任的事例屡有发生。据《焦点访谈》披露，湖北省荆州市原水利局副局长郭昌文私自挪用防洪款 17 万元为自己购买一套商品房。荆州自古以来就是长江防洪最薄弱的地段，一旦溃堤，素有鱼米之乡的江汉平原将遭受灭顶之灾，那样损失的就何止 17 万元。1998 年，时任国务院总理的朱镕基就曾怒斥长江牌州湾段的防洪堤为“豆腐渣工程”。难道像郭昌文之类的贪官们不知道这种严重后果吗？显然不是。在他们的心里，根本就没有一种社会责任感，脑子里想到的只是私利。

权力是一种责任，当掌权人尽到责任时，他的人格力量就强，当他尽不到责任时，他的人格力量就弱，当他用职权为自己和亲属、朋友谋取私利时他的人格力量就丧失了，他也就走向了党和人民的对立面。

人，除了自然人特征以外，同时还是社会的人，因而理所当然地需要承担对这个社会的责任。2006 年 5 月份以来，央视《中国骄傲》栏目播出的平凡人做出的不平凡壮举令人感叹。他们中有的是在火灾中将呼吸面罩让给被困者、在仓库坍塌前将战士推向安全地带的消防战士，有的在火灾中用一架破旧木梯智救 30 多人的老人，他们用勇敢、智慧和爱心奏响了这个时代的英雄乐章。而在今天这个物欲横流的社会中，不难发现一种不良现象，人与人之间缺少了过去物质缺乏时代的那份关爱和温情。同年 11 月 27 日，《现代金报》刊登了一则“老外救人”的报道，说是一名乌克兰籍小伙跳入奉化江，救起一名轻生的中国青年。他说，当时旁边有四五个人在看，却没人敢下水救人，我虽然是外国人，但我在宁波工作，我爱这座城市和这里的人，我希望自己能出一份力，这也是我的责任。人们在为这名外国人感动的同时，不由想起几十年前鲁迅先生就曾为麻木的看客而痛心疾首，但几十年后，事不关己、高高挂起的看客们仍然存在。现代都市的繁华，人们物质生活的丰富，并没有给我们带来和谐友爱的生活，而是相互在心底筑起了一道有形或无形的隔离墙。

社会责任的缺失，需要建立责任追究制度，建立一个负责的政府，使政府各级官员承担起政治责任、法律责任、行政责任、道义责任等四种责任；需要在全社会倡导“八荣八耻”社会主义荣辱观，使扬荣弃耻成为良好的社会风尚。

工作责任是人生责任中的重点。对工作负责，就是对自己负责、对社会负责。前不久，一篇广东省佛山市两名民警空手旁观血案被判刑的报道，引发了人们对工作责任的思考。事情是这样的：2002 年 6 月 25 日，平时酗酒如命的村民吴某，喝酒后精神失控，手持 3 把刀跑到街上见人就砍，两村民被砍伤。当时派出所值班民警李某、欧某接到报警后，不按规定携带武器器械出警，到现场后未能有效制止凶徒行凶，导致一死两伤的惨案。事件发生后，李某、欧某被公安机关开除了公职，而且因玩忽职守罪分别被判处缓刑。作为人民警察，维护正义、制止犯罪是应当承担起的工作职责。否则，就是最大的失职，就有愧于人民的信任。

恪守工作责任，要从小事做起。老子说："天下大事必作于细。"重视小事是一种责任心的倡导。不积小流无以成江海，不积跬步无以至千里。说的就是想成就大事，须从小事做起的道理。工作中关注小事，最能反映出一种忠于职守、尽职尽责、认真负责、善始善终的职业道德和精神。把每个小事做好，每个环节做实，才有机会在工作中体现自己的业绩。海尔总裁张瑞敏说，把每一件简单的事做好就不简单，把每一件平凡的事做好就是不平凡。它告诉人们，有了做小事的精神，就能产生做大事的智慧。

俗话讲，细节决定成败。看一个人是否有责任，不是从什么大的方面来看，而要从那些细微的小事来看。下意识做好的事就可得到机遇，获得成功。一家公司招聘新员工，来了不少应聘的人，看起来个个精明干练，但都是一个个无功而返。而面试其实只有一道题，就是谈谈个人对责任的理解。许多人认为这样的题目简单得不能再简单。结果出乎意料，一个都没录取。难道是老板存心不录取员工？当然不是。最后老板解开了谜底。他说，其实，我们这次考试不是一道题，而是两道题。一道是理论测试题，要求谈对责任的理解；另一道是行为测试题，就是考察对倒在门边扫把的反应。但遗憾的是，所有应试者对后一道题都没有做出有效的回答。有的人从扫把上跨过去，有的甚至还把它向旁边踢了一下，但就是没有一个人把它扶起来放好。对责任的理解远不如做一件有意义的事，后者更能显出你的责任感。责任是不分大小的，一丁点儿小事，看似平常，但可看出一个人是否有强烈的责任心。道理很简单，一个连小事都推托的人，怎能指望他在大事面前能担当起大任呢？

恪守工作责任，还要有敬业精神。敬业精神是成功者必备的素质。虽然不同的岗位有着不同的工作特点，对每个人专业需求也不一样，但敬业这一条却是共同的要求。古人云：“敬业者，专心致志，以事其业也。”说的就是敬业者要忠于事业，忠于职守，恪尽职责，扎实工作，即使遇到困难，也要想方设法去克服。

中华民族是一个崇尚勤劳奋斗的民族。一个大禹治水、三过其门而不入的故事，从上古传说至今，妇孺皆知，无不称道。在老子的《庖丁解牛》里，庖丁解牛的方法得当，效益倍增，正是得益于庖丁对待工作的那份敬业精神。国内流传着这么一句“今天不努力工作，明天努力找工作”的哲理名言，它告诉人们工作必须敬业，敬业才能更好地工作的道理。现实中，许多人感叹找工作难，但找到工作后，真正珍惜的人却不太多。要知道，选择上班，这是你的选择，就必须接受全部。应当先做好自己应该做的事，再去做自己喜欢做的事。不是问自己喜欢不喜欢，而要问自己应该不应该做好这项工作。美国心理学博士艾尔森曾对世界上100名各领域杰出人士作过问卷调查，其中61%承认从事的职业并非最喜欢的，至少不是最理想的。但一个人竟然在自认为不太感兴趣的工作领域取得了辉煌业绩，除了聪明勤奋，靠的就是尽责。对工作负责，就是对自己负责。因为你在那个位置上，凝聚了对自己能做的工作的敬重。

对工作负责，首先要明确自己所担负的职责，确定努力的目标和方向，知道该干什么、怎么干；其次是尽心尽责。不能只有“三分钟热度”，要有“春蚕到死丝方尽”、“鞠躬尽瘁、死而后已”的执着精神，不搞自己愿意做的事就干，不高兴做的事就应付；再就是要充分体现责任感，做到自觉履行自己的职责。

家庭责任是每一个人一生所承担的责任中最基础的责任。试想一个对家庭都不负责任的人，能指望他对社会、对工作有责任感吗？履行家庭责任，一般包含孝顺尊敬父母、忠贞夫妻爱情、抚养教育子女等三大责任。

“百善孝为先”。孝既是人伦道德的基石，也是个人处世的基本修养。中国社会历来提倡孝道，古时有皇帝授“王杖”给七旬老人，以示优待的故事；有贫穷将死的母亲说死前想喝口肉汤，儿子从自己的大腿上刈肉尽母愿的故事；如今也有大学生张九精恪守孝道，携病父求学的故事。

做人，一个最基本的情感就是孝敬父母双亲。养亲必孝，是对父母养育之恩的报答。因为父母在给予子女生命的同时，还承担起了抚养和教育子女的责任。当他们年老不能养活自己时，作为子女理所当然地就该承担起赡养老人的责任，给予他们精神上的慰藉和亲情的呵护。然而，现代社会中，这些本属于子女尽孝的责任却被“工作太忙”的借口所忽略。歌手陈红的一首《常回家看看》，唤起的是儿女对父母要尽到的一份孝心。在电视上人们也常看到一个“常回家看看”的公益广告，就真实地反映了父母希望孩子能够多回家看看，多陪着聊聊天的强烈愿望。

不仅有的人连起码的赡养义务都不想尽，更有贪官如胡长清之类，所获赃款数量巨大，本身工资也不少，却对住在乡下、没有生活能力的母亲漠不关心。这种人的良知道德连一个残疾人都不如，必定遭人唾骂。《南方都市报》就有这样一则报道：在广州中山大道暨南大学西门的公交车站旁经过的人们，每天都会见到一个手脚残疾的卖报青年。因为患有脑瘫，他手脚不利索，连整理报纸、找赎散钱的事情都做得十分吃力。但是，这个叫陈峰的34岁青年却有一个“远大”的理想：“我要自己赚钱赡养父母，而不是伸手向别人乞讨!”为了这一理想，陈峰不但完成了从小学、初中到职高财会专业的学业，还自学了电脑维修。一个连每动一下、甚至连说话都很吃力的残疾青年，都有孝敬父母的决心，实在是令每一个身健体康的正常人所敬佩和感动的。

抚养和教育子女的责任是家庭责任中重之又重的责

任。人们常说，“家庭造就了人”。家庭是子女的第一所学校，父母是子女的第一老师，一言一行都对子女的成长十分重要。正是在家庭中，每一个人从小受到的是父母或好或坏的道德熏陶，接受了父母恪守一生的行为准则。孩子是国家的未来，受家庭教育的好坏与否，决定了一个民族的道德状况。

因此，在一些优秀的家庭、充满爱心和责任感的家庭，在那些小孩子的智力和心灵得到过正确引导的家庭，在那些日常生活中表现出来的诚实和美德的家庭，在那些对小孩子的管教充满仁慈和爱心的家庭，人们就可以期待他们培育出一批健康、有所作为、乐观向上的孩子。因为在这样的家庭中成长的孩子获得了必要的力量，他们会追寻父母的足迹，走上正直、自制和乐于助人的生活道路。相反的，如果小孩子生活在一个愚昧、野蛮、自私的家庭环境中的，他会潜移默化的受到感染，日后很有可能成为一个粗鲁的没有教养的人，甚至会对整个社会造成极大的危害。古希腊的哲学家说过这样的一句话：“如果让奴隶去教育你的孩子的，那么，你得到的就不仅仅是一个奴隶，而是两个奴隶。”鲁迅在《我们怎样做父亲》一文中也写道：父母对于子女，应该健全的产生，尽力的教育，完全的解放，使之此后幸福的度日，合理的做人。为人父、为人母其实并不是一件简单的事，生是个问题，育更是个难题，里面蕴藏着大学问。

一位哲人说过："强烈的责任感能战胜一切。因此可以说，一个人只要坚守责任就能达到目的。"对于有责任感的人来说，自己在担当责任中可以享受到人生的快乐，体验到人生的价值，品味到人生的意义。

崇尚荣誉、献身使命、恪守责任，是一个人高尚品德的修养和升华，也是做人做事应该追求的崇高境界。敬爱的周恩来总理，一生为了中国革命事业和人类和平事业，不计荣誉，忠诚奉献，鞠躬尽瘁，死而后已，其才智人品，世人称道。"忠诚履行使命的模范指挥员"杨业功，视使命为天职，积劳成疾累倒在工作岗位上，实践了军人"使命重于生命"的铿锵誓言。人民公仆孔繁森，怀着改变阿里地区落后面貌的强烈责任感，舍下老母妻儿，舍弃大城市的优越条件，两进西藏，体现出一名真正共产党人伟大的人格力量。从他们的身上可以体会到，一个人尤其是一名为官从政者，一旦把个人前途同国家事业和人民需要紧密联系在一起时，就会获得一种取之不尽、用之不竭的精神动力。这种精神动力，更多的是源自对伟大祖国的忠诚热爱、对崇高荣誉的正确追求、对神圣使命的忠实履行和对人生责任的极端负责。相比起来，我们的人生也许并不辉煌，但崇尚荣誉、献身使命、恪守责任应成为我们不懈地追求。

荣誉是美好的，我们不能沉迷；使命是神圣的，我们不能背叛；责任是沉重的，我们不能懈怠。如果一个人沉迷荣誉，就会使人生陷入迷惘，失去追求美好的动力；背叛使命，就会使自己的声誉扫地，丢弃生存的基础；懈怠责任，就会给事业设置障碍，丧失获得成功的机遇。

第四讲

国家　政党　人民

国家　政党　人民

GUO JIA　ZHENG DANG　REN MIN

爱，是动物的本能。人类在脱离动物时既继承了这种本能，又使这种本能升华为人类独有的伦理道德。没有爱的躯壳，就像人类社会无数的匆匆过客一样，了无声息地被时光的尘土掩埋。古往今来，在爱的大舞台上，人们各自扮演着不同的角色，或伟大，或渺小；或光荣，或耻辱；或流芳百世，或遗臭万年……爱的主体不同，爱的对象不同，爱的价值也就迥然不同。

悠悠文明史，上下五千年。从尧舜禹，到伯夷、叔齐、孔孟、屈原、范仲淹；从传说中的“精卫填海”到“夸父射日”；从诸葛亮的“鞠躬尽瘁”到岳飞的“精忠报国”；从戚继光的抗击倭寇到林则徐的虎门销烟；从李大钊的“铁肩担道义”到雷锋的“把有限的生命投入到无限的为人民服务中去”——无论大治之世，还是大乱之时；

无论远古，还是近代；无论浪漫，还是残酷，一大批仁人志士以忠诚于国家、政党和人民的主旋律的大爱，成为中华民族的脊梁。

◎ 永不可淡忘的国家精神

何谓国家精神？国家精神乃民之魂魄。没有魂魄的国家，实乃一盘散沙。国家利益、国家意识、国家精神是一个国家、一个民族生存发展的动力。从古至今，中国是一个有着爱国主义传统的国度。在古汉字中，繁体“国”字从会意字的特点来看，部首“口”，表示国家的领土范围；里面的“口”，表示人口；“一”表示耕地；“戈”则表示军队。合起来意思是说，一个国家必须要有一定的领土、人口、耕地和军队。

列宁曾指出：“爱国主义就是千百年来固定下来的对自己祖国的一种最深厚的感情。”爱国，是一个人立身做人的起码标准。几千年来，爱国主义像一条奔腾不息的长河，滋润着一代又一代中华儿女的眷恋心田，塑造着中华民族的精神品格和道德风貌。无数中华儿女，当面对外敌侵略时，团结一致，奋起反抗，谱写了许多可歌可泣的爱国诗篇。

在古代，西汉爱国将领霍去病，为抗击匈奴对中原的侵扰，兵不解甲、马不卸鞍地在疆场上奋战了一生。汉武帝为了奖励他的功绩，给他修建了一座豪华的住宅。但霍去病说："匈奴未灭，何以家为?"后来霍去病病死军中，年仅 24 岁。民族英雄岳飞，早年投军抗金，奋战沙场，屡建奇功，后遭秦桧之流的陷害，含冤死去，但他那气壮山河的《满江红》，他那"待从头，收拾旧山河，朝天阙"的豪迈誓言，不知激励了多少爱国志士。特别是明清时期，我国人民在抗击东洋、西洋侵略者方面，更显示出中华儿女的爱国主义精神。明将戚继光，面对倭寇的侵扰，组织了以农民、矿工为主的"戚家军"，"一年三百六十日，多是横戈马上行"，经过 10 年的征战，终于扫清了东南沿海的倭患，使人民过上了安居乐业的日子。

在近代，被历史学家范文澜称为近代中国"睁眼看世界第一人"的林则徐，在启程赴广东禁烟前，许多人劝他不要去，说鸦片贩子和清朝官吏沆瀣一气、内外勾结，道光皇帝色厉内荏、犹豫动摇，禁烟不会有好结果。但林则徐却置自己的生死祸福于不顾，毅然走马上任。虽然他的禁烟运动和尔后的抗英武装斗争，由于投降派的破坏而失败了，但虎门销烟的历史壮举却唤起了千千万万中国人的民族意识，点燃了反抗侵略的熊熊烈火。在第一次鸦片战争中，清军许多爱国官兵表现出了宁死不屈的民族气节和血战到底的英雄气概。当英军进攻虎门要塞时，年已 61

岁的水师提督关天培率部英勇抵抗，身负重伤仍亲自开炮还击敌军，终与400多名官兵一起英勇殉职。1865年，中亚浩罕汗国军事头目阿古柏在英国和沙俄的支持下，侵占了天山南北大部分地区。沙俄还出兵强占了伊犁。面对西北边疆的严重危机，左宗棠力主收复新疆。1876年初，他以65岁的高龄率军西征。历时两年，消灭了阿古柏匪帮，收复了新疆大部分地区。为了夺回被沙俄侵占的伊犁，他又制订了三路出击计划，并“舁榇以行”，抬着棺材去与侵略者作战，体现了收复伊犁的坚强决心。由于左宗棠军事上的积极配合，加上赴俄谈判代表曾纪泽出色的外交活动，俄国人被迫改订了伊犁条约，把强占了十年的伊犁地区还给了清政府。左宗棠收复新疆，保全了占中国版图约六分之一的领土，他的历史功绩是不可磨灭的。

在现代，爱国主义始终是矗立在人们心中的一座圣殿。1919年“五四”运动时，周恩来率天津学生赴北平请愿，一位年迈寡居的母亲给参加请愿的女儿写了这样一封信：“吾女知之，余系孀居。膝下仅有汝侍奉，以慰晚年。因当局昏聩，国势垂危，各界遣派代表请愿中央，以冀救国之危急，除万恶之官吏……因有一言寄汝，宁愿汝死于囹圄之中，以救得国家，勿逍遥于庭帏内而为日后之亡国奴也！吾心虽悲，为救国计，亦愿忍痛，汝之极孝在此，汝之报国亦在此。”从这封信中我们可以看到，这位母亲是何等的深明大义。父母儿女之情是难舍难分的天伦骨肉之情，更何况这位母亲年迈寡居又仅有这么一个女儿。但她深知爱国比爱女更重要，因而毅然把独生女儿送上了救国斗争第一线。

其实，古今中外，祖国至上，概莫能外。匈牙利爱国诗人裴多菲成名前非常穷困，经常颠沛流离，身上只带着一部诗稿。后来，著名诗人魏勒斯马尔蒂·米哈依发现了他的才华，设法帮助他，裴多菲由此而成名。但是魏勒斯马尔蒂在1841年发表演说，同意外国驻军匈牙利和在军队中用德语施令，背叛了国家民族利益。裴多菲非常气愤，公开写诗抨击他的恩师。许多人劝他不要这样，他说："我爱恩师，更爱我的祖国！"为了祖国，他不仅断绝了与恩师的关系，而且告别新婚的妻子，毅然走上了反侵略的战场，献出了年仅26岁的生命。还有法国著名的生物学家巴斯德，也是非常地爱国。当1870年德军进攻法国以后，他毅然退回了波恩大学授予他的医学博士荣誉证书。他说："科学是没有国界的，它是引导全人类进步的火炬，但科学家属于祖国，他能利用科学以提高国家的地位！"在他看来，事业和荣誉只有同祖国联系在一起才具有现实意义。

强烈的爱国情愫可以使每一位爱国者为祖国抛弃一切。新中国成立初期，许多旅居海外的科学家，甘愿放弃自己在国外的名誉地位、事业成就和优裕的生活条件，冲破重重阻力，毅然回到祖国怀抱。被美国海军次长金波尔称为“抵得上 5 个师”的著名科学家钱学森，花了 5 年时间，冲破重重阻挠，终于回到了祖国。正是因为新中国拥有了这样一批杰出的导弹事业的开创者，从第一颗原子弹爆炸到第一颗导弹核武器研制成功，美国用了 13 年，而我国仅用了两年多的时间。这一成就震惊了世界。美国一位专栏作家这样说：“金波尔的话说错了，钱学森在科学上的价值岂止只抵 5 个师的兵力，他替中共研制的飞弹，不但完全平衡了中共与美国之间战略武器的差距，也使中国对苏联的威胁产生抗衡。同时，在美、苏两大军事强权之间，中国以其飞弹实力，加上十亿人口，与苏、美形成了鼎足之势，简直是以一人之力换一国之力。”就是长期旅居海外的华人，也无时不刻地思念着自己的祖国。80 年代，张明敏的一首《我的中国心》风靡海内外，就因为他唱出了游子的爱国心，表达了千万华夏儿女那种涌动在心的爱国情愫。

爱国主义可以使人对祖国忠贞不移。伟大的爱国诗人屈原，曾写过一首《橘颂》，歌颂橘树那种“受命不迁，生南国兮。深固难徙，更壹志兮”的品质，以此表达自己忠于祖国的深厚感情。当他受到重用担任左徒的职务后，矢志改革，变法图强。当他受到昏君奸臣的打击迫害时，仍抱定“虽九死其犹未悔”的决心，与祖国共患难。当时，士大夫出游求仕的风气很盛，“楚材晋用”，“朝秦暮楚”的事司空见惯，而楚国的政治又这么黑暗，屈原完全可以拂袖而去。但他受诬陷、迫害前后达四十年之久，即使被流放，也不愿背弃自己的祖国。他说：“鸟飞反故乡兮，狐死必首丘。”意思是，飞鸟千里终会返回自己的老窝，狐狸将死时头总朝向它出生的山头。连飞禽走兽都不忘自己的故土，何况是人！后来，秦军攻陷了楚国郢都，屈原悲愤无比，投汨罗江殉国。他的爱国精神永远值得人民纪念。

还有大家熟知的南宋民族英雄文天祥，曾留下了“人生自古谁无死，留取丹心照汗青”的千古名句。但文天祥还写了一首不被人熟知的诗：“满地芦花和我老，旧家燕子傍谁飞？从今别却江南日，化作啼鹃带血归。”充分表达了他对故国的深深眷恋之情，就连慷慨就义前，也是面南而跪，以示自己对故国的忠诚。

肖邦是一个大音乐家，年轻时就颇有名气。当时，波兰正遭受沙俄的侵略和蹂躏，他热爱祖国，想留在国内，但残酷的现实窒息着他的艺术才华，因此他接受了师友们的建议：到国外去深造，为祖国争光。在出国前的告别晚会上，朋友们送给肖邦一个银瓶，里面装着波兰的泥土，勉励他不忘故国。后来，由于波兰反动政府不让肖邦回国，他在法国、德国、英国等国颠沛流离了 19 年，但那只装满泥土的银瓶一直伴随着他。1849 年，肖邦在巴黎一病不起。临终前，他对妹妹说："我死后，波兰反动政府是不会允许把我的遗体运回华沙的。但你至少要把我的心脏带回去。"肖邦病逝后，亲友们按照他的遗嘱，在他的墓穴里撒上了银瓶里祖国的泥土，又把他的心脏带回华沙，保存在圣十字教堂里。在肖邦看来，祖国的泥土比金子还珍贵。而肖邦这颗爱国的心脏，也远胜过金子。他的一句名言表明了他自己的心声："祖国，我永远忠于你，为你献身，用我的琴声永远为你歌唱和战斗。"

爱国，首先要有强烈的爱国之心。要爱中国的大好山河。中国幅员辽阔，地理优越，资源富饶，物产丰富，有肥田沃壤，有名山大川，还有那些展示中国人民智慧的人文景观。要爱各族人民。"民为国之本"，爱国必爱民。是勤劳、勇敢的各族人民，共同创造了中国悠久的历史和灿烂的文明。要热爱自己的国家，历史已经证明并将继续证明，只有社会主义才能救中国，也只有社会主义才能发展中国。

爱国，还要表现为报国之志。中国历史上一切忠诚于国家民族利益的仁人志士，都怀有"精忠报国"、"天下兴亡，匹夫有责"、"先天下之忧而忧，后天下之乐而乐"的责任意识，他们把报效国家作为自己的一种神圣责任和人生志向。一个人活着，首先就要把国家民族的利益放在第一位，因为这是大局，大局不保，小局和个人利益也就难保。一个人只为家庭活着是自私的，一个人只为自己活着就是耻辱。古往今来，有多少忠诚之士放弃优越的生活条件而奋战沙场、探寻真理，这就是崇高的报国之志。鲁迅先生说要“我以我血荐轩辕”，周恩来同志说“为中华之崛起而读书”，这是报国之志的楷模。

爱国，最终表现为报国之行。要报效国家、建设国家，没有一定的本领不行。当今世界是一个竞争的世界，归根结底还是人才的竞争。中国要在激烈的国际竞争中迎头赶上，亟须一批又一批高素质的人才。每一个人都应努力学习知识，提高素质本领。否则，徒有忠国之心，空有报国之志，是难以有所作为的。只有把“心”、“志”、“才”体现落实到报国之行上，才是对国家最好的、最大的忠诚。

没有天哪有地，没有国哪有家，没有家哪有你、我、他。爱国，必须成为公民的第一意识。

◎ 用满腔忠诚爱我们的党

每一个政党都吸收着一个阶级的精英分子，都代表着一个阶级的根本利益。由无产阶级中的优秀儿女组成的中国共产党，代表的是最广大人民群众的全部利益。党始终坚持“全心全意为人民服务”的根本宗旨，领导人民建立新政权，投身改革开放和社会主义现代化建设。无产阶级是人类阶级社会中最先进的阶级，共产主义社会是人类社会形态中最美好的社会。因此，党是中华儿女心中永远的圣殿，值得每一个中国人去挚爱它、敬仰它。

爱党，需要了解党史。了解党是热爱党的前提，是坚定信念跟党走的基础。党的奋斗史，是中华民族史上一幅最辉煌灿烂的画卷。越是学习中国近代史，越是深入研究中国共产党的发展史，就越能深刻理解党成为执政党是历史的选择；就越能深切感到党的伟大和不朽。1921 年 7 月 1 日，中国共产党诞生了，这是中国历史上开天辟地的大事变。从那时起，一代又一代共产党人以争取祖国的独立、民族的解放、谋求人民的福祉为己任，前赴后继，英勇奋斗，作出的巨大牺牲奉献是历史上任何一个政党组织所无法相比的。

是党领导中国人民站起来了。20 世纪初，处在半殖民地半封建悲惨境地的旧中国，民族灾难深重，人民饥寒交迫。无数志士仁人苦苦求索，都没有找到解救国家的道路。政治上软弱的民族资产阶级和农民阶级，都不能领导革命取得成功。1921 年中国共产党登上了中国政治舞台，领导中国革命，建立新中国，中国的面貌从此焕然一新。

历史印证了这样一个真理：只有共产党才能救中国。只有中国共产党，才能真正把马克思主义与中国实际相结合，创造性地探索出民族独立和解放的道路，经过28年的浴血奋战，推翻了压在中国人民头上的“三座大山”，结束了旧中国饱受西方列强欺负压迫的历史，从而实现了民族的真正独立和解放。

是党领导人民群众富了起来。共产党执政以后，带领各族人民励精图治、艰苦奋斗，取得了有目共睹的建设发展成就。特别是通过三十年的改革开放，人民生活水平得到极大提高，13亿人口的温饱问题基本解决，按照国际公认的标准已经走出了低收入国家行列。目前是我国经济持续稳定快速增长、综合国力大幅度提升、人民得到实惠更多的时期。中国贫困人口由1978年的2.5亿人下降到现在的2700万人，平均每年脱贫人口七八百万。我国已经进入了全面建设和谐社会的新阶段，人民生活实现了从温饱到总体小康的历史性跨越。

是党领导中华民族强了起来。是共产党领导中国人民建立了社会主义新中国；是共产党领导中国人民进行社会主义现代化建设的伟大实践，正引领中华民族实现伟大复兴。在当前的国际舆论界，一个重要的热点话题就是关于“中国模式”、“中国道路”、“中国经验”的讨论。2006年10月，英国外交政策研究中心发表了美国外交委员会成员雷默的研究报告——《北京共识》。他认为上世纪 90 年代西方为拉美国家开出的药方——“华盛顿共识”已被事实证明不可行，而中国 20 多年发展的显著成就已形成了“北京共识”。不少专家预测，从目前的发展态势看，未来 10 年中国完全有能力保持国内生产总值每年 8%左右的增长速度，中国的发展越来越成为全球经济发展中具有重要影响的力量，由中国共产党带领中国人民所探索实践的发展道路也越来越被世人所瞩目。

爱党，需要坚定对党的信念。信念是一种理想的寄托，是一种精神的追求。理想信念缺失，人生犹如无根的浮萍，将随波逐流。作为一名共产党人，对马克思主义的信仰、对中国特色社会主义的信念、对改革开放的信心、对党的领导的信赖，是应该始终坚守的精神家园。朱德早年参加辛亥革命，在蔡锷将军的护国军中屡立战功。但他看到军阀混战、国家山河破碎的局面，十分痛心，决心抛弃高官厚禄，去寻找一条救国的正确道路。当他得知中国共产党成立的消息后，专程到上海找陈独秀要求入党，受到挫折后并未灰心，又前往欧洲，终于由周恩来介绍加入了中国共产党。从此，他把一生献给了党，为国家的独立、民族的解放立下了不可磨灭的功勋。徐特立早年在长沙第一师范学校教书，日本向袁世凯提出“二十一条”时，他断指血书，号召学生起来抗争。后来幻想“教育救国”，43 岁赴法国勤工俭学，经过半辈子的摸索，他认定只有共产党才是真正爱国、救国的先进政党，于是在 1927 年大革命失败后的白色恐怖时期毅然加入中国共产党。像这样坚定的共产主义者还有很多。

对党不信任，必然导致信仰危机，危害党的执政根基。研究苏共历史可以发现，在原苏联，共产主义意识形态实际上已经很少有人相信，首先是苏共领导人自己就不再相信。一位莫斯科的哲学家说：“意识形态可以起两种作用，或者是作为一种象征，或者是作为一种理论，两者不可得兼。我们的领导人把它用来作为一种象征，作为断定其他人是否忠诚的一种方法，但它并不是这些人身体力行的一种理论。”虽然上上下下的人都不相信官方的意识形态，对各种事情也有自己不同的看法，但一到了正式的场合，他们却照旧举手拍掌，重复着过去的陈词滥调。苏联老百姓已经不太相信苏共了，但表面上仍然假装相信；苏共明知道失信于老百姓，但仍以老百姓的假装为满足。这种党内之间的不信任，以及与老百姓间的离心离德，是苏共垮台的一个重要原因。这种现象，应当引起执政党的高度警醒。

爱党，就要自觉为党分忧。居安思危是中华民族的一句至理名言。作为共产党人，一定要有强烈的忧患意识。因为个人的命运总是与党的命运紧密联系在一起的。东德共产党垮台后，一些党员干部的环境条件非常拮据。在德国干同样的工作，原东德的公务员只能拿 75％的工资。原东德一定职务以上的军官、警察，凡是共产党员的，都被强制退休，不能再当政府公务员。东德前领导人昂纳克 1989 年被迫下台后，四处流落，后身患绝症，只身前往智利投靠亲友，1994 年客死他乡。东欧其他社会主义国家党的领导人，在共产党垮台后，也没有什么好的结果。所以，共产党人的个人命运，是同无产阶级政党的命运连在一起的。

新形势下，中国共产党既面临着西方敌对势力的渗透分化，又面临国内社会变革发展的挑战，还面临着党内腐败问题的考验。西方敌对势力在肢解了苏联、东欧、中东社会主义国家之后，中国成了社会主义阵营中的“龙头”，它们是不会放过中国的。当前，中国改革发展处在关键时期，社会利益关系更为复杂，新情况新问题层出不穷，社会中存在的收入差距、失业、腐败、民族问题、黑恶势力等不安定因素有增无减。邓小平当年说，他有“三个放心不下的问题”，其中一个就是民族问题。由于共产党长期执政，党内一些人产生了脱离群众、故步自封等倾向。一些党员干部放松世界观改造，经受不住权力、金钱、美色的考验。解决腐败问题已成为考验党的执政能力的一个重要课题。应该说，中国目前反腐的力度超过了任何一个国家，但是腐败分子仍然前仆后继，不断有大案要案得到查处。如果对这些问题不重视、不警惕、不解决，党就有可能走向垮台。每个共产党员都必须站在维护党和国家长治久安的高度，保持高度的警惕，保持强烈的忧患意识，为党分忧，为国尽力，为民谋利。

◎ 人民是最伟大的圣人

人民永远是我们心灵深处的圣人。老百姓最聪明，民间蕴藏的智慧和力量，浩如烟海，无边无际；老百姓最光荣，用双手创造了人类，创造了世界，创造了衣食之飧；老百姓最权威，金杯银杯不如老百姓的口碑，金奖银奖不如老百姓的夸奖……老百姓是天，老百姓是地，老百姓是我们生命的源泉！

民是心中的圣人，先知先觉的伟人们早就意识到这一点。孙中山秉持“天下为公”的纲领，实施三民政策，驱除鞑虏，扶助农工。毛泽东发出了“为人民服务”的号召，告诫全党“要当人民的先生，先做人民的学生”。邓小平说：“我荣幸地以中华民族一员的资格，而成为世界公民。我是中国人民的儿子，我深情地爱着我的祖国和人民。”

国之兴衰系于民，国之存亡系于民。人民是国家的主体，是政党的支撑，人民的意志和智慧支持着国家和政党的存在。一个为官从政者首先是一个为民者。纵观历代开明的君主和政治家、思想家，无不奉行以民为本的思想。他们认为，人民群众是国家、君主赖以生存的基础，人民群众是水，国家和君主是舟，“水能载舟，亦能覆舟”。从殷周时期《尚书》的“民唯邦本”、《诗经》的“宜民宜人”、先秦时期孔子的“仁政”、“爱民”，孟子的“民贵君轻”，荀子的“君舟民水”，汉唐时期贾谊的“民为政本”，李世民的“国依于民”，柳宗元的“吏为民役”，再到明清及民国时期张居正的“知人安民”，康熙的“以足民为首务”，乾隆的“以养民为本”，孙中山的“天下为公”等等，概莫能外。“得民心者得天下”。民心不可违，民心向背决定着政局的治与乱、事业的兴与衰、统治者的安与危。正如《礼记·大学》中所说：“道得众则得国，失众则失国。”当统治者的施政方针合民意顺民心时，人民就会诚顺、勤劳，社会就安定，国家就富强；反之如果统治者与人民的利益倒行逆施，人民就会反对甚至会揭竿而起，导致江山易手，改朝换代。

唐代大诗人白居易十分同情人民，他在皇帝面前做谏官时，就屡次上书，请求革除弊政，写了大量讽喻诗揭露官僚势力残害人民的罪行。他写诗力求让人民群众看得懂，相传他每写好一首诗，都要读给不识字的老妈妈听，听得懂的才满意。他在地方做官时，每到一处，都要力争多做些对人民有益的事。在杭州做刺史时，他修筑湖堤（今西湖白堤），利用湖水灌溉土地。在苏州，兴修水利，也受到苏州人民的爱戴。在做忠州刺史时，他搞了许多利民的改革，号召开荒生产；改进税收办法，增加豪富的税款，减轻贫苦农民负担；尽量节省开支，减轻老百姓的支出。他亲自带头种树，绿化荒山。他主持群众聚会，席地而坐与民同乐。后来忠州人为了纪念这位爱民的好官，为他建了“白公祠”。

著名爱国抗日将领吉鸿昌，把民众当父母，对危害人民的人和事极为痛恨，即便是自己的亲属也绝不宽恕。他有一个亲侄儿叫吉南星，在乡下为非作歹，为了掩盖奸情竟用砒霜毒死别人全家七条人命，被当地县衙收押。吉鸿昌的祖母出于私情，强行保释。县衙碍于吉鸿昌声望权势，拖延不决。后来吉鸿昌得知真情后，立即去信责问县官：“我当师长，他杀人全家，你不问罪；如果我当了军长、总司令，他不就要杀全村、全县的人吗?”并让副官赶到县城，将吉南星当众执行枪决，为民伸冤报仇。1929年7月，吉鸿昌任军长兼宁夏省政府主席。有人奉承他，在他一张大照片上写了八个字：“官运鸿昌，光辉祖宗。”吉鸿昌看罢大怒，把照片撕得粉碎，训斥那人道：“你把我吉某当成什么人！我吉鸿昌把民众当父母，一心为民众谋福利，高官、厚禄、金钱、地位算个屁!”

中国共产党的全部历史就是忠诚地为人民利益而奋斗的历史，也是保持与人民群众的血肉联系，从小到大、由弱到强、从胜利走向胜利的历史。抗日战争时期，正因为建立起广泛的统一战线，人民群众积极拥护共产党、支持解放军，用八年时间打败了日本帝国主义。解放战争时期，正因为人民群众相信共产党，积极支持解放军，才用小推车的民众力量，保障了作战的后勤需要。是党的领导力量，人民军队的武装力量，民众的空前热情和无私支持，紧密地融合在一起，才彻底推翻了三座大山。陈毅同志曾深情地说：“淮海战役是解放区人民用独轮车推出来的!”对此，一首《支前民谣》讲得很生动：“最后一碗米，送去作军粮；最后一尺布，送去作军装；最后老棉被，盖在担架上；最后亲骨肉，送他上战场。”对于民众联合的力量，毛泽东曾指出：“世界什么问题最大？吃饭问题最大。什么力量最强？民众联合的力量最强。什么不要怕？天不要怕，鬼不要怕，死人不要怕，官僚不要怕，军阀不要怕，资本家不要怕。”可以说，一直以来，“从群众中来，到群众中去”的群众工作路线是共产党及其人民军队克敌制胜的法宝。反思当时的国民党军队，由于欺压百姓，鱼肉乡里，结果民怨沸腾，众叛亲离，以致溃不成军。当时第五战区汤恩伯的 20 军团“装备齐全，配德制重炮一营，为国军中的精华”，但他治军无法度，军纪松弛，每次都是临阵脱逃，没打过一次胜仗。

为官要做到亲切。“乐民之乐者，民亦乐其乐；忧民之忧者，民亦忧其忧”。亲切并不是一种姿态，而是对人民发自内心的热爱。现在，一些干部与群众之间不是“鱼水关系”，而是一种“蛙水关系”，需要群众时，就像青蛙一样往水里跳；不需要群众时，就跳上岸摆官架子。然而，群众的眼睛是雪亮的，什么样的行动能够感动群众，什么样的行为令人反感，什么是真心为民，什么是摆谱作秀，老百姓心里都有一杆秤。凡事都是讲究以心换心、以情换情的。如果你心里时刻装着人民的喜乐哀愁，时刻把群众的温饱冷暖挂在心上，自然会得到群众的拥护和支持。百姓是为官者的衣食父母，服务群众是执政党存在的根本依据。作为人民的公仆，应该像对待自己的父母那样，对广大群众充满真情挚爱。

以胡锦涛为总书记的党中央审时度势，旗帜鲜明地提出“以人为本”的思想，把构建和谐社会目标推上至高位置，践行“亲民、爱民、利民”的亲民政策和平民政治路线：从胡锦涛总书记在“非典”期间的考察访问，到温家宝总理感悟的“心中为念农桑苦，耳里如闻冻饥声”；从胡锦涛总书记在黄泛区对受灾农民家庭的嘘寒问暖，到温家宝总理为重庆市龙泉村普通农民讨要工钱……这些都彰显出党和国家领导人亲民、爱民、利民的平民政治魅力。

爱民，就要扎实为民办事。为人民服务的人生观，要求我们在观察事物、分析形势、处理问题时，必须自觉地站在人民的立场上。正如毛泽东同志指出的：“全心全意地为人民服务，一刻也不脱离群众；一切从人民的利益出发，而不是从个人或小集团的利益出发；向人民负责和向党的领导机关负责的一致性，这些就是我们的出发点。”

毛泽东主席始终与人民群众有着深厚的情结。1950年，淮河发大水，毛主席看到灾情报告上写着许多灾民衣食无着，爬到树上，失足落水而亡时，被毒蛇争咬而亡时，不禁潸然泪下，他顿足道：“不解救人民，还叫什么共产党！”从此，淮河两岸响起了毛泽东的誓言：“一定要把淮河治好！”

敬爱的周恩来总理，不仅把为人民服务的徽章挂在胸前，而且用为人民服务的思想排满了人生的每一天。在任共和国总理的26年中，他为人民殚精竭虑，忘我工作。特别是在十年内乱期间，他日理万机，废寝忘食，每天工作长达十七八个小时，有时甚至超过二十小时。所以人们说，周总理是累死的。1976年1月8日，周总理逝世后，人们以最隆重的方式悼念他，十里长街，花山诗海，数十万人垂泪为总理送行，诉不尽对总理的悼念之情。周总理已经和人民永远融为了一体，他把党的宗旨化为自己的灵魂，深受人民的爱戴。

邓小平同志把自己毕生的心血和精力都献给了中国人民。正因为他深情地爱着自己的祖国和人民，他才三落三起百折不挠，他才敢为天下先，开创了建设中国特色社会主义伟大道路。他时刻把民族的崛起、祖国的富强、人民的幸福铭记在心头，考虑国策、战略部署，总是以“人民欢迎不欢迎、人民赞成不赞成、人民拥护不拥护”为最高准则。他逝世后，还捐献了自己的角膜，以自己的行动实践了全心全意为人民服务的宗旨。江泽民同志提出的“三个代表”，胡锦涛同志强调的以人为本，也都是站在人民的立场上立身做事的光辉典范。

爱民，就要坚持人民利益高于一切的价值取向。为人民服务的人生观要求为官从政者在考察和实现人生价值时，要时时、处处、事事把人民的利益放在第一位；自觉使个人的利益服从国家、集体和人民的利益；当个人利益与人民利益发生矛盾时，自觉牺牲个人利益，保全人民的利益。

党的好干部牛玉儒，在 30 多年的革命生涯中，始终忠诚于党的事业和人民利益，特别是走上领导岗位、担任市委书记后，以饱满的革命激情和忘我的工作精神，为人民群众办好事、办实事，最后因劳累过度病倒在工作岗位上。住院期间他还心系事业，忍受病痛折磨而忘我地工作。他把毕生精力奉献给自己所热爱的事业、热爱的人民和眷恋的草原，直到生命的最后一刻。

当然，我们强调奉献，不是不讲个人价值，不讲社会对个人的承认和满足，而是倡导自觉把社会价值和人民利益放在第一位。衡量一个人的价值，不能只看物质利益的实现和满足，更要看人格的完善和道德的完美。如果一个人对社会、对人民的贡献都要求锱铢必报的话，那么其人性顶多算是停留在一种自然状态，其行为不具有任何道德的意义。实际上，人们行为的道德价值恰恰表现在对自然性的超越，对自我的超越。一个人的真正价值往往取决于他在什么程度、什么意义上从自我中解放出来。德国哲学家康德有一句名言："道德之所以有如此崇高和美好的名声，就是因为它总是伴随着巨大的牺牲。"一个人能力有大小，但只要他具有为人民服务的精神，心中装着人民的利益而毫无自私利己之心，就是一个高尚的人，一个纯粹的人，一个有道德的人，一个脱离了低级趣味的人，一个有益于人民的人。

爱国、爱党、爱民，既是一种价值理念和精神追求，又是一种道德标准和行为规范。在中华民族正在走向伟大复兴、国家面临重要战略发展机遇、政治经济变革凸显各种社会矛盾的关键时期，大力倡导爱国、爱党、爱民精神，对于传承历史文化、弘扬新风正气，有着非常重要的意义。作为一个公民尤其是为官从政者，爱国，就要爱得真切，视祖国为圣地；爱党，就要爱得真挚，视党为圣殿；爱民，就要爱得真心，视人民为圣人。只有这样，我们才无愧于这个时代，无愧于肩负的使命。

第五讲

勇气　胆略　豪情

勇气　胆略　豪情

YONG QI　DAN LUE　HAO QING

2008年5月12日14时28分，又一道流血的伤痕，深深地嵌刻在中国版图的胸口上。顷刻间，山体崩塌，巨石如斗，漫天尘埃聚成土红色的浓雾遮天蔽日，数十万人被掩埋在废墟里。中国大地又经历了一次超过唐山地震记录的浩劫。

在灾难到来的日子，有许许多多难忘的事让国人经历了以泪洗面的日子，除了对遇难者的痛悼之泪，更多的是人与人之间所表现出的人间大爱。事后人们也在思考，人与人之间或许有这样那样的恩恩怨怨，我们的国家在一些地方也有不尽如人意处，但当灾难袭来时，为什么能表现出空前的团结和关爱？因为灾难在考验着我们的政治制度，灾难也在考验着人民的国家精神和集体主义精神。人民是发自内心的爱国家爱我们的民族和社会的。

正是灾区人民在危难中表现出来的坚韧的生命力量，才激发、点燃了人性中最美好的东西，中华民族“一方有难，八方支援”的可贵品质迅速播散开来。让我们又一次看到了这个英雄的国度和伟大的民族有着一种可贵的生命坚韧力，即所谓“置之死地而后生”，一种“绝处逢生”的勇气、胆略和豪情。这就是我们这个民族，经历了一次次民族危机，但仍然坚强屹立于世界民族之林的一个重要原因。

不管是一个人也好，还是一个国家、一个民族也好，要想自立自强，要想获得成功赢得胜利，在我看来，有必备的三个要素：一是要战胜自我，二是要历练胆略，三是要富有激情，三者缺一不可。

◎ 最难打败的是自己

一位西方哲人说过，世界上最难战胜的是自我。人类要生存、要发展、要反抗、要担当、要爱、要恨……都需要勇气，而最根本的勇气在于敢于战胜自我。只有战胜自己，才能赢得最终的胜利。

在我国，素来有人性善恶的争论，哪怕是认为人性恶的荀子，其实仍认定通过后天学习，还是能达到光明理想的境地。所以，不管是何门何派，中国文化传统对人性能升华到“至善”境界有着坚定信念，儒家所谓“人人皆可以成尧舜”，“满街都是圣人”；道家所谓“神人”、“至人”、“圣人”；佛家所谓“人人都有佛”等，诸子百家无不充分信任人的超越力，充分确信人的自制力，也就是自己战胜自己的能力。

战胜自己，需要解析自我。解析自我的人是真正的勇者，也是真正的智者。在这方面，汉高祖刘邦就很明智，他说：“夫运筹帷幄之中，决胜千里之外，吾不如子房（张良）；镇国家，抚百姓，给饷馈，不绝粮道，吾不如萧何；连百万之众，战必胜，攻必取，吾不如韩信。三者皆人杰，吾能用之，此吾所以取天下者也。”从这一席话可以看出，刘邦是解析自我的勇者，是善于用人之长、补己之短的智者。

项羽和刘邦同是封建王权的争夺者，但历史最终把胜利给了刘邦，而不是项羽。刘邦虽然屡战屡败，但他不以失败为耻，也不因失败而畏缩，而是认清自己，分析自己，总结自己，屡败屡战。“力拔山兮气盖世”的项羽，在其一生的军事生涯中几乎是所向披靡，少有败绩。也许正是因为缺少失败的磨炼，缺乏勇于解析自我的品质，造就了项羽刚愎自用的性格。所以垓下一败，项羽就很难经受得住失败的打击，最终选择了自刎乌江。

蔺相如因为“完璧归赵”有功而被封为上卿，位居廉颇之上。廉颇很不服气，扬言要当面羞辱蔺相如。蔺相如得知后，尽量回避、忍让，不与廉颇发生冲突。蔺相如的门客以为他畏惧廉颇，然而蔺相如说："秦国不敢侵略我们赵国，是因为有我和廉将军。我对廉将军容忍、退让，是把国家的危难放在前面，把个人的私仇放在后面啊！"廉颇和蔺相如及时解析自我，正确认识自己，才成就了历史上"负荆请罪"和"将相和"的美谈。

战胜自己，需要宽容别人。民谚说得好，让人路宽，容人量大；厚人自薄，吃亏是福。还有句俗语说，晴天留情，雨天借伞。意思是只有善于宽容别人的人，才能赢得人心，赢得福祉，赢得力量。

毛泽东主席历来主张善待"看不起自己的人，给自己作过斗争的、自己在他面前吃过亏的那一部分人"。七大召开时，许多代表不愿选王明等人为中央委员，毛主席耐心地解释说，如果我们不选犯错误的人，我们就要犯错误。许世友曾是张国焘的部下，张国焘后来犯了路线错误，许世友也背上了思想包袱，怕不被信任。可毛主席对许世友说，红四方面军的干部都是党的干部。张国焘的错误应该由他自己负责，你们打了许多仗，吃了许多苦，我向你们表示敬意。许世友被感动了，深深感到了毛主席的伟大，从此对党、对毛主席更加忠诚。

美国国内战争期间，有人曾批评林肯总统对待政敌的态度："你为什么试图让他们变成朋友呢？你应该想办法打击他们，消灭他们才对。"林肯总统温和地说："我们难道不是在消灭政敌吗？当我们成为朋友时，政敌就不存在了。"这就是林肯总统消灭政敌的方法，将敌人变成朋友。后来，林肯两度被选为美国总统。今天在以他名字命名的纪念馆的墙壁上，刻着这样一段话："对任何人不怀恶意；对一切人宽大仁爱；坚持正义，因为上帝使我们懂得正义；让我们继续努力去完成我们正在从事的事业；包扎我们国家的伤口。"

战胜自己，需要正视自我。人生大多数时候，是面对矛盾和问题、面对美丽和邪恶、面对困难和挫折的时候。如何抉择，就是一个直面人生、正视自我的过程，这就需要自己有勇气正视自我。

"自己拯救自己"这句话可以作为成大事者的信条。一个人要想成就一番大事，就必须要依靠自己的能量，把自己变成坚忍者。在苏格兰的一个地方，有一段路的尽头是一段悬崖，人们称之为"黑暗里程"。人的一生中，或许都会走过这么一段有黑暗而且危机四伏的旅程。如果我们不能正视自己，就会被自己所吓倒。

艾森豪威尔年轻时经常和家人一起玩纸牌游戏。一次，他抓到一手很差的牌，开始他只是抱怨，后来实在忍无可忍，便发起了少爷脾气。坐在一旁的母亲说："人生就和打牌一样，发牌的是上帝，不管你手上的牌是好是坏，你都必须正视。你能做的，就是鼓足勇气，去克服、去争取，认真打好你的每一张牌!”艾森豪威尔从母亲的话语中受到启示，从此一步一个脚印地奋斗拼搏，成了盟军统帅，最终当上了美国第34任总统。

战胜自己，需要牺牲自我。古人说，鱼和熊掌不可兼得。其实，人生就是这样不可能十全十美，有得必然有失，顾此可能失彼，这时候如果人们不懂得放弃和牺牲一些自我，就很难获得成功。

上过战场的人都知道，每当冲锋陷阵前，大家都会自觉地搞“自我清理”，卸包袱，减压力，力求轻装上阵。电影《南征北战》里，为了胜利，官兵们不怕打破坛坛罐罐，包括名利、地位、幸福、爱情、家庭等都抛在脑后，不带任何牵挂上阵，从而把自己精简为零，这样才能打胜仗。

一个绝境就是一次牺牲，一次牺牲就是一次机遇。当世道艰险、人心不古时；当我们饱经忧患，四肢乏力时；当我们历尽艰险，无法逃遁时；当我们智穷计尽，丧失信心时，我们不能随波逐流、随遇而安，而要勇敢地挺直腰杆对自己说：“危机中蕴含着机遇，杀机里潜藏着生机，关键看自己是否敢于放手一搏。”

人生的确如此。许多时候，“柳暗花明”就在“峰回路转”处，胜利就躲藏在某个角落，成功就等候在某个路口。每个人都有可能遭受指责，遭遇失败，但这并不重要，关键是勇气和激情不能被封杀，梦想和希望不能自我放弃。放手一搏的勇气和敢于牺牲的精神，是叩开胜利之门的金钥匙。因为，任何一朵鲜花，都需要含苞待放；任何一枚勋章，都需要付出代价。

战胜自己，需要挑战自我。回顾一个人的人生经历，在许多的时候，确实需要挑战自我的勇气。只有勇于挑战自我，才能谱写生命中最华彩的章节。没有挑战自我的人生，就谈不上去争取成功。

恐惧，是腐蚀一个人心灵的钙质。挑战恐惧心理，才能战胜自我。真正的勇者，不是没有恐惧，而在于绝不被恐惧压倒。一次，有人问“血胆将军”巴顿，在开战之前是否曾感到过恐惧？他如实回答：“有，我常会在重要战役前，甚至在交战中感到恐惧。”但他又说：“我绝对不向恐惧屈服。”人生困难重重，但人生的意义恰恰是为了挑战而存在，越是挑战就越精彩。

惰性，是人性中最大的弱点。消除惰性和依赖心理，才能战胜自我。人类为什么要耗费巨大的人力、物力资源去攀登珠穆朗玛峰？这是不少人心中难以弄清的一个疑问。一个登上珠峰的队员接受记者采访时说：“当我登上珠峰后，我才发现，原来我什么也没征服，征服的只是我自己。”人类在征服自然改造世界的同时，其实也是在征服自我挑战自我，给自身以鞭策激励，激发自身探求无穷未知世界的开天勇气和巨大潜能。

缺陷，不能阻挡成功者前进的脚步。挑战自我，是敢于夺取胜利的第一行动，是不被任何自身缺陷和先天不足所拖垮的一种英雄气概。拿破仑身材矮小，但他指挥军队横扫了整个欧洲。贝多芬又聋又哑，可他谱出的英雄交响曲震撼了世界。盲人阿炳在黑暗中奏响了中国民乐的精华《二泉映月》，“当代保尔”张海迪坐在轮椅上写出了《生命的追问》、《轮椅上的梦》、《绝顶》等作品。

胆怯，是胜利路上的绊脚石。电视剧《亮剑》中，八路军的李云龙独立团与日本军的山崎大队，展开了一场针锋相对的战斗。战斗正酣时，剧中突然出现一个小插曲：李云龙觉得仗打得不过瘾，准备和对手“单挑”，日本人不敢应战。不久，山崎大队就在独立团的疯狂进攻中全军覆没了。这就是《亮剑》带给我们的启示：狭路相逢勇者胜。无论面对多么强大的敌人，就要敢于亮剑，敢于挑战。

战胜自己，需要探索自我。当年毛泽东同志冒着背叛共产国际的罪名，反对照搬照抄现成的苏联模式，依据中国的具体实际探索出了一条农村包围城市的革命道路，最终夺取了中国新民主主义革命的胜利，领导中国人民站起来了；邓小平冲破姓“资”姓“社”的质疑，摸着石头过河，以“不管黑猫白猫，抓住耗子就是好猫”的政治勇气和政治智慧，探索出一条适合中国国情与发展特色的社会主义道路，领导中国人民富起来了。

生活中有太多的地方需要勇气，生存需要勇气，挑战需要勇气，告白需要勇气，正视需要勇气，牺牲需要勇气。对此，常常有人用“心有余而力不足”来为自己在勇气面前的退却而开脱。其实，许多时候我们缺乏的只是面对自己、战胜自己的勇气。

中国政论家邹韬奋说过，大智中产生大勇。勇气，是一杯人生的壮行酒，是一支生命的壮骨剂，它让我们始终保持知耻而后勇的进取心，获得永不言败的精神力量。人生路上，只有启动梦想和勇气的力量，才能充分应对种种矛盾和困难。

◎ 无限风光在险峰

风光和风险是一对孪生兄弟。敢于冒险、善于冒险的人，才能会当临绝顶，见到一览众山小的旖旎风光。无限风光在险峰，需要我们具有超凡脱俗的胆略。

美国华尔街，是全球经济最为发达的地区之一，也是最具冒险精神的地域，冒险文化支撑着这里的发展。高盛公司的前 CEO 亨利·鲍尔森曾领导过这种冒险。华尔街的大公司曾以羡慕的眼光看着高盛公司交易业的实力，并不断获得巨额的利润。2006 年 3 月，高盛公司宣布其当年首季的营业收入为 100 亿美元，利润 26 亿美元。“艺高人胆大”。丰厚的市场回报验证了这么一个哲理：无限风光在险峰。

当今世界，没有风险的事情是不存在的。要想获得成功，没有一点冒险精神是不行的。如何在冒险中收获成功的快乐，怎样在险象环生中领略生命的价值，这就需要一个人具备非凡的胆略。胆略，是指胆识和谋略，它是辉煌事业和壮丽人生的强大支撑，是人的勇气、智慧、思想和感情的集中反映，它是在长期艰苦卓绝的实践磨炼中产生出的一种特有精神力量。

胆略，意味着风险。战略的前瞻性往往意味着风险的存在。所以，战略的执行往往是强者的胆略所产生的结果。要想成为一个强者，要想成为一个成功者，需要有良好的战略判断，需要有超人的胆略，需要有一定的冒险精神。胆略，“胆”在前边，胆识是前提；“略”在后边，谋划是关键。

中国人非常崇拜诸葛亮，传说中此人料事如神，但另外也有一种说法叫“诸葛一生唯谨慎”。也许正是因为谨慎而不犯错误，才体现了料事如神的含金量，不轻易决断、不盲目勇进看起来与胆略是一对矛盾，但诸葛亮一生做到了它们之间的完美统一。他从 26 岁在茅庐中看到三分天下的大格局，此后追随刘备，辛勤打造蜀国，无一不是围绕这个战略目标步步为营地前行，最终促成三国鼎立的局面。诸葛亮表面看来胆小谨慎，实际上心怀宏图，可以称是格局上的大胆，细节上的谨慎。

光有胆量而缺乏谋略，充其量只能叫“逞匹夫之勇”；光有谋略而缺乏胆量，充其量只是“纸上谈兵”。东晋时的著名书法家王羲之，曾与文学家孙绰、玄学家兼诗人许询、高僧支道林等名流雅士在海上泛舟游戏，谈玄说道、扣舷长啸，谁知天不作美，当船入海中时忽然风起浪涌，使船只在咆哮的海面上颠簸起伏。此时，这些才华横溢的名流脸色陡变，急呼掉转船头。他们当中有一位叫谢安的年轻人，却依然“神情方旺，吟啸不言”，超人的胆略使他在波浪中领略了胜似闲庭信步的快乐，后来谢安成了东晋著名的军事家、政治家。

胆略在军事上表现为战斗力。我国古代著名军事家孙子说：“兵者，诡道也；上兵伐谋。”在中外军事史上，四渡赤水可以称得上一个经典战例。赤水之战，在毛泽东同志的巧妙指挥下，连续运动，穿插迂回，甚至不惜放弃走弓弦而走弓背，将几十万国民党部队早已部署好的阵脚，搅得乱作一团，采取避敌之长、击敌之短，灵活变换作战方向，积极寻求战机，有效歼灭敌人的战术，取得了歼敌18000人，俘敌3600余人的辉煌战绩，是长征史上最光彩神奇的篇章。后来的肖华将军用这样一句诗来称赞这一战例："四渡赤水出奇兵，毛主席用兵真如神！"所谓"用兵如神"，其实也是"艺高人胆大"所致。

叶剑英元帅在红军过草地时，张国焘分裂红军，时任军委参谋长的叶剑英，及时截获情报，迅速报告了党中央，挽救了中国革命；文化大革命后期，年近九旬的叶剑英挺身而出，力举贤能，力挽狂澜，在中央老同志面前游说，促使邓小平同志复出，使国力贫弱的新中国迎来了改革发展的春风。叶剑英同志在复杂的革命斗争转折关头表现出来的非凡胆略，令人折服。

胆略在政治上表现为创新力。为解决香港、澳门回归中国问题，当年邓小平同志创造性地提出"一国两制"的科学构想，外电惊呼这是一个"空前大胆的创造"，被邓小平身上那种异乎寻常的胆略所震撼。邓小平说，这个胆略是要有基础的，源于党和人民，来自改革开放和现代化建设的光辉实践。邓小平从中国亿万人民从事的伟大事业中，获得了无比的信心和力量，获得了非凡的政治胆略。

面对1.90米的"巨人"德国总理科尔，"矮个子"的邓小平"一针见血"地指出了个子矮的好处，天塌下来有你们大个子顶着。他机智幽默中包含勇气和胆略，体现着高超的斗争艺术。他偶尔的“豪言壮语”平和而坚定：“不要怕被人抓辫子，我这个人就像维吾尔族姑娘，辫子多，一抓一大把，不要怕”，“杀出一条血路来”，这种语言的另一端是他对香港问题掷地有声的宣言：“坦率地说，主权问题不是一个可以讨论的问题。”对此，毛泽东主席曾这样评价邓小平：“柔中有刚，绵里藏针，外面和气一点，内部是钢铁公司。”

胆略在经济上表现为生产力。战场上需要叱咤风云的军事胆略，市场上也需要驾驭惊涛骇浪的经济胆略。深圳华为集团总裁任正非，从一名打工仔成长为一名国际著名企业家，靠的是高远志向和经济胆略的强大引导力。这位40多岁才从军队走出来的团级干部，抱着要干一番事业的雄心壮志毅然选择了下海经商。当时，他公司的注册资金只有2万元，经营范围是小型程控交换机的开发与生产。在当时的特殊情况下，整个深圳真正搞实业做研究的企业很少，而且很难生存下去。凭借非凡的经济头脑和过人胆识，任正非意识到，自己不能随波逐流，必须走实业发展之路。华为在很多年前，就积极进入欧美等主流市场，与思科等500强公司进行正面较量，把产品销到了纽约，销到了巴黎。尽管当时被很多人评价为“一场赌博”，但现在看来，如果当时任正非没有敢于进军欧美主流市场，没有敢于挑战思科的勇气，那么华为就不会率先取得国际化的成功，也不会突破企业成长发展的瓶颈。

海尔的张瑞敏也是一个很好的例子。张瑞敏当初力排众议，进入了当时世界上最难进入的市场——美国市场。而且别出心裁，用胆略和智慧试吃“第一只螃蟹”，尽管当时舆论批评其为“艰难的旅程”，但海尔依然义无反顾地实施着既定的战略，从而创造了经营史上的奇迹。

胆略是一种在风险中把握机遇的智慧。现实中，输赢的较量不是赌徒的较量，有胆略的人也可能输在自己无法控制和预测的小概率事件上，但一般不会盲目地输在大概率事件上，真正的胆略就是找到和确认大概率事件发生的一方，而不去博弈小概率事件。当然，要想赢得成功还必须输得起，输不起的心态便是一种不敢冒险的心态。特别是在不确定性的环境里，人的冒险精神是最稀缺的资源。管理学理论认为，克服不确定、信息不完善性的最优方法，莫过于组织内拥有一位具有冒险精神的战略家。事实上，世界上没有万无一失的成功之路，动态的市场总带有很大的随机性，各要素往往变幻莫测，难以捉摸。所以，要想在瞬息万变的经济社会里取得成功，就非得有冒险的勇气不可。唯物辩证法也告诉人们，冒险与收获常常是结伴而行的。险中有夷，危中有机，希望成功又怕担风险，往往就会在关键时刻失去良机，因为风险总是与机会联系在一起的。从某种意义上说，风险有多大，成功的机会就有多大。

1984 年夏天，还在一家建筑工地上打零工的龙金平，无意间听说邻村人挑担鸭蛋上广州卖，一次能赚 30 元。他和妻子每人挑了一担鸭蛋，偷偷摸摸地爬上了开往广州的货车。后来他发现，每年 2 月、3 月和中秋节前夕，蛋品价格就会比平时高出三分之一，于是他决定把收来的蛋品储存到这两个时段来卖。他拿出自己这些年做蛋品生意的积蓄 5 万元，研究出鸡、鸭蛋保鲜技术。1996 年 8 月的一天，他和妻子来广州卖完蛋后，买了一盒月饼，回家一看里面的馅大部分是咸蛋黄。他脑海中的念头一闪，“何不加工咸蛋黄卖呢?”他又一次大胆作出决定，花 50 万元买来盐蛋腌制的精确配方，以及从咸蛋黄脱水到包装的所有技术。几年来，他先后与全国 30 多家大型食品厂建立了稳固的供销网点，实现年产值 3000 多万元，赢利 1000 多万元。

这个故事启示人们：要想干出一番大的事业，没有一点冒险精神是不行的。有了这样一股精神，才能“泰山压顶不弯腰”，才能敢字当头拓新路，才能乘势而上谋发展。

如果哥白尼面对教会的“地心说”的时候，不敢站出来提出自己的“日心说”，那么他的名字就不会像划破夜空的闪电一样光彩夺目；如果达尔文发现了“神创论”和“物种不变论”的错误而不敢站出来发难，那么世界上就少了一位伟大的科学家；如果我国东汉的张衡不敢冲破笼罩当时社会的谶学，就不可能创造出世界上第一个“地动仪”。他们的成功，凭的是一个“敢”字，一种“敢为天下先”的精神。

现实中，人们常常可以发现，不成功的人大体上有三类：一类是有略无胆之人，这种人细心而胆小，处处谨小慎微，胆小怕事，做事情瞻前顾后，结果错失良机；一类是有胆无略之人，这种人胆大心不细，思虑欠周密，甚至胆大妄为；还有一类是无胆无略之人，他们一生忙忙碌碌，平平庸庸。

在当今这个充满激烈竞争的社会里，一个人要想脱颖而出成为优胜者，那么就必须要具备这种精神、这种胆略。一个人只有具备了这些，自身才有可能进步，否则只能永远跟在别人的后面，做一个平庸者。

◎ 点燃激情

激情是事业取得成功的潜动力，引领着人们朝着更高的目标登攀。一个对什么都缺乏兴趣的人，注定是庸碌无为的。

豪情是激情的代表作，激情需要梦想来点燃，脱离社会、脱离生活、脱离群众的人生是没有激情可言的，只有在工作和事业中不懈奋斗的人，才能燃烧起生命和理想的豪情。

豪情，是一种强烈的情感表现形式，往往发生在强烈刺激或突如其来的变化之后，具有迅猛、激烈、难以抑制等特点。人在豪情的支配下，常常能调动身心的巨大潜力。

中国古代曾留下许多“豪情”佳话。秦始皇南巡，仪仗万千威风凛凛。刘邦道：“大丈夫生当如此。”项羽道：“彼可取而代之。”当年陈胜吴广“王侯将相宁有种乎”的一声呐喊，霍去病“匈奴未灭，何以家为”的一番豪言，都显示出冲天的豪气。

在我国古代诗词中，也留下了许多描绘“豪情”的佳句。唐代黄巢的《赋菊》：“待到秋来九月八，我花开后百花杀，冲天香阵透长安，满城尽带黄金甲。”曹操的《步出夏门行》：“老骥伏枥，志在千里；烈士暮年，壮心不已。”唐代王翰《凉州词》：“醉卧沙场君莫笑，古来征战几人回。”民族英雄岳飞更是在《满江红》里写下豪情万丈的词句：“壮志饥餐胡虏肉，笑谈渴饮匈奴血。待从头，收拾旧山河，朝天阙。”

毛泽东主席把革命的豪情壮志赋予浪漫诗词创作中，使他的诗词气势磅礴、潇洒浪漫、豪情万丈、不同凡响。比如：《沁园春·长沙》：“鹰击长空，鱼翔浅底，万类霜天竞自由。”《七律·人民解放军占领南京》：“虎踞龙盘今胜昔，天翻地覆慨而慷。”“天若有情天亦老，人间正道是沧桑。”《水调歌头·游泳》：“万里长江横渡，极目楚天舒。”《七律·登庐山》：“冷眼向洋看世界，热风吹雨洒江天。”

真正的豪情，就是无论面对什么样的困难，都压不倒、摧不垮；无论遇到多么大的打击，都不灰心、不气馁，始终保持人生的乐观主义精神和健康高尚的道德品质，它是一个人的人格魅力和品行操守的集中体现。这种豪情，不是人们性格特征的一般表现，而是建立在对世界和人生的正确看法之上的一种思想感情，也是一个国家、一个民族、一支军队必须继承和发扬的精神力量。

豪情如日，照亮乾坤。少年的毛泽东在湘江之滨读师范学校时，就豪情满怀，写下了“……怅寥廓，问苍茫大地，谁主沉浮？忆往昔，峥嵘岁月稠。恰同学少年，风华正茂；书生意气，挥斥方遒。指点江山，激扬文字……”的豪迈诗句。后来，在延安伏案埋头起草文件时，毛主席经常几天几夜不睡不吃，一天清晨，当警卫员到厨房端来几个烤熟的小芋头，通宵未寝的他拿起一个芋头一边剥皮，一边吟诵自己的诗作：“东方欲晓，莫道君行早……”在长达半个世纪的革命岁月里，毛主席正是以“敢教日月换新天”的革命豪情，书写了中国革命的恢宏篇章。

豪情如钢，宁折不弯。在东北战场上，杨靖宇的名字不知令多少日本兵胆寒。他在缺吃少穿的隆冬山林中，坚持战斗到生命的最后一刻。气急败坏的敌人残忍地剖开了他的肚子，结果发现里面除了树皮、草根和棉花，却没有一粒粮食，连凶残的日本军人也不由肃然起敬。

豪情如诗，情深意长。“断头今日意如何？创业艰难百战多。此去泉台招旧部，旌旗十万斩阎罗”；“南国烽烟正十年，此头须向国门悬。后死诸君多努力，捷报飞来当纸钱”；“投身革命即为家，血雨腥风应有涯。取义成仁今日事，人间遍种自由花”——这首著名的《梅岭三章》，是1936年冬陈毅领导赣粤边区游击战争时，在极端艰难的情况下写成的。那时，在敌人近乎疯狂的搜山、烧山、移民、封锁、围剿等逼迫下，陈毅和战友们风餐露宿，昼伏夜行，坚决依靠群众的支援和掩护，开展灵活的游击战争，不但保存了革命的火种，牵制和消耗了国民党军的有生力量，配合了其他游击根据地的斗争，支援了红军北上抗日。对陈毅等所领导的南方各游击区的斗争，毛泽东主席曾给予高度评价：“这是我们和国民党十年血战的结果的一部分，是抗日民族革命战争在南方各省的战略支点。”

豪情如土，带着纯朴。天不怕地不怕的彭德怀元帅也有“三怕”：一是怕出名。在中国革命军事博物馆内，有一封彭德怀写给毛主席的信，看后令人肃然起敬。当年毛主席曾亲手书赠彭德怀："山高路远坑深，大军纵横驰奔。谁敢横刀立马，唯我彭大将军。"面对这一赞誉，彭德怀惶然不敢接受，便致信毛主席，请求将"唯我彭大将军"改为"唯我英雄红军"。二是怕脱离群众。有一次，彭德怀去外地一个城市，在逛公园时发现，偌大一个公园不见游人，一问才知是有关部门为了他的安全把群众赶走了。他生气地说："不逛了，免得老百姓背后骂娘！"说完拂袖而去。三是怕浪费。一次，彭德怀因公路过南京，时任南京军区司令员的许世友在家宴请他。席间，彭总发现许世友招待他的只有炒豆芽、土豆丝、烧豆腐、炒肉四样菜时，十分高兴地说："我们都是'出家人'，都应该爱国家之财，爱人民之财，当官的要牢牢守住三条：一是不贪、二是不送、三是不受。"一生经历过辉煌、也受尽苦难的彭德怀，最后留给人们的，是令人心酸的充满真挚情意的嘱咐："我死了以后，把我的骨灰送回家乡，把它埋了，上头种一棵果树，让我最后报答家乡的土地，报答父老乡亲。"

豪情，是一种气度，更是一种修养。在人生的许多时候，就需要这么一种不向任何人、任何事低头的豪情。特别是当一个人遇到困境、遭受挫折的时候，必须藐视它，直面相对，奋起搏击，创造辉煌。在中华民族历史上，无数仁人志士用慷慨赴死的豪气，谱写了一曲曲可歌可泣的英雄赞歌。战国时期的三闾大夫屈原，为了国家的命运，忧心忡忡，上下求索，最后不惜用死来唤醒世人树立远大的追求；南宋名将岳飞，为了还我山河，蒙受奇冤，用碧血忠魂精忠报国，永远地留在了人们的心中；晚清志士谭嗣同，为了民富国强，不畏艰险，变法求新，面对极刑，留下“我自横刀向天笑，去留肝胆两昆仑”的豪迈名句。

豪情，是最能打动人心的精神力量。近年来杀青银屏的电视连续剧《激情燃烧的岁月》、《士兵突击》、《亮剑》，都是以军旅生活为题材，以军人豪情壮志为情怀，赢得了广大电视观众的喜爱。据网络统计显示，《士兵突击》中的表达军人豪情的台词“不抛弃，不放弃”，已成为广大群众最欢迎、使用频率最高的一句话。人生豪迈，成功者只不过是跌倒了又从头再来。有些汹涌澎湃的情感，只有到了生死考验的关头，才能看出其珍贵和崇高。

“长风破浪会有时，直挂云帆济沧海。”点燃激情，就能始终保持着这种如日如钢、如诗如土般的人生豪迈。点燃激情，我们的生命随时随地都会飘出凯旋的歌，逸出爽朗的笑。

第六讲

积德　行孝　仁爱

积德　行孝　仁爱

JI DE　XING XIAO　REN AI

中国自古就是礼仪之邦，“积德”、“行孝”、“仁爱”一直是人们追寻和议论的话题。然而，随着改革开放的不断深化和市场经济的迅猛发展，少数人的思想观念和价值取向发生了变化，一些传统思想和优良美德受到冲击，使得有的人为了个人私利而不惜损人利己，甚至谋财害命；有的子女长大后只顾过好自己的“小日子”，把年迈的老人当作负担和包袱而不赡养、不孝敬，以致出现有的老人虽儿孙满堂但无人照顾的现象；有的人唯我独尊，遇事不考虑别人的困难和痛楚，缺乏起码的爱心和社会责任感。正因为少数人的道德缺失，间接导致了不少社会问题的发生，与现代文明、和谐社会极不相符，需要认真地加以澄清和解决。

◎ 德以善为首

英国文学家培根说："德以善为首，此乃上帝的特性。若无这种品性，人将沦为蝇营狗苟、惹是生非的人，变得无可救药。"前些年，有一首歌叫《好人一生平安》，唱的是一个人心肠好，乐于做好事，那么这个人就会一生无病无痛，平平安安。这句话虽然只是一种美好的祝愿，但也很符合积德的理念。"积德"，通俗地讲就是积累德行。它是一种人文素质，是一种个人"修行"建议和行为"自律"文化。在中华民族的数千年历史中，"积德"作为做人应遵循的传统美德能够一直延续至今，是因为它有着独特的功能。

积德是众福之源。《尚书》里讲："惟德动天。"意思是说，只有崇高的品德能够感动苍天。《汉书》中强调要"诸恶莫作，众善奉行"、"种好因，结好果"。清代的孩童启蒙经典《小学诗》中写道："积德终昌盛，欺心越困穷。"意思是说，多做好事多积德，家道终归会昌盛起来；做违背良心的事，只会越来越穷困。三国时期的易学家姚信，曾以《戒子》一文训诫自己的孩子如何积德，以及积德的种种妙处。他认为，人之所以积德，并不是为了谋求好的名声，也不是为了迎合别人，而是发自内心的意愿，认为这是自己做人的本分。因此，无论处境困厄或通达，都不会减损自己的德行，自始至终都是一样。

现在，有的人外表虽迎合世俗，却内藏心机；谈吐虽听似忠厚，其实心怀诡诈。听到人家对他的赞美，就面露喜色更加自我矫饰；一旦被人怨责了，就立即丧失积德的心。这种人只有舍弃虚饰做作，遵循德道，抛弃主观专断，多学他人的长处，才可以通达，无所蒙蔽；只有去除专断及私心，多方为他人设想，远离滞碍凶邪，通往安泰吉祥，才可以恢弘广大。

根据佛教的解释，善与恶的意念是一种力，称为“念力”，产生以后，必然回归到发出这一“念力”的人。老子讲：“上善若水，居辱得宠。”大海居于最低处，才能使千万条江河投奔她而去。德的习性虽然柔如水，但力大无穷，可以改变人的内在机制。

古往今来，德与养生密不可分。只有怀有善良的心地，才会保持宁静的心理，身心宁静才会接受宇宙间良好的信息，才能与天地整体运动和谐，得到照应。科学家做过一个实验，给几十个人放映一部能引起同情心的影片，然后进行检查，结果是：所有人的免疫功能急剧上升，身体抗病能力也得到了增强，可见善良心态对人养生的重要性。善良心态似柔和的水，养育着人的脏腑，使之平衡畅通。中国古代智者最理解德的真谛，所以无论身为君主还是百姓，言行都不敢离德。

据《列子》记载：宋国有仗义行善者，三代都不松懈。一天，他家里的黑牛产下了一头白犊。有人问孔子，孔子说："这是吉兆。"之后，这家主人眼瞎了。一年过去了，黑牛再次生白犊，主人儿子的眼也瞎了。于是官府给养这个家庭。后来，楚国攻打宋国，宋国的男子当兵参战，死伤过半，这家父子因眼瞎不能充军而免于一死。待楚宋两国战争结束，父子俩的眼睛又突然复明。这则故事虽是民间传说，但也说明了"好人会有好报"的道理。

总之，不管是孔子的"吉兆"论，还是佛家的"因果善恶报应"观，作为今天新时代的人们，只能从积极的方面去理解，那就是这些观点都是用种种方法劝善的，向善的心理是全人类的共同追求。

也许有人会问，积德并不难，多做好事就行了。积德就要积善德、多积德，就是多做有益于社会、有益于老百姓的事。但说来容易行却难，积德需要讲究方式方法。纵览历史和古训，积德通常有"十种方法"：

一是与人为善。传说先帝舜年轻的时候，在山东看渔人捕鱼，看到鱼藏丰富的静水深潭，都被年轻力壮者争相占取，而老弱渔人，反被排斥于急流浅滩处而深感伤心，于是他也亲自下水捕鱼，凡是碰到了别人过来抢捕，他就有意让人而不抱怨。每逢有人把鱼让给他捕捉，就当面称赞并道谢。如此相处了一段时间，也就形成了礼让的风气。试想，以舜之才智，哪有不能用语言教人的道理？而他却不用言教，宁取身教，潜移默化转移人心风气，真是用心良苦。因此，为人应尽量不拿自己的长处去彰显别人的弱点，不要故意表现自己的善心去显示别人的恶意，不要以自己的聪明才智去捉弄别人。应该尽量谦虚处世，见人有过，尽量宽恕；见人小善，也要表扬；对恶人形成一种沉默的抗议，不随意撕破恶人的面子，使恶人不敢放纵，也有改过的机会。时时念念不忘为大众着想，维护真理原则，这就是与人为善。

二是心存敬爱。就一般人的行为来看，君子与小人有时会混淆不清，但假如能留意一个人的存心正邪，则善恶就会像黑白一样分明。因而古人说："君子所以异于小人，仅在一念之差而已。"俗语也说："一样米养百种人。"人虽有亲疏贵贱，智拙贤愚之分，但万品同体都是同胞，谁都应该互相敬重，敬爱众人也等于敬爱圣贤，能了解众人的立场，即合圣贤之道。人人若能敬业乐群，安分守己，敬重别人，也珍重自己，也就是代天行道，敬重存心。

三是成人之美。一般来说，社会上积德之人较少，迷糊之人较多，而一般人又有袒护自己、排挤异群的劣根性，因此善人处于俗世，除非他能有刚正不阿、有破釜沉舟的勇气决心，否则也很难立足于世。加之有意积德之贤达人士，言行都与世俗不同，心直口快，不善心机，不善于粉饰自己以博取虚荣，因此见识不高的俗人，就常给他们不公道的指责，而达不到为善的目的。因此，凡发现有人积德，其志可嘉，就应该设法给予扶助，以成人之美。

四是劝人为善。凡人都有良知，只因人生旅途纷扰动荡，为名利而使人沉沦堕落，因此与人相处，须时时提醒告诫他人，以解开迷惑。韩愈曾说："一时劝人以口，百世劝人以书。"为人若能临机应变，因材施教，做到不失人不失言，则就像解人烦恼、醒人噩梦一样，是最好也是最实惠的事情。

五是救人危急。人生在世，难免都会有失败与不幸的遭遇，当碰到别人遭到祸害之时，应当像自己碰到灾难一样，尽力给予协助。譬如拿话安慰，或发泄他的冤屈，或给予其他方式的接济均可以。古人云："恩惠不在大，能救人紧急为贵。"说的就是要在雪中送炭，救人于危急时刻。

六是兴建大利。就是协助建设公共设施，譬如开渠导水，条筑堤防，修建桥梁、救济贫困等等，有钱出钱，有力出力，都算兴建大利。

七是舍财作福。佛门万种行持，以布施为第一，施就是舍，贤明之人内舍六根，外舍六尘，一切都可施舍，而不在意。一般人当然达不到这种境界，因此为人若能看破人生，从最困难的施财做起，以利群生，广积德行，则内能去除自私吝啬的劣根性，外能济人之急难，则将有助于修善行德。虽然初期会感到勉强，但慢慢就会感到心安理得，心旷神怡，而消除其他过失。

八是坚持正义。就是指一个人不仅自己要始终遵纪守法，自觉做一名守法公民，还要匡扶正义，刚正不阿，积极维护社会公平正义，成为一名受人尊敬的护法公民。

九是敬重尊长。就是尊重父母兄姊，长官上辈，凡是年高德重、长辈、上官都要敬重。奉侍父母应柔声下气，毕恭毕敬。

十是爱惜物命。古人曾说："爱鼠常留饭，怜蛾不点灯。"意在提醒人们，必须维护人皆具备的"恻隐之心"。所以孟子说："君子远庖厨。"也是为了养成人人皆有恻隐之心。因为人生在世，求仁者尽在此心，积德者也凭此心。为人若不能断肉持斋，也应当做到"自养者不食、见杀者不食、闻杀者不食、专为我而杀者不食"的"四不食"之修养，以培养慈悲心肠，增长福分智慧。还有古人煮茧以求丝织衣，今人种田除虫以养人，衣食之源，样样动人恻隐之心。因此为人一生，若不知爱惜物命，珍惜勤俭，就等同有杀生孽的过失一样，都应当随时防范，尽量避免。

◎ 百善孝为先

近些年，全国各地相继开始“孝子”评选活动。此类活动之所以深得民心，就在于它弘扬的是中华民族传统道德的精髓。试想，一个连父母都不管的人，何谈惠及他人？百善孝为先，无论是古代的伦理观，还是今天的社会主义文明观，在思想本质上都是一致的。

孝顺是中华民族的传统美德。人们常说，孝顺的女儿是母亲的贴心“小棉袄”，这句话充分说明了行孝的极端重要性。行孝是人生的“必修课”，任何人都是不能回避的。

从“孝”的字意看，是一个“老”跟一个“子”的结合。老是指上一代，子是指下一代，上一代跟下一代融成一体叫做“孝”，所以上一代跟下一代密不可分。这个字又好像一个儿子背着一个老子，所以上一代总是想着如何栽培好下一代，才能对他的父母、他的祖先有所交代，甚至也是对社会有所交代。而孩子念念不忘父母，也就是说念念把奉养父母的责任扛在肩上，时时想着父母，如何让父母更快乐，生活更圆满。所以古代的孝子确实能够时刻念着父母。

一代伟人毛泽东主席，一贯身体力行地践行中华民族敬老尊贤的美德。1916 年 7 月，在长沙的毛泽东听到母亲病重的消息后，在写给新民学会会员萧子升的信中感慨地说："病母在庐，倚望为劳，游子何心，能不伤感！"1919 年春天，在北京大学图书馆工作的青年毛泽东，接到家中来信再次得知母亲病势危重的消息，于是辗转上海回长沙服侍母亲，亲侍汤药，极尽孝心。同年 10 月，毛泽东的母亲病逝，他日夜兼程从长沙赶回韶山守灵，并和泪写下了灵联和一篇感人肺腑、情义深长的《祭母文》。随后，毛泽东又把父亲接到长沙治病。后来，毛泽东在与李银桥等身边工作人员谈话时，多次强调要孝敬父母，说："儿行千里母担忧呵。这回你们该懂了吧？所以说，不孝敬父母，天理难容。""连父母都不肯孝敬的人，还肯为人民服务吗？当然不会。"1959 年，毛泽东回韶山时，特意到他父母的墓地献上一束松枝，恭恭敬敬地鞠了三个躬。不仅如此，毛泽东还对岳父岳母、家乡的长辈以及那些教育引导过自己的师长，都非常关心，极尽孝敬尊敬之情，留下了许多佳话，赢得了广泛赞誉。

第二届全国道德模范孝老爱亲模范候选人、19 岁的中学生徐建威，从 5 岁就开始了整整 10 年的采药救父之路。他曾顶着烈日跋山涉水多次中暑晕倒，曾爬悬崖峭壁被重重地摔到山崖下，曾在人迹罕至的山里遇到毒蛇、野猪的袭击……无论天气多么恶劣，山路多么崎岖，都没能阻止他的步伐。他的孝行带给人们一种无言的感动，一种心灵的震撼，一种奋然前行的力量！

“孝”可分为小、中、大、极“四类”。所谓“小孝”，就是让子女懂得：出行安全，让父母放心；健康交往，让父母安心；学习进步，让父母开心；真诚问候，让父母舒心，这些从小就可以做到。所谓“中孝”，就是有反哺之意。或用自己的劳动改善父母衣食住行的条件，或养老送终。提到改善、养老等，人们常常想到的是什么山珍海味，穿金戴银，身居豪宅，等等。天天有个好心情，任凭儿女天下行。其实，老人所求的只是儿女的一点时间：有空打个电话，有空回家看看；老人所求的只是儿女的一点孝行：寄盒茶叶，送双袜子，一起吃吃饭，一同散散步，等等。而老人真正需要的是这些孝行所带来的心情的改变，这是人人皆可为的，时时都能为的。所谓“大孝”，就是让父母感到庆幸：有一个好孩子，有一个争气的孩子。让别人因己敬父母，让父母因己而骄傲。大孝者表现为：或助人为乐，成人之美；或胜不骄，败不馁；或得意守形，落魄存志；或慷慨赴死，精忠报国；或为人正直，威武不屈；或海纳百川，厚德载物，等等。总之，要一身正气，充满志气，富有才气，永存骨气。所谓“极孝”，就是“孝”中有你、有我、也有他。“极孝”乃是老吾老以及人之老。或解黎民于苦难，或救苍生于水火；或造福一方，或恩泽天下。极孝者有古今之情怀，有天地之境界。因此，“极孝”成为无数仁人志士的追求，让自己与天相合，从古到今，上下求索，生生不息。纵观古今，大凡极孝者，都是及早行孝，从小行孝，父母在孩子幼小的心田里种下孝心的种子，精心培育，使之根深、叶茂、果硕。

在实际生活中，人们可以看到这样一种现象，凡是对父母孝敬的人，得道多助，平安常在。虐待父母之徒，绝无善终。有这样一个人，他家中存有巨款，成天吃喝嫖赌，却不赡养母亲，并将 80 多岁老母打出门外。不久，他突然瘫痪，卧床两年，最后财尽命绝。其子常谩骂祖母，结果也在他死后因犯罪而被判刑。赡养父母是人之根本，也是国泰民安的重要因素。中国传统文化将不孝敬父母视为大逆不道，历代政府刑法均将打骂父母定为十恶不赦的大罪。一个人如对父母不孝，那么他对朋友的信义是虚伪的，对国家的效忠也是假的。人不如禽兽，又怎能国泰民安？佛学上讲“四恩报”：一报佛法僧三宝之恩，二报国土养育之恩，三报父母生育之恩，四报众施主施舍之恩。佛家把信仰、爱国、孝敬父母、爱护民众视为一体，是一种大善。因此，赡养父母不仅仅滋养自己的福根，也是利国利民的大事。

“孝”有传统。孝敬父母长辈，是中华民族传统美德。

父母长辈，养育了后代晚辈，自然应受到后代晚辈的孝顺尊敬。纵观古往今来的名人贤士，多是忠孝双全、值得称道的杰出人物。

清朝乾隆年间，安徽桐城的方观承，是一位出了名的孝子，他千里探亲的故事，至今被人们传为美谈。爱国将领冯玉祥将军，也是个远近闻名的孝子。旧社会当兵是个苦差事，经常发不上军饷，逢五排十还要打靶。每到打靶的日子，父亲念其年幼身弱，总想方设法给儿子凑几个小钱，让他买个烧饼充饥。可懂事的小玉祥看到家里日子艰难，父亲又伤了腿，正需补补身子。但如果不要这钱，父亲会生气。于是他就把父亲给的钱一个不花，攒了起来，过些天再把自己平时省下的一点饷钱凑在一起，到肉店买了二斤猪肉，请假回家给父亲烧了锅焖猪肉。父亲见后顿时生疑，便质问这肉的来历。冯玉祥深知父亲的严厉，只好如实道来。听后老父亲一把拉过懂事的孩子，一句话也说不出，眼泪直往下掉。像这样孝敬父母的典型事例不胜枚举。当今许多有高尚情操的青少年，也是孝敬父母、孝敬长辈的好楷模。这种把孝心献给长辈，把爱心送给别人的好人好事，汇成了一首首人间完美温馨的爱的乐章，奏出了时代的强音。

“孝”为善先。孝敬父母是人类各种美好品德中最重要的品德，它是做儿女的天经地义必做的事情。古代埋儿奉母、弃官寻母的故事，足以让人们唏嘘不已；而当今捐肾救母、退学为母的故事，更是令人们感动万分。不一样的时代，演绎着相同的主题，那就是孝敬父母，回报父母。汉文帝刘恒，以仁孝之名闻名天下。母亲卧床三年，他常常目不交睫，衣不解带；母亲所服的汤药他都亲口尝过后才放心让母亲服用。他在位 24 年，重德治，兴礼仪，注意发展农业，使西汉社会稳定，人丁兴旺，经济得到恢复和发展，他与汉景帝的统治时期史称“文景之治”。

“孝”为人本。孔子说：“人之行，莫大于孝。”“夫孝，德之本也，教之所由生也。”他把“孝”看作是做人的根本道德，也是对人们进行道德教化的前提和基础。儒家认为，人与人之间有五种基本关系，就是君臣关系、父子关系、夫妇关系、兄弟关系、朋友关系。从古至今，每个人作为社会中的一员，大体上都处于这五种关系之中。如今虽然时代变了，但作为人的这些基本关系并没有改变，只不过君臣之间的关系演化成了上下级关系罢了。在《大学》这部经典中，对于人与人之间的道德关系以及应当遵循的行为规范作了这样的界定：“为人子，止于孝；为人父，止于慈。”父母对于子女的爱，称为“慈”；子女对于父母的爱，称为“孝”。“父慈子孝”是相互的、对应的关系，父母对子女付出了慈爱，子女回过头来报答父母就是“孝”。当今社会，子女要对父母的慈爱给予回报，要有感恩之心，这一点在如今物欲横流的社会里，非但没有过时，而且更值得珍视和倡导。孔子说：“弟子入则孝，出则悌，谨而信，泛爱众，而亲仁。”孔子认为，孝是仁的根本，人因为有孝心，进而才能生发出仁爱之心。儒家的仁爱精神，就是从对父母的孝开始的。

人之所以来到这个世界，活在这个世界，都源于父母的养育。对这种恩情，每个人终生都应该报答。那么，该如何行孝呢？

要“孝”在有心。现代生活节奏快了，人的活动范围广了，很多人都离开家乡在外“闯荡”，留下父母孤零零在家中的不少。这些人对父母如何行孝？行孝行的是一份心，虽然人隔千里，但仍可以让父母感觉近在咫尺。现在通讯工具很发达，问候的方式很多，即使不能经常回家，但总可以在电话里、书信里问候父母。无论在何时何地，父母最需要的是一份心意、一种期盼。他们希望儿女们健康，做孩子的每天给他们报个平安就是对他们的安慰。他们希望儿女开心，做孩子的多在他们的耳边传递笑声就能让他们开心。他们很想看到孩子们的成功，做儿女的不妨偶尔向他们说说在外取得的成绩，他们会感到自豪……

有个广告词说得好，“沟通从现在开始”，别再强调工作太忙，不要强调自己为了生计远在天边，也不要强调自己没有足够的钱来孝敬父母，那都不是理由！一天一个电话可长可短，关键看有没有这份孝心。

行孝没有贫富之分，区别在于人的心灵。听说上海有个人，每天起床后第一件事情，就是步行几公里去看望父母，然后给父母带点早餐，问候了父母后才开始做其他事情。在我看来，他既是在晨练，也是在行孝，能把那份孝心融入到自己的生活规律中，朴实自然，让人敬佩。其实行孝原本就是生活的重要组成部分，那份孝心只需平平常常，完全不必惊天动地。

还有“陈毅探母”的故事颇让人感动。1962 年，陈毅元帅出国访问回来，路过家乡，抽空去探望身患重病的老母亲。陈毅的母亲瘫痪在床，大小便不能自理。陈毅进家门时，母亲非常高兴，刚要向儿子打招呼，忽然想起了换下来的尿裤还在床边，就示意身边人把它藏到床下。陈毅见久别的母亲，心里很激动，上前握住母亲的手，关切地问这问那。过了一会儿，他对母亲说：“娘，我进来的时候，你们把什么东西藏到床底下了?”母亲看瞒不过去，只好说出实情。陈毅听了，忙说：“娘，您久病卧床，我不能在您身边伺候，心里非常难过，这裤子应当由我去洗，何必藏着呢。”母亲听了很为难，旁边的人连忙把尿裤拿出，抢着去洗。陈毅急忙挡住并动情地说：“娘，我小时候，您不知为我洗过多少次尿裤，今天我就是洗上 10 条尿裤，也报答不了您的养育之恩!”说完，陈毅把尿裤和其它脏衣服都拿去洗得干干净净，母亲欣慰地笑了。陈毅元帅有繁忙的公务在身，但他不忘家中的老母亲。在百忙中抽空回家探望瘫痪在床的母亲，亲自为母亲洗尿裤，以关切的话语温暖抚慰病中的母亲。虽然陈毅元帅为母亲所做的只是一些平常得不能再平常的小事，但从这些平常的小事中，可以看出他对母亲浓浓的爱。他不忘母亲曾为自己付出的点点滴滴，理解母亲的艰辛不易，知道报答母亲的养育之恩。他的一片孝心，值得天下所有儿女们学习效仿。

要“孝”得及时。每到清明，人们都要以不同的形式焚香祭祖，寄托哀思。然而，从虔诚庄严的祭拜活动中，人们也发现不少令人费解的人间百态，其中最为人们诟病的是“活着不孝死了孝”。比如，很多老人生前冷冷清清，子女们很少到床前伺候，死后儿女们却大肆张罗，先是举行隆重葬礼，以后每到周年忌日，也往往搞得排场盛大。这种做法不仅花销庞大、铺张浪费，也使“孝”字走了形、变了味。

目前，我国社会老龄化时代正在加速到来，正确的“孝道”和“孝行”观日益成为全社会稳定和谐的重要保障。在这方面，每个人不但要形于言，更要践于行。的确，天下最不能等待的事情莫过于孝敬父母。很多事都可以事后去弥补，而行孝却无法弥补。现在人们提倡尽孝，关键还是要孝在生前，树立“及时行孝”的观念。

但时下，年轻人多与父母分开生活，另立门户，又都忙于自己的工作，顾及着小三口之家，虽然有孝心，却很少有时间照料老人。他们总想等条件再好点、钱挣得再多点、孩子再大点再尽孝。但时过境迁，等到所谓的条件好时，老人也就可能走完了人生旅程，毕竟岁月不等人、不饶人。其实，孝顺父母也不能只看物质，精神赡养更为重要。闲时多回家看看，忙时不忘打个电话问问，饭前陪父母谈谈心，饭后帮父母干点家务，做父母的心里就会觉得无比温暖和欣慰，这比给父母金钱和美味佳肴要甜美得多。“树欲静而风不止，子欲养而亲不待”，这是千古以来，多少错过及时行孝者的悔恨哭诉啊！时间是无情的，生命是脆弱的，不要让它成为你终身的遗憾，不要让它成为你喉头哽咽的理由。要趁自己的长辈健在时多给予温情体贴，多回报他们的养育之恩。

要“孝”在平常。对每个子女来说，孝敬父母、回报父母，完全是一件很平常的事情。只要平时多注意从身边小事做起，从一点一滴做起，就完全可以尽到自己对父母的孝敬之心。比如，在家时，坚持每天帮父母做一件家务，向父母说一句问候的话；节假日里，多与父母谈谈心，为父母捶捶背、洗洗脚；在父母过生日时，为他们精心准备一份礼物，让他们开心；为了实现父母的期望，要好好学习和工作。当父母因工作繁忙时，自己洗衣煮饭，做家务，以此来减轻父母的负担；父母生病时，像他们关心自己一样，关注他们的身体健康，为他们端水送药，嘘寒问暖；当与父母发生争吵时，适当作些让步；当自己做错事情或顶撞了父母后，事后主动向他们承认错误；时常与父母在一起讲个笑话，说说自己单位的状况，让他们放心，等等。华人首富李嘉诚，他的父亲是一名教师，小时候的他，只要看到父亲在灯下批改作业，都会默默地给父亲端上一杯浓茶。著名作家冰心，幼时贫寒，母亲买来的馍，她总要让妈妈吃第一口，挣来的第一笔稿费，也为妈妈买回一个暖手壶。超级女生总冠军李宇春，每一个特别的日子，都会亲手做张卡片送给父母。

父母为了子女，操碎了心，也付出了很多。他们累了，需要一把椅子坐坐；他们渴了，需要一杯清茶解渴；他们的心疲倦了，需要一颗真诚的感恩之心去安慰。子女不要总觉得，父母为子女所做的一切都是理所当然的，更不能对父母的艰辛付出和无限关爱视而不见、无动于衷，甚至怨气冲天。而要时刻懂得父母的需要，经常动一动手，搬一把椅子给父母歇歇，倒一杯水给父母解渴；动一动口，说一句真诚温暖的话语给父母听听，解除他们的疲劳，驱散他们的心病，等等。行孝，其实很简单，也很平常。只要这样去做了，就一定能让父母欣慰、高兴和快乐。

行孝对每个人来说，虽然理解不一样，做法也不尽相同，但感恩父母、点亮真情的责任是一致的。有三首歌曲值得常唱，以不断唤起人们的孝心，那就是毛阿敏唱的《烛光里的妈妈》、陈红唱的《常回家看看》和阎维文唱的《母亲》，从而把人世间的行孝之举长期推行下去。

◎ 为人当以仁爱施人

孟子说："贫贱不能移，富贵不能淫，威武不能屈，此之谓大丈夫也。"也就是说，能够"久处约"，也能够"长处乐"，内心安宁坦然，有仁爱作根本，行走于世界，这就是真正的大丈夫。所以，从孔子到孟子，一直都在告诉人们，仁爱可以作为一个人的安身立命之本。

那么，何谓仁爱呢？仁，即人与人之间的亲情善意。它既是儒家理论的核心，也是传统道德的核心，其它具体的道德准则也都是由此衍生而来的。仁的根本宗旨就是爱人，即对人的亲近和善待。

爱，已成为当今世界上最美好的字眼，许多宗教的共同理念也倡导博爱仁慈。爱是一种能力，人类追求自身幸福必须拥有这种能力，即为别人良好感受付出努力，并且不求回报，同时内心也没有委屈感的能力。事实上，任何人都是通过爱他人的方式去爱自己；同时，也是通过伤害他人的方式去伤害自己。你去爱别人，别人才会爱你；你去伤害别人，别人才会伤害你。世界上的东西都是给别人越多，自己拥有的就越少，但唯独有一样东西是给别人越多，自己拥有的就越多，这就是爱。

仁与爱之间是一种因果关系，仁是本质，爱是表现，正如宋代理学家朱熹所说："仁者，爱之理。"仁爱是一种处世的道理。"仁"字就四笔，两人加上两横，其实这就说明了仁爱，一个人讲不了仁爱，只有两个人才行，而且两横就是一对平行线，态度不用太过，适可而止就行。仁爱不能掺假，如果掺入的话就会得不偿失，伤害别人对你的信任。子曰："志士仁人，无求生以害仁，有杀身以成仁。"意思是说，仁爱的使命，一代代地传承下来，但如果在某一代遇到杀身之祸时，使命比生命更重要，要不惜以生命的代价来换取使命的续存。

人们读古典诗词，经常会读到"捐躯赴国难，视死忽如归"这样的句子。也就是说，需要一个人去大济苍生的时候，他可以舍弃生命，可以做到慷慨赴死，因为那是一种壮烈的死。当一个人的生命被历史选中的时候，他就有这样一种大无畏的气概。中国的文人经常写到沙场，写到边塞，表达这种身负重任而无所畏惧的气概。一个人可以在刀光剑影中勇赴国难，这个时候他的生命就会焕发出动人的光彩。这些都告诉人们，仁爱的情怀与使命高于一切。

由此想到2008年美国总统大选中的一幕：当竞选进入关键时刻，媒体却曝出一条惊人新闻，一向反对早婚早育的共和党副总统候选人佩林，她的17岁女儿未婚先孕了。许多选民认为，这是上天赐给民主党的良机，奥巴马有了更好的攻击武器。果然有一天，一位记者拦住奥巴马急切地问："您对佩林十几岁的女儿怀孕一事有何评价？"

奥巴马听罢轻轻摇头笑着说："我想说的是，我妈妈18岁的时候生下了我！"这是让所有人为之惊异的回答。现场经历了短暂的沉默之后，顿时掌声一片。奥巴马的回答，不仅是在为竞争对手佩林解困和替其女儿辩护，而且还甘于为此牺牲自己的选战形象，结果当然是奥巴马赢了。

仁爱不仅仅是一种情怀，也是人格道德的一种终极追求。在这样的追求之中，有仁爱在心，就不只是一个一般的君子，而是可以临危受命的真君子。曾子说："可以托六尺之孤，可以寄百里之命，临大节而不可夺也——君子人与？君子人也。"所谓"六尺之孤"，就是指未成年的国君。曾子还说，有这样一个人，能够接受三个方面的考验：一是当国家有大难，可以把幼君托付给他，让他陪伴幼君，不仅养护幼君的性命，而且要培养幼君的品德才能，使之能够重整江山大业；二是一个大国的国事可以整个委托给他；三是面临生死关头的时候，这个人不动摇，不屈服。这些事情都可以托付的人，就算得上是真君子。

人们经常说，关键时刻能够挺身而出的英雄，他平时一定是有储备的。英雄行为有时候只在一个瞬间，但是考验的却是他平时的人格。仁爱就是这样一种日常的涵养，在生死危难的关口，它可以使人有无畏的表现。人只有经过平时的陶冶，才能够拥有在重大关头经得住考验的气节。仁爱，就是这样一种大情怀、大胸襟。

有这样两个例子发人深省：一场突如其来的地震将一对夫妇压在了坍塌的废墟中无法动弹，也没有一丝光亮，在黑暗与恐惧、干渴与饥饿的交迫下，妻子几乎放弃了生活的信心和勇气。丈夫用尽全力挣扎着抓住了妻子的手，给他讲美丽的初恋，讲他所经历的趣事和看到过的动人的风景，甚至饶有兴致地讲述精美菜肴的烹调方法。五天后，他们被营救人员发现，妻子得救了，丈夫在光明闪现的一刻走了。人们看见他那只至死仍紧紧抓着妻子的手满是伤痕和凝血。可以想象丈夫是以怎样的意志、怎样的深爱，为妻子鼓起了生存的勇气。

一个男孩在路上被一辆小轿车撞成重伤，肇事者驾车逃逸，而路人只是在围观，没有一个人上前救助这个小男孩。后来，小男孩被警察送到医院，但由于延误了救治的最佳时间，小男孩失去了一条腿。一个那么小的孩子今后要拄着拐杖生活，多么让人心痛啊！如果肇事者有点儿爱心，如果围观的路人有点爱心，就不会让这个年轻的生命承受如此巨大的痛苦。

对人施以仁爱不仅是一种非常具体的方式，而且还是一种点点滴滴的行为。一个人有了仁爱，举手投足之间都会有所表露，一点一滴的小事都会以仁爱为根本出发点。孔子说："有德者必有言，有言者不必有德。仁者必有勇，勇者不必有仁。"意思是说，一个真正有道德情怀的人，内心是柔软而丰富的、强大而博雅的，那么他一定用许多相应的言辞表达出来。但一个语言技巧好、只会夸夸其谈的人，他不一定有道德。也就是说，一个真正有仁爱的人，他知道应该如何去实现生命的价值，他在任何时候都会临危不惧。相反，一些逞"匹夫之勇"的人，动辄拔刀相向表现出自己的"义气"，这只能算是莽勇，却并非仁爱。

由此看来，"仁"是人格的基础，需要体现到平时点点滴滴的行动中。1946 年 1 月，周恩来从延安乘飞机去重庆。同行的除了工作人员，还有叶挺 11 岁的女儿杨眉。突然，飞机遇到一股强烈的寒流，机翼和螺旋桨上都结了冰，机身也蒙上了厚厚的冰甲，飞机开始失去平衡往下坠，情况十分危急。机长要大家背上降落伞包，作好跳伞准备。杨眉的座位上没有伞包，她急得哭了。周恩来马上解下自己的伞包给杨眉背上。大家看到周恩来不顾自己的安危，也都要将自己的伞包让给他。周恩来拒绝了。不久飞机冲出寒流的包围，在阳光的照射下，冰甲开始融化，飞机脱险了。而周总理这种大爱，永远留在了人们的心中。

怎么才能做到仁爱？孔子曾在《论语·阳货》中告诫人们："能行五者于天下为仁矣。"即恭、宽、信、敏、惠，也就是要恭则不侮，宽则得众，信则人任焉，敏则有功，惠足以使人。

要做到一个"恭"字。即一个人对世界、对他人如果能保持毕恭毕敬的态度，那他就不会轻易地招致侮辱。人人皆有尊严，都希望得到尊重，不被误解，不无端地遭受羞辱。要做到这一点，需注意克服自尊心过强的思想偏向，不要敏感多疑，看到有人嘀嘀咕咕，就觉得是在说自己坏话，这样是不可能做到"恭"的。只有对所有人都宽和、恭敬，时刻保持一种从容谦和的态度，"恭"才有可能存在。现实生活中，真正的"恭"始终与"敬"相连。凡人凡事没有功劳也有苦劳，学会尊重他人的劳动，就会赢来一个好局面。一个人对世界的态度，也促成了世界对一个人的态度。一个人的面容永远是他人表情的一面镜子。你和颜悦色，别人对你就笑语春风；你怒目相向，别人对你就怨气冲冲。所以一个人想得到善的待遇，就先要以恭敬之心去面对他人。这就叫"恭则不侮"。

要坚持一个“宽”字。即“宽则得众”。有这样一句禅语：“眼内有尘三界窄，心头无事一床宽。”意思是眼睛要是被一点尘埃蒙住了，你就会觉得活得很郁闷，但心头要是没有事，坐在一张床上也会觉得天宽地阔。所以，宽与窄跟你现在挣钱多寡、住房大小关系不是太大，却与你怎样看待生活关系很大。曾有一篇叫《上帝开着一间美容店》文章说，进入这家美容店，不管这个女人穿的衣服是不是很昂贵，但会让她一定衣着得体；也不管这个女人是不是长得漂亮，但会让她脸上经常挂着微笑。实际上，这家美容店，既给人美容，又教人礼仪。文章最后说，这家上帝的美容店，如果你去得多了，久而久之你就会是一个青春不老的女人。这个说法其实也在印证一个道理，就是你对别人宽和，你会换来世界给你的一个回馈。有了这个回馈，你就会时时处处有朋友，大家都会喜欢你，这就叫“宽则得众”。

要讲究一个“信”字。孔子说：“信则人任焉。”就是说，谁有信用，谁就会得到更多的任用。用今天的话说，你的职业生涯就宽，老有人给你机会。有家科研机构曾对一些学生的学习和发展情况进行过研究，发现发展得最好的、后劲最大的那些学生，往往不是当年的学习尖子。那些一直拿奖学金，成绩排在第一、第二的孩子，一到单位就容易与人合不来。原因就在于这些人有着“恃才傲物”

的致命缺点。而有些学生虽然资质平平，但是为人笃诚守信，每到一个地方就能守住信誉，每做一件事就能做好，扎扎实实，一步一个脚印，于是领导就不断给他机会。这样，两三年也许看不出来，但五年十年以后就会发现，他已经干得非常出色了。这说明，诚信人品比专业技术要重要得多。刘向在《说苑》中说："仁之所在，天下爱之；义之所在，天下畏之。"因此，人们对那些表现宽仁的人总是给予青睐和支持。相反，对那些尖酸刻薄、睚眦必报、斤斤计较的人，势必影响人们和谐相处，必然加以鄙夷。这是人的本性所决定的，也是社会文明发展要求所决定的。所以《三国志》中说："众不附者，仁不足也……苟仁义之道行，百姓归之如水之趋下。"

要保持一个"敏"字。古语说："敏则有功。"意思是谁敏锐、敏捷，谁就能修功立业。"敏"是什么？"敏"就是能够抓住无处不在的机遇。美国画家华特·迪士尼曾经穷得连买油画棒、画布、颜料的钱都没有，只能靠到街上给人画广告谋生。后来他流落到堪萨斯州，在一座教堂里面给人修补壁画。晚上只能住在一个破败的车库里，而车库里刚好有一只小老鼠，经常吱吱呀呀在他身边跑来跑去。他很孤独，所以觉得小老鼠也是挺好的朋友。就在这时，一个偶然的机遇落在了他身上。因为好莱坞要推出一部动画片，到处寻找主创的设计师，于是就找到了他。他一连画了四五稿都不满意，晚上就坐在车库里绞尽脑汁思考。那个小老鼠像平常一样蹲在他的画案上，两只小眼睛正亮晶晶地看着他。他脑子里突然跳出一个造型，落在笔下，这就是米老鼠。这个画家就是后来大名鼎鼎的迪斯尼先生。是车库里的一只小耗子成就了这么一位大师，成就了米老鼠这个经典的卡通形象。

要恪守一个"惠"字。孔子说，"惠则足以使人"。意思是要用宽惠之心对待你的下属，你才能指挥得动他。记得有一则故事，说的是一位孤苦伶仃的老人因偷窃罪被送上了法庭，证据是一公斤面包。老人辩解称快要饿死了才不得不去这么做的。"很抱歉，我必须惩罚你，按照法律规定，你应该交10美元罚款。"台下的人静悄悄地看着这场宣判，却无动于衷。美国纽约市前市长拉瓜尔迪从口袋里掏出10美元，交给了法庭，尔后环视四周说："在这里的所有人，因为你们的漠视，我还要罚你们每人50美分，本城的居民竟然还有非得偷窃面包才能活命，你们想象得到吗?"大厅里的人默默地从口袋里掏出了罚款。老人走出法庭的时候，居然拥有了47.5美元。

积德、行孝、仁爱的实质，就是要改变人们生命的状态。只要人们时刻以欢乐的信念去面对世界，努力在世界与自我之间建立起一种和谐的关系，那么，他的身心将会无比愉悦，生命的质量就会不断提高。

第七讲

自省 自律 自强

自省　自律　自强

ZI XING　ZI LU　ZI QIANG

自，是人生最重要的命题。自，相对于他，即主观相对于客观、内因相对于外因。是自省还是自以为是，是自律还是自由散漫，是自强还是自暴自弃，一个“自”字，决定人生成败和事业兴衰。

孔子说：“君子求诸己，小人求诸人。”这里“求”有两方面的含义。一方面，从积极追求的角度说，是指凡事都要依靠自己的意思，通俗地说，就是《国际歌》里面所唱的“从来就没有什么救世主，也不靠神仙皇帝。要创造人类的幸福，全靠我们自己。”另一方面，这里“求”也包括对自己失败原因的探求。也就是《中庸》里所说的“射有似乎君子，失诸正鹄，反求诸其身”。君子立身处世就像射箭一样，射不中，不怪靶子不正，只怪自己箭术不行。

人生之路，崎岖漫长，尤其是在奋斗的路上，风雨总是不期而至。漫漫征途上不会时时有拐杖，不会时时有机遇。不要期待别人的给予，不要指望别人的恩赐，不要苛求别人的理解，自己的天空要靠自己撑起。

自省、自律、自强是中华民族一贯倡导的最重要的人生信条。靠自省认识自己，靠自律把握自己，靠自强提升自己，应当成为人生这门学问的必修课。

◎ 自知者明

中国古代哲学家老子有句格言："知人者智，自知者明，胜人者有力，自胜者强。"这句话的核心就在于战胜自我。不管你是曾经多么了解对手和战胜对手，但都不足以称其为强大，只有战胜了自己，才能称得上强大。然而，这一切都取决于能认识自己。

有人曾问希腊思想家泰勒斯："你认为人活在这个世界上，什么事情最困难？"

泰勒斯回答说："认识你自己。"这句话是人类文明史上最智慧的话之一，是人类伟大的格言、伟大的灵魂之鉴。金无足赤，人无完人。人世间，最顽强的"敌人"是自己，最难战胜的也是自己。成功人士总是通过自省来打败内心的敌人，打扫自己思想灵魂深处的污垢尘埃，减轻精神痛苦，净化自己的精神世界。

自省，是反刍与反馈的一种心理活动。它把自己变成一个审视对象，站在另一个人的立场、角度来观察自己、评判自己。中国古人很早就注意到了自省。孔子说“见贤思齐焉，见不贤而内自省也”。意思是说，见到贤德的人要自觉地以他为榜样，见到他人的不贤，要反省自己是不是也有缺点，不断向比自己德行高的人学习才能，提升道德水准。荀子说：“见善，修然必自存也；见不善，愀然必以自省也。”一个人具备了自我反省的能力素质，就可以不断地修正自己的缺点和不足。

自省，是改过的前提。如果人们不知道自省，只会把责任推给别人，然后怨天尤人，觉得自己怀才不遇，受到不公正待遇，拥有这种态度的人，是很难成就事业的。《佛经》云：“所有的病患，医生最难治；所有的众生，自以为是的人最难渡。”一个真正有内涵的人，因为知道生而有尽，学则无涯，人生唯有不断地学习才能有所作为，而自以为是的人，只会阻断求知的欲望。生活中，有些人只要有一点点才能，就自以为了不起，于是恃才傲物；有些人只要有一点点官职，就自以为神气得很，于是盛气凌人；有些人遇事只要稍不如心意，就自以为受了天大的委屈，于是大动干戈。这些都是要不得的。

古今中外，三教九流，诸子百家，无不关注自省。孔子说："知之为知之，不知为不知，是知也。"在孔子看来，真正领会"道"之精髓的圣人，不轻易下断语，即使是对已知的事物，也不会妄自臆断，而是把已知当作未知，这是虚心求学的态度。古今中外还有许多关于自省的名言，如"前事不忘，后事之师"（《汉书》）；"察今则可以知古，察己则可以知人"（《吕氏春秋》）；"给自己唱赞歌的人，听众只有一个"（英国谚语）；"当面怕你的人，背后一定恨你"（美国谚语）。它们说的是同一个道理，那就是一个人要能够正确认识自己。只有正确认识自己，才可能认识他人乃至整个社会。

"知人不易，自知更难。"老子认为能识别他人只是机智，而能认识自己才算高明。认识自我是人类永远无穷无尽的使命，直到今天，人们还一再强调"人贵有自知之明"。怎样才能既不盲目骄傲又不妄自菲薄呢？这就需要人们进行广泛的社会交往。人的自我正确认识，是要在相互比较中才能获得的，但还要进行广泛的社会实践，在实践中不断丰富和修正对自己的认识。苏东坡在《题西林壁》一诗中也说："横看成岭侧成峰，远近高低各不同，不识庐山真面目，只缘身在此山中。"人们看不清自己的主要原因，就与身在庐山反而看不清庐山真面目是同一个道理。要有自知之明，还得让自己跳出自我的小圈子，站在旁观者的立场来分析和评价自己。孔子称他每天反省自己三次。反省就是自己把自己作为对象进行审视，让自己成为自己的审判官。鲁迅先生也曾说过："我的确时时解剖别人，然而更多的是无情地解剖我自己。"只有做到这样，才会对自己有清醒的认识。

县委书记的榜样焦裕禄，每天晚上运用"过电影"的方法，把一天里自己的言、行、工作，在脑子里过一遍，看哪些做对了、做好了，哪些做得不对、不好。对了、好了的，就坚持和发扬下去；不对、不好的，就立即采取措施加以改正。这就是反躬自省。雷锋也是这样严格要求自己的，他每天用记日记的形式，检查自己的思想和工作，凡有"不可书"之思、之言、之行，他都毫不客气地把它"书"下来，认真反省产生的思想根源，分析其现实危害，作为今后言行的鉴戒。这样就使他的思想日益纯粹，品德日益高尚，终于成为闪耀着共产主义思想光辉的伟大战士，为世人所景仰。

卢梭是法国启蒙运动的主要发起人之一，他的思想影响了当时整个世界。他最著名的作品之一是《忏悔录》。在这部书里，他把自己的许多卑鄙的念头都毫无隐瞒地写了下来，其中包括有一次他试图非礼邻居的女儿。这丝毫没有影响人们对他的评价，人们反而从中更认识到他人格的高大。巴金是大家熟知的大文学家，一生写了不少优秀的文学作品，影响了几代中国人。晚年，巴金写下了洋洋百万言的《随想录》，书中对自己一生的言行过错作了毫不隐瞒的自我剖析。这部书发行后，在社会上引起了强烈反响。从书中，人们看到的不是巴金的过错，而是他伟大的人格。人们虽然很难做到像卢梭、巴金那样，但经常检讨自己思想深处见不得人的念头，对于少犯或不犯错误，提高自己的修养水平，是很有好处的。

据《资治通鉴》载，隋炀帝就很不自知，当隋政益坏、民怨沸腾、小朝廷岌岌可危时，他还向侍臣们吹牛说："设令朕与士大夫高选，亦当为天子矣。"就是说，哪怕民主选举，人们也一定会选他当皇帝。真是可笑不自量！由于不自知，便盲目地以为自己超凡入圣，全智全能，自己说的话也全是"金口玉言"，句句真理。于是随心所欲，招致了隋朝政权的迅速败亡。这就是由于自我认识不清而造成的严重后果。

自省，先要学习。孔子说："学然后知不足。"他虽是就学习来谈的，但对于自知也大为有用。一个人不知道自己的不足，就是一种不自知的表现。而通过学习，才能真正认识到自己的不足，知道了自己的不足，也便是开始了有点自知。所以说，从根本上解决自知问题，还是要在学习上下功夫。

自省，要实事求是，不能掺水、掺假。要多想想自己的不足，多想想自己的缺点、错误，多给自己泼一泼冷水，将一将自己的军，既不要自吹自擂，也不要让人吹人擂，要正确地分析、认识、评价自己，不要去听那些对自己无原则的吹捧。如果把这类假话当真话，神话当实话，那就是把自己的眼睛罩上了玻璃罩，对自己也就看不大清楚了。

自省，还要省人。了解了别人的长处，才能比出自己的不足。了解了周围人对自己的意见和要求、批评和希望、看法和评价，便有助于自己认识自己，自己解剖自己，自己改造自己。庄子说："井蛙不可以语于海者，拘于虚也；夏虫不可以语于冰者，笃于时也；曲士不可以语于道者，束于教也。"说的正是褊狭之于坐井观天，孤陋寡闻的关系。多接触了解人，见多识广了，思路开阔了，对自己的认识也会从狭隘的偏见中解放出来，从而达到自省自知。

自省，还要认识人性的弱点。人是有欲望和需求的，如果对欲望和需求不加以约束和克制，欲望就会自我膨胀。食欲、性欲是人的两大最基本的欲望，是人作为自然界一部分所体现的自然属性。人还有权欲、名欲、利欲、贪欲，所有这些都是人生活在社会中，受到社会环境的影响而产生的。道家所提倡的"清心寡欲"是对待欲望的一种方式。满足欲望是人性，纵欲绝不是件好事，因为这将使你失去理智，模糊你的追求，牵引你走向邪路。人都有弱点，有些弱点是先天的，有些弱点是后天的，任何弱点都可以人为地去矫正。你如果不愿坦诚面对，尽力节制，而纵容自己在这些方面寻求满足，那么将予人以可乘之机，最终使自己堕落。

孙子说："知己知彼，百战不殆。"他是从打仗的角度谈到了自知的重要性。人们常说："自省是自警的基础、是自律的开端、是自强的动力。"实践也反复证明，凡成功者无一不是懂得自省的人，自省是修身、立志成大事者必须具备的能力和条件。唯有经常扪心自问，静思己过，才能洞察自身的锈迹和斑点，知过改过；才能鉴别正误，扬善祛恶，永葆本色；才能活得安然，过得坦然，处事泰然。

◎"羊续悬鱼"的启示

自警，就是自我警示和告诫。在认识自己的基础上，时刻保持清醒的头脑，对外部环境的诱惑和自身的不足提高警惕，时时用国家的法律法规、传统道德标准和实际工作的各种规章准则提醒和告诫自己。同时，还要时时对照反面典型，用来警示自己不要犯类似的错误。这是一种自我敲打，对于身居优越中的人，显得尤其重要。

说到自警，我想到古代"羊续悬鱼"的故事。东汉时，南阳太守羊续，他憎恶当时官僚权贵的贪污腐败，奢侈铺张。他为人廉洁、生活朴素，平时穿着破旧衣服，盖的是有补丁的被子，乘坐着一辆破旧马车。餐具是粗陋的瓦器，吃的是粗茶淡饭。府丞焦俭，是他的下级，为人也很正派，与羊续关系很好，他见自己的上级生活太清苦了，当听说羊续喜欢吃生鱼时，就买了一条鱼送给羊续。焦俭怕羊续拒收，就笑着说："大人到南阳时间不长，可能不知这就是此地有名的'三月望饷鲤鱼'，所以我特意买一条送给您!"羊续见焦俭这么说，觉得不收下倒见外了，于是笑着说："既然如此，恭敬不如从命。"等焦俭走后，羊续便把这条鱼挂在室外，再也不去碰它。第二年三月，焦俭又买了一条鲤鱼，心想一年送一条总可以吧，知道买多了，羊续不会要。到了羊续府上，焦俭刚说明来意，羊续便指着那条枯干了的鱼说："你去年送的还在这里呢!"焦俭愣住了，摇摇头叹口气，带着活鱼走了。这个故事说明一个很重要的道理：警钟是要长鸣的，只要自我约束得紧，就自然能够抵御各种诱惑。

自警是中华民族的优良传统。东汉著名政治家孙敬，年轻时勤奋好学，经常关起门，独自一人不停地读书。每天从早到晚读书，常常是废寝忘食。读书时间长，劳累了，还不休息。时间久了，疲倦得直打瞌睡。他怕影响自己的读书学习，就想出了一个特别的办法。古时候，男子的头发很长。他就找一根绳子，一头牢牢的绑在房梁上。当他读书疲劳时打盹了，头一低，绳子就会牵住头发，这样会把头皮扯痛了，马上就清醒了，再继续读书学习。这就是孙敬“悬梁自警”的故事。

还有战国时期苏秦“刺股读书”的故事。说的是苏秦年轻时，由于学问不深，曾到好多地方做事，都不受重视。回家后，家人也对他冷眼相看，对他的刺激很大，所以下定决心发奋读书。他常常读书到深夜，当非常疲倦想睡觉时，他就用锥子往自己的大腿上刺一下，好使自己清醒起来继续读书。

珍惜人生，就要时刻自警。特别是为官以政者，更需要“夙夜自警”、“夕惕若厉”，要有“如临深渊，如履薄冰”的谨慎。中国人有自警传统，《三字经》中，就有“尔男子，当自警”的劝诫之句。古人常常佩戴弦韦，用以自警。弦，是弓弦；韦，是兽皮，弦紧，韦软，佩弦以警性缓，佩韦以警性急。后来，就把佩戴弦韦，看作把别人的劝告牢记在心，自警自励。当年魏徵写给唐太宗的《十思疏》，唐太宗对魏徵说：“得公之谏，朕知过矣。当置之几案以比弦、韦。”这里说的弦韦，就是自警的意思。自警，就是警钟长鸣，不宽容自己，不放纵自己。时刻警惕外部诱惑，时刻抑制私欲扩张。真正的强者，无不善于自警。

唐太宗李世民是唐朝事实上的奠基者，武功文治为中国帝王中第一人。史载唐太宗“悉引内学士番宿更休，听朝之间，则与讨论典籍，杂以文咏，或日昃夜艾，未尝少怠”。《全唐诗》录他的诗一卷，共六十九首。太宗赋《尚书》：“日昃玩百篇，临灯披五典。夏康既逸豫，商辛亦流湎。恣情昏主多，克己明君鲜。天身资累恶，成名由积善。”以夏康、商纣王荒淫亡国的史事自警，自有一派圣君风度。

《北史·苏琼列传》说，太守苏琼到一地上任，当地居民赵颖送来两个西瓜。苏琼推辞再三，碍于情面，只好勉强收下。他让人把西瓜放到大堂的梁上，以示廉政。家人劝他不必如此，他说：“安有初乐而复禁者?”并还是坚持这样做。这是苏琼的自警之法。奕，为宣统的生父，地位显赫。他让人仿制一件欹器，陈放于书房。欹器注水一半，可保持平衡，水不外溢；注满水，则全部外溢。欹器上刻有奕写的治家格言：“满招损，谦受益”，告诫子女谦虚退让。有一官员，44 岁时，预制一口棺材，题写“永息庵”，置之寝室。他说：“吾欲日见之，常存死想，减除贪爱耳。”以棺材自警，可见用心良苦。

自警，是免入歧途的精神屏障。荀子曾有过“时位移人”说，意思是随着时间的推移、职务的升迁和权力的加大，一个人在思想、品格等方面都会发生变化，逐渐忘记谨慎，逐渐放松自我要求，开始居功自傲，搞攀比享受，一点一点地走向反面，直到彻底堕落。纵观现实生活，我们不难发现确有一些腐败分子在“时位”变了的同时，没能够正确地把握自己，而“移”上了邪路。湖北省原副省长孟庆平说：“我在当上副省长后变了。”辽宁省沈阳市原市长慕绥新说：“刚做领导干部时，我行为比较谨慎，但随着职务的不断上升，追求生活享受，追求‘生活现代化’，追求‘生活高质量’等错误思想开始在我心中急剧发展蔓延。”因此，为官者须严于律己，以“时位移人”的古训警醒自己，莫让贪念毁了前程。

自警，是走向真善美的阶梯，是守身如玉的良方。自警的前提，来自真诚与绝对自觉。当年，绥化市主要领导集中观看党风廉政建设电视片《胡长清案件警示录》，马德看后，也说“吸取教训，深刻反思，做到自警、自省、自律”，他说的是官话，做官样文章，并非发自内心，最终还是“闯红灯”，“碰高压线”，把自己送进了牢房。

前清有一个书生，历尽千辛万苦，殿试成功，被吏部派为县令。一举踏上仕途，光宗耀祖。庆贺之后，前去上任。不料，到达县衙后，却被告知：已被停职，正在等待吏部的罢免令。书生特别奇怪，我一天官未做，没有任何劣迹。为什么被罢免了呢？一打听，停职令来自湖广总督府，于是去见封疆大吏、时任湖广总督的张之洞。张之洞派人问他：你是否于某年某月在某处吃过饭？你是否注意到邻桌有位老人？又问：你等待结账之时，正好有一文钱从柜台落到你的脚下，你就用靴子踩住那文钱，而后收为己有，有这样的事吗？书生大惊失色，无言以对。来人说，那位老人就是张之洞。这也许是个极端的例子。一文钱毁掉自己的一生幸福，是没有人愿意做的交易。张之洞也说，毁掉他的不是钱，是自警。

古人说："破山贼易，破心贼难。"每个人或许都有自己不健康的情感、不良的生活习惯，甚至还有一些见不得人的欲念。如果成了这些情感、欲念、习惯的俘虏，这个人就会变得放荡、荒淫、自私、贪婪、怯懦、粗野，什么坏事和丑事都做得出来。成就一番事业，要破山中贼，先破心中贼，就得有克制自己的思想，警示自己的行为。这实在是一览无余地说穿了"成人不自在，自在不成人"的道理。要成人立业，一个人没有不断地破心中贼的自警是很难做到的。

◎ 把握自己

据考究，"自律"这个词，最早出现在希腊语中。意思就是自主、独立、出自内在的原因按自己的规则生活和行事。在哲学上，德国哲学家康德第一个明确地把自律作为伦理原则。这就是人们通常所说的道德自律，属于伦理学范畴。

古希腊哲学家苏格拉底曾经说过："最难的是认识你自己，最重要的则是把握你自己。"人类社会的历史，是一部摆脱愚昧、走向文明的发展史。自进入文明社会以来，一个人就具有了自然属性和社会属性，即：一个人首先是动物，必须服从生老病死的自然规律；与此同时，人还具有社会属性，必须服从一定社会的行为规范和道德评价，这就需要自律。自律是相对于他律而言的，是个体在内化社会道德准则基础上，进行自我制约的过程。每一个人不但要敬畏、服从社会道德规范，而且要自己给自己制定具体的道德行为准则。自律所表现出的这种自我约束的主动性，是一个人道德修养的高境界。

自律，是中华民族的"传家宝"。中国是一个有着几千年农业文明史的国家，是当今世界各国中唯一一个血脉、文化绵延几千年不曾断绝的国家。几千年来，先后涌现出了各种各样的思想流派，其中最具代表性的思想流派就是儒家。

"儒"字的本义是周朝时主管祭祀的一种小官，因为孔子当过这个官，因此后人把他这个流派叫做儒家。历代中国的大儒围绕自律这个问题，相继作过许多精彩的论述。如："自天子以至于庶人，壹是皆以修身为本"；"君子有三戒：少之时，血气未定，戒之在色；及其壮也，血气方刚，戒之在斗；及其老也，血气既衰，戒之在得”；“淡泊以明志，宁静以致远”；“不贪不义之财，不为不仁之事”，等等。这些名言警句，逐渐为人们所认可、接受，并进而成为中华民族共同的民族心理和道德评价标准，成为民族进步发展的重要精神动力。

回顾历史人们可以看出，一部中华民族的发展史，就是一部中华儿女克己修身、自强不息、艰苦奋斗、不屈不挠的奋斗史。凡是在历史上留下美名的，大多是从严自律、奋发进取的典范。刘备在白帝城托孤时，给自己的儿子刘禅的临终遗言中有一句话：“勿以善小而不为，勿以恶小而为之。唯贤唯德，能服于人。”人们千古传诵这句话，并不是因为刘备的文治武功，而是因为这句话的内在合理性。春秋时期的柳下惠，在历史上没有更多的记载，仅仅因为“坐怀不乱”就青史留名。

在新的条件下，人们很少经受生与死的考验，但改革开放和发展社会主义市场经济，在极大地促进了我国经济发展、社会进步和思想观念更新的同时，也带来一些新情况新问题。各种社会思潮、腐朽思想文化以及经济成分、分配方式和经济利益多样化，对人们的理想信念和道德情操，带来很大的冲击和影响，这种冲击和影响有时比战争年代生与死的考验更为复杂和严峻。正是在腐朽思想文化的侵蚀影响下，一些高级干部腐化堕落，晚节不保；一些年轻有为的干部在刚刚展开人生蓝图的时候，放松自我约束，在各种侵蚀面前中箭落马。这些年见诸报端的包养情妇、因情谋杀、涉嫌强奸、贪污挪用公款等，触目惊心的事实说明，一个人尤其是为官者只有始终保持很强的自律，才能不为错误思想所迷乱，不为“酒绿灯红”所诱惑，不为名利得失所缠绕，始终保持本色不变。

自律，是为官修德之基，也是生存发展之本。干过农活的人都知道，种植水稻的过程就是一个不断清除杂草的过程，从播种到收割，中间至少要进行三次大规模的除草，零星的除草则更是田间管理的一项经常性工作；种植棉花一项最重要的工作就是整枝，如果不整枝，棉花就会只长树枝不结果。对个人而言，自律实际上就是一个不断除草、不断整枝的过程。只有不断地清除思想上的杂草，排除各种干扰，才能确保心思精力集中，发展方向不偏。

二战名将麦克阿瑟有一句名言：“一个人最重要的是自我控制。”当今社会是一个竞争激烈的社会，又是一个充满诱惑的社会，按有些人的说法，只要你能想得到的享受方式，社会上都有。这话虽然有失偏颇，但也在一定程度上描绘了社会现实。一个人，只有通过自律把握自己，在各种考验面前才能保持必要的警觉和自制力，才能不受影响和腐蚀，个人的事业、家庭的幸福才有可靠的保证。

不同的时代对自律有着不同的要求，不同的阶级在自律上强调的重点也有所不同。但也有一些是相通的、共同的。

自律，要有坚定的信仰。信仰是人生最高的精神支柱，决定着人生的根本态度和根本追求。大革命时期，黄埔军校的大门上写着一副对联："升官发财请走他处，贪生怕死勿入斯门。"这个旗帜鲜明的口号，吸引了无数热血青年走上从军路，汇入到大革命的滚滚洪流之中。邓小平指出："为什么我们过去能在非常困难的情况下奋斗出来，战胜千难万险使革命胜利呢？就是因为我们有理想，有马克思主义信仰，有共产主义信仰。"当前，受一些消极因素的影响，有些人产生了信仰危机。这是十分有害的。

自律，要有良好的精神。唯物辩证法认为，物质决定意识，但在一定条件下，精神的因素也可以转化为催人奋进的巨大力量。在艰苦卓绝的革命战争年代，人民军队无论是武器装备还是粮秣供应都不如敌人，之所以能够战胜一个又一个强大的敌人，主要靠的是精神的力量，靠机动灵活的战略战术和高昂的斗志。可以说，始终保持良好的精神状态是人民军队战胜一切敌人、克服一切困难、不断从胜利走向胜利的重要法宝。要自觉做到：在复杂斗争面前不动摇，在利益诱惑面前不动心，在腐朽思想文化侵蚀面前不丧志，在各种困难和艰险面前不退缩，始终保持昂扬奋进的精神状态。

自律，要有高尚的情操。德为立业之基。人们常说，个人的能力低一点问题还不大，关键是人品不能出问题，否则其它方面素质再好也会大打折扣。做官先做人，做好官要先做好人。如果没有好的人品做底子，不要说做官，做任何事情都难以达到较高的境界。马季是我国著名的相声表演艺术家。在相声艺术日趋低落的情况下，马季先生在择徒的问题上仍然坚持从严。他说："那些不具备基本道德素质和正直人品的，即使基本条件再好我也不要。"司马迁在评价李广时说："桃李不言，下自成蹊。"明代的于谦说："吏不畏我严而畏我廉，民不服我能而服我公。公生明，廉生威。"培养高尚的道德情操，就要像毛泽东所说的那样，做一个高尚的人，一个纯粹的人，一个有道德的人，一个脱离了低级趣味的人，一个有益于人民的人。

自律，要正确对待物质。长期以来，人们把钱当作万恶之源，这种看法是十分片面的。其实，"金钱无罪，利害在人"，导致人腐化堕落的不是钱，而是对金钱贪得无厌的丑恶灵魂。我们并不反对挣钱，凭劳动和知识得到金钱无可厚非，我们反对的是靠不道德甚至非法的手段捞取"昧心钱"。古人说："天地之间，物各有主，苟非吾之所有，虽一毫而莫取。"陈毅元帅说："手莫伸，伸手必被捉。”要自觉做到金钱面前不动心，别人发财不眼红，不义之财莫伸手，经受住金钱的考验。

自律，要正确对待休闲。随着经济的发展和社会的进步，人们越来越注重课余时间的休闲生活，这是生活质量提高的表现，也是放松身心、以利于更好地投入工作的正当行为。当前，在娱乐休闲问题上有一些不好的倾向需要引起注意。有的人一有时间就打牌赌博，甚至通宵达旦，结果工作时间打不起精神；有的人把娱乐的目的放在找刺激、寻开心上，搞吃喝玩乐。这些不良的倾向要坚决刹住。

自律，要正确对待婚姻。家庭是人们身心疲惫时的避风港，是奋发进取的加油站。人的一生会遇到许多领导、同事、同学、朋友，但都不可能陪伴自己一生，长期陪伴自己的还是自己的家人。现在，有的人找对象东挑西选，对象换了一个又一个，未婚先同居；有的已婚者见异思迁，遇到年轻美貌的女青年就想离婚再娶。这些行为不符合我们这个民族的道德准则。

自律，要正确使用权力。《说文解字》上解释官的含义是：吏事君也。在封建社会，官是为帝王服务的，现在的官是为人民服务的。孙中山先生曾说，青年人要立志做大事，不要立志做大官。毛泽东同志讲，共产党不是要做官，而是要革命。邓小平同志又说，不是为做官，而是为做工作。三位伟人，一样情怀，都强调要树立正确的事业观和权力观。权力是一把双刃剑。把权力用好了，不仅有利于事业，也有利于个人成长进步，有利于家庭幸福。一旦用不好，损害的是事业，葬送的是个人和家庭。要树立权力就是责任、权力就是服务、权力就是奉献的思想。绝不能拿着权力捞实惠、办私事、结私交。

自律，需要学习。人的行为是受思想支配的。人的思想阵地从来就不会是一片空白，正确的思想不去占领，错误的思想就会乘虚而入。因此，要广泛学习科学文化艺术等多方面的知识。孔子说："君子不器。"意识是说，一个道德高尚的人无论是做人还是从政，都应该博学且才能广泛，如此才不会像一个器皿一样，只具备单一的功能。古人还说："腹有诗书气自华，人到无求品自高。"一个人真正有学问、有文化，往往就会志趣高雅，就不会被繁杂琐碎的事务和物质的利益所拖累，就能够很好地摆脱一些诱惑和考验。清代学者萧伦说："人心如良苗，得养乃滋长；苗以泉水灌，心以理义养。一日不读书，心臆无佳想；一月不读书，耳目失清爽。"可以说，知识是改造灵魂的工具，是纯洁自我的净化器，是人生航程中的灯塔。从哲学中人们可以学到智慧的思考，从历史中可以得出人类发展的规律，从自然科学中可以学到求实的精神，从文学中可以得到人性的熏陶，从艺术中可以得到身心的愉悦。通过学习可以提升人的层次，自律也将不再是一个痛苦的过程。因此，奉劝大家多读书，读好书。

自律不仅是一个理论问题，更是一个实践课题。自律是在行动中形成的，也只能在行动中体现，除此之外，再没有别的途径。自律的养成是一个长期的过程，不是一朝一夕的事情。因此，要自律首先就得勇敢面对来自各方面的对自我的一次次挑战，不要轻易地放纵自己，哪怕它只是一件微不足道的事情。自律，同时也需要主动，它不是受迫于环境或他人而采取的行为，而是在被迫之前，就采取的行为。

自律，需要强制。人并不是天生就能守纪律的，但经过纪律的长期约束，就可以形成自觉遵守纪律的习惯。自律，就必须自觉地把自己置于组织和群众的教育管理和监督之中，从而实现“他律”向“自律”的转化。人离不开自律和他律，他律也要通过自律起作用，因为“内因是变化的根据，外因是变化的条件”。

要常怀律己之心。中国佛教的历史上曾有一首著名的偈语：“身是菩提树，心若明镜台，时时勤拂拭，勿使惹尘埃。”《明太祖宝训·卷四》中说：“不虑于微，始成大患；不防于小，终亏大德。”现在，个别人把吃一点、喝一点、拿一点是“小节”没问题。其实，任何人都不应该有“下不为例”的侥幸心理和“见好就收”的投机心理。

俗话说“一针不补，百针难缝”；“千里之堤，溃于蚁穴”。现实生活中，由一顿饭、两条烟的“不慎”打开缺口，最后走上犯罪道路的人不少。

要常思贪欲之害。民族英雄林则徐有一句名言：“壁立千仞，无欲则刚。”有些人在急难险重的任务面前敢打敢拼，但面对功名利禄却心乱神迷；有些人平时温文儒雅知书达理，但一涉足灯红酒绿的场所就成了“迷途的羔羊”。归根结底，皆因“欲望”作祟。巴尔扎克说过：“各种欲望可以用两个词概括：金钱和享乐。”欲望本身不算罪过，但过度的、无节制的欲望才是个让人无法翻身、无法自拔的无底洞。古人说：“欲不除，如蛾扑灯，焚身乃止；贪无了，若猩嗜酒，鞭血方休。”节制欲望，遏止私欲膨胀，要淡泊名利，保持心态平衡，在生活上守住清贫，不贪图安逸和享受，洁身自好，不断强化思想道德修养。

要常修为官之德。为官从政者，都是人民的勤务员，不论你有多高的职务，负多大的责任，你的言行举止，都必须对人民负责。对群众和党纪国法，要心怀敬畏心，不允许随心所欲。要牢记权力是人民给的，要时时事事小心谨慎、如履薄冰地掌好权，用好权，正所谓“权为民所用，情为民所系，利为民所谋”。宋代诗人林逋在《省心录》中说：“轻财足以聚人，律己足以服人，量宽足以得人，身先足以率人。”他说的这几点，都属于“表率”作用，从这些作用中可以反映出一个为官者的素质及德性。“善禁者，先禁身，而后人；不善禁者，先禁人，而后身”。一个管不住自己性格和欲望的人，怎么可能领导好一个单位？“不能胜寸心，安能胜苍穹？”

赵抃是北宋官员，他最值得赞赏的品格就是自律。宋代的达官显贵，出入灯红酒绿之场所，周旋粉丛翠黛之列，本属寻常。诗酒风流，逢场作戏，更为社会礼法和舆论允许。还有官妓制度，专为官吏服务。赵抃却坚守高标准，严格自律。一次，赵抃见一官妓杏花姿色清丽，髻插杏花，便戏赠一联：“髻上杏花真有幸。”官妓立即应答：“枝头梅子岂无媒？”到了晚上，赵抃一想到白天杏花对答的神情，顿生思念之情，于是就吩咐值班亲信把她叫来。期间，赵抃不停地在室内来回走动，忐忑不安。忽然，他对自己高喊一声：“赵抃不得无礼！”说罢又连忙派人去把值班亲信追回来。这时，亲信从容地从帷幕后走出来，说：“我料想您不超过一个时辰，这念头就会自己平息下来，果真如此。其实，我根本就没有去叫她呀。”赵抃也有七情六欲，只是他能够控制住欲望，管得住自己，这就是他内心的自德意识在起作用。

人生在世，无处不有林林总总的规则。大到从政从商，小到衣食住行，就不能无视种种规则的客观存在。比如在习以为常的漫步行走之中，会有交通规则约束着你纵横驰骋的欲望；在万众瞩目的体育赛场之上，更会有严密的比赛规则左右着球员的一举手一投足。规则是秩序的保证。人类越是繁衍，科学越是昌明，就越是离不开秩序，也就越是离不开规则。那么，面对无所不在的种种规则，生活在文明社会中的现代人该如何应对？归根结底，不外乎两种方式：一种是在他人耳提面命，甚至强制约束下才能有所遵循，这是他律；另一种是在规则范畴内的纵横驰骋，也就是自律。自律尊重那些符合人们共同利益的规则，而规则同时又庇佑了自律者的行为。

诸多有识之士在论及"自律"这一问题时，都用不同的语言对其予以赞许。英国思想家罗斯金在《自由与克制》一书中说："适当的克制，它们毕竟不是束缚人手足的锁链，而是护身的铠甲，是力量的体现……克制使得人类引以为荣。"俄国作家托尔斯泰说："人被赋予理性意识是为了使人把自己的生命投入到理性意识向他提示的幸福之中。"德国哲学家叔本华说："高度的才智根植于高度的受容性、真挚的情感和强大的意志力。"先哲们用克制、理性意识、意志力这样的字眼阐述并肯定了自律的可贵之处。这些思想，凝聚了哲人们丰厚的生活积淀和深刻的生命体验。

自律，不会与生俱来。它或者是经过陶冶和熏染而自觉积淀，或者是历尽挫折和磨砺而逐渐养成，或者是承接教诲和引导的精神升华。不论从何而来，只要能够自我把握、从容自律，就是一个“自在”的人。

自律，是人类精神的苏醒。投入茫茫人海，每个人便有了属于自己的一席之地，这个一席之地就是所处的位置。每个人都需要认清自己并认清自己生活在其中的这个世界是怎么一回事，需要知道什么是应该做的，什么是不应该做的。俗话说：“君子有所为有所不为。”为与不为的前提是具有辨别是非的能力，“不为”是为了把极为有限的生命节省下来，去“有所为”。这是践行自律、提升理性意识的基础。

自律，是信心和力量的体现。能够自我约束，需要与自身的懈怠、放任、颓丧进行不懈的抗争。战胜自我比战胜外物需要花费数倍的气力。战胜不了自身的顽疾，就不能达到自律的境界。英国哲学家培根说：“保持了自制力，就保持了自己的优势。”

我们赞许自律不是目的，而是手段，它是人与目的之间两点连线中的直线。自律，就意味着可以控制并支配自己的行为，使自己的行为服从于走向成功的目标。不可否认，自律已经成为一个人是否有所造诣，是否有所成就的先决条件。

自律，要有勇气。对己要有决心和勇气进行反省、剖析，对自己的问题敢于较真。大禹治水“三过家门而不入”的故事，孔子“吾日三省吾身”的处事态度等，无不都透射出自律的光辉。三国时期，权倾朝野的曹操，带兵打仗途中，自己骑的马受惊，马踏坏了老百姓的庄稼，便自断其发，以严明军纪的故事，成为严于律己的典范，为后人称道。

自律，要有骨气。做人做事意志坚定，经得起诱惑，不为功名利禄所累，只有抗拒诱惑，才能有更多机会做出高尚的事来。王安石“不患人之不能，而患己之不勉”；文天祥“清风两袖朝天去，免得闾阎话短长”等名言警句，都充分展示了人类自律的铮铮铁骨和浩然正气的光辉。

自律，要有底气。敢于接受他律，行得端，走得正。人们常说“律己足以服人，量宽足以得人，身正足以率人”，只有从严要求，自觉遵章守纪，扎扎实实做好每一件事情，才能养成自律的习惯。

◎ 自胜者强

自强，是中华民族的传统美德，是支持着中国人自立于世界民族之林的一种精神，一种信念，一种境界，是流淌在中华民族文明血管中的生生不息的血液。中国素来有人性善与人性恶的争论。但是，哪怕是认为人性恶的荀子，其实仍认定通过后天修养，还是能达致光明美好境地的。所以，不管是哪一派，中国文化传统对人性能升华到“至善”境界有坚定不移的信念，儒家所谓“人人可以成尧舜”，“满街都是圣人”，道家所谓“神人”、“至人”、“圣人”可“逍遥游”，佛家所谓“人人都有佛性”。

自强的规范不只是个人修养的规范，它通常在三个层次上使用。其一，一个国家、一个民族要有自强不息的精神。其二，自强的规范在团体的层次上使用。每一个单位要做到自强不息，才能立于不败之地。其三，自强规范在个人品德中使用，在人生征途中应做到自强不息。自强道德规范，也就是孔子反复强调的“求诸己”。所谓的“自强不息”，所谓的“求诸己”，主要强调以下内容：

自强要求自立。确立靠自己不靠别人的观念，与一味依附别人的奴化心理彻底决裂，与依赖别人恩赐的侥幸心理划开界限，把争取个人利益和幸福，放在自己努力的基础上。自己的利益自己争取，不求别人代办，不求别人恩赐。这是因为，由别人争取来的利益不是真正意义上的个人利益，由包打天下情结形成的依赖关系，最终将转化为依附关系。所以，自强规范不但要求自己，也要求别人不越俎代庖。自强要求的自主，是自己对自己负责，自己承担对自己的责任，把命运掌握在自己手里。当然，我们说的自主绝不是自我封闭，而是强调矛盾的主要方面在自身，主要责任在自身。在争取自身利益上，友谊和援助是次要的，是辅助性的。同时，也只有做到自立自强，才能赢得友谊和援助。

每个人都需要别人的帮助，但是接受别人的帮助也必须发挥自己的主观能动性。很难设想，一个把自己的命运寄托在他人身上、时时事事靠别人指点才能过日子的人，会有什么大的作为。德国诗人歌德曾说过："谁若游戏人生，他就一事无成；谁不能主宰自己，永远是一个奴隶。"

不等、不靠、不要，是对自己负责任的态度。人人都不愿意养成不劳而获的惰性，流自己的汗，吃自己的饭。从古至今，绝大多数人都把财产留给子孙继承。但近年来在美国却流行一种新的风尚，就是不要留太多的财产给子孙后代，以免他们乐不思蜀，成了扶不起的阿斗。现代富翁之所以有这样的观念，可能缘自罗斯·柴德留下的教训。罗斯·柴德是巴比特老一辈的富翁，他临终前把所有的财产留给了儿子拉斐尔。但拉斐尔在继承遗产两年后被人发现死于纽约一处人行道上，死因是吸食海洛因过度，年仅 23 岁。美国人做过一项调查，在继承 50 万美元财产的子女中，有 20% 的人放弃了工作，整天沉溺于吃喝玩乐，直到倾家荡产；有的则一生孤独，出现精神问题，或是做出违法乱纪的事来。

两粒种子躺在泥土里，春天到了，一粒种子破土而出。而另一粒种子说："我若向下扎根，碰到了岩石；我若向上发芽，伤到了我的茎。"于是它甘心情愿地呆在泥土里。几天后，它被一只母鸡吃掉了。同样的种子，同一片沃土，不同的遭遇，人们能从中得到什么启示呢？

记得看过一篇文章，小布什竞选总统成功后，在白宫的草坪上举行记者会发表演讲，他的小女儿不失时机，自己拿着饮料向在场的记者兜售，布什并没有因此感到不安，反而高兴看到女儿的独立意识。

自强要求自信。自己对自己有信心，充分认识自己，相信自己的力量。自信的人才能自主，才不对别人抱有幻想。依附于别人的人，往往是缺乏自信的人。信心就是力量，力量来源于信心。人因为失去信心而自我萎缩，人也因怀有信心而自立自强。自信不是自高自大，孤芳自赏，自信是建立在对自己全面认识的基础上的。自信不是认为自己无所不能，而是对自己克服困难的勇气、信心和毅力的信任，是对自己会做得尽可能好的信任。自信的本质是一种自我宣誓式的决心。自信不是对别人不信任。相反，充分信任同事，充分信任环境的人，才会有真正的自信。对周围条件和环境的充分认识和了解，对友谊和支援的尊重，是建立自信的条件。怀有自信心的人，才会坚持自主意识，坚持对自身潜力的开发。自强规范依赖自信心的支持，自信心是自强规范的必备要素。

自强要求自勉。自己勉励自己，自己鼓舞自己，自己激励自己。也就是自己激发自己的积极性，自己作为自己的动力源，自己开动自己，自我发动。无论是自主还是自信，必然要体现落实到行动上，体现落实到积极奋发向上的人生态度上，体现落实到充满希望、精神激昂的人生开拓中。有为的人生哲学，乐观的人生态度，积极的开拓行动，昂扬奋发向上的精神，才是“自强不息”的真正含义。不悲观，不颓废，不自弃，调动自己整个生命中蕴含的活动能量，去进行人生的创造。

自强要求自责。自责就是自我责备，勇于承担责任。在社会生活中，有成与败，有得与失，有荣与辱，有幸与不幸。自强规范要求把成败、得失、荣辱、幸与不幸归因于己，不怨天，不尤人，从自身方面找原因。外因是变化的条件，内因是变化的根据，外因通过内因而起作用。这样的道理虽然人人懂得，已成常识，但是在具体到个人际遇的问题上，特别是遇到不称心、不如意的境况时，有的人就会怨领导，怨同事，怨客观条件，把个人的挫折归因于客观环境，或者由怨而恨，移怒于人，疑人偷斧，徒生猜忌；或者由怨恨转为消沉，自暴自弃，破罐子破摔，甘堕落而不自知，从而自毁前程。在困难和挫折面前怨天尤人，是对困难的畏惧和怯懦，是对自己能力的怀疑和不信任，是长他人志气，灭自己威风。这样的认识归因，会使自己产生挫败心理，自我萎缩。自强的人，必是勇于自责的人；勇于自责的人，才能做到自强。

牛顿小时候读书不用功，是班里成绩最差的学生之一。一次他把自己做的小风车带到学校。同学嘲笑他虽会做小风车，却不懂其中的原理，还把风车打碎了。牛顿从此变得爱动脑筋、爱学习了，他要让那些瞧不起他、侮辱他、嘲笑他的人明白，自己在学习上也是强者。战胜自己的弱点，做学习强者的骨气终于使他成为了“科学巨人”。

有一段时间，政治上遭受打击的丘吉尔经常被邀请到邻居家，跟一位画家学习油画。丘吉尔在政治舞台上是一个敢作敢为的政治家，可是对着那张干净整洁的画布，他半天不敢下笔，生怕出一点差错。画家见了，索性将所有的颜料全部泼到画布上。丘吉尔见画布上一片狼藉，于是就拿起画笔任意涂抹起来，就这样，丘吉尔画出了他的第一幅作品。经过不断练习，丘吉尔在画技上有了长足进步，最后他不仅给画坛留下了大量构思大胆、风格独异的油画作品，而且还因此恢复了自信，东山再起，在英国甚至在世界历史上创造了惊人的伟绩。

命运究竟应该怎样？应该由谁掌握？也许我们曾经困惑，也曾经迷失自我。“自信人生二百年，会当击水三千里”，这句话就是最好的诠注，把握自己的命运就如同看到蓄势而出的太阳，一种坚强而美好的意念油然而生，那种巨大生命力的光芒笼罩着我们，做就要做掌握自己命运的人，做生命的强者。

有句话叫“人定胜天”。在《老人与海》的故事中，当老人面对苍茫的大海奋力搏斗时，苍天被感动了，命运的考验仅仅只能使弱者哀号，不要屈服命运，老人用自己的行动告诉了每一个人。

每一个降临到这个世上的人，都是百花园里一朵小花，只是开出的花形、颜色、香味不一样，每一朵花都拥有一个独特的世界。每个人的命运都应该由自己掌握，并不排斥、否认社会对个人命运的影响。个性的发展是现代社会发展的主流话题之一，人是整个社会发展的源动力，人类的历史正是由一串串响当当的人组成的，人是历史的创造者。

的确，我们处于变革时代，需要更新知识，需要接受挑战和考验，正是因为接受挑战，才使我们有机会超越自己，把握自己的命运。有些人总喜欢说，自己现在的境况是别人造成的。这是弱者在困难面前对自己的开脱。

人的不同，表现在家庭背景、常识修养、成长经历等方面。同样一件事，由于每个人的人生观、价值观不同，就会做出不同的判断和选择，而导致每个人人生道路的不同。相对一个逆来顺受的人，他就可能凡事依从；而一个比较有主见的人，也就可能走自己的路。

“强”这个字眼，一般是送给那些在激烈竞争中的胜利者，如拳王、击剑能手、摔跤冠军，被大家称为“强者”。老子说：“胜人者有力，自胜者强。”用老子的这句话来解释，上述那些金牌获得者只能算是“有力”，而“强者”这顶桂冠只能戴在那些战胜了自我的人的头上。

生命缘于不断追求。大自然是公平的，它不会因为春天的斑斓而让时光多停留片刻，也不会因为冬天的冷酷而剥夺它存在的权力。其实生活原本是一张白纸，美好的明天要靠自己描绘。

第八讲

朝气　锐气　正气

朝气　锐气　正气

ZHAO QI　RUI QI　ZHENG QI

“气”，是一种精神状态，是一种内在的支撑力和推动力。毛主席曾说：“人是要有一点精神的。”的确，一个民族、一个国家要想昂然屹立于世界民族之林，一个人要想在社会中赢得尊重、获得成功，就必须要有一种精神支撑着。

20 世纪 50 年代初，当侵朝美军威胁到新中国的安全、杜鲁门和麦克阿瑟以原子弹相威胁时，中国人民不得不以几十万优秀儿女的血肉之躯“筑起我们新的长城”，舍生忘死地去履行保家卫国这个誓言，硬是以劣势装备击败了以美国为首的联合国军。50 年代末中苏关系紧张时，赫鲁晓夫说要撤回援华的专家，毛主席只淡淡地回了几个字：“那也好。”从此奋发图强，不到几年时间，中国第一颗原子弹、氢弹就先后爆炸成功，人造地球卫星也成功上天，壮了国威军威。纵观历史，中国共产党领导的革命、建设和改革之所以取得一个又一个胜利，很重要的一个原因，就是亿万中华儿女拥有从不惧怕任何敌人和任何艰难险阻的一种精神、一股力量和一份底气。

◎ 朝气生则暮气衰

按照现代汉语词典的解释，朝气是早晨清新的空气，指精神振作、力求进取的气概。朝气足，则事业成。处在今天这样一个新时代，一个人如果没有蓬勃的朝气，不仅不可能有所作为，而且还有可能被时代潮流所淘汰。生活的教训也告诉人们，有的人之所以失败，往往是自己朝气不足，暮气有余，在精神上吃了败仗，自己把自己吓住了。尤其是作为青年人，更要具备"朝气"这个特质，始终做到与朝气结伴，与暮气绝缘。20 世纪 50 年代初，毛主席就曾对留苏学生说，你们青年人是早晨八九点钟的太阳。这里的"太阳"，意思就是生机无限、活力四射和朝气蓬勃。

一个人有无"朝气"，首先体现在他是否热爱生活。德国著名诗人歌德有句名言："生活之树是常青的。"一个人的身上是否有朝气，并不完全取决于年龄。有的人未老，但"心"已老，未老先衰了；有的人老了，但"心"

还不老，照样朝气蓬勃。对此，古人早已有过这样的体会："人老心未老，人穷志未穷。"现代人有着更深的体会，认为"身体上生命上会衰老病死，思想上精神上决不应当有衰老病死。前者是有限的，后者是无限的"。一个积极乐观的人，他总是会对生活充满爱的情趣。物理学家、诺贝尔奖金获得者杨振宁先生，不仅在科学研究上取得的成就令人钦佩，而且作为一个八十多岁的老人，在对待家庭、婚姻和爱情上充满了激情和追求，同样给人一种不老的感觉。

当然，生活中也并非全是尽善尽美的东西，有时难免会有卑鄙、恶劣和欺诈以及令人伤心的人和事。19 世纪俄国著名诗人普希金有一句名言，说："假如生活欺骗你，不要忧郁，也不要悲伤！阴郁的日子需要镇静，相信快乐的日子就会到来。"它给了人们深刻的启示和解决问题的办法。

一个人有无朝气，还体现在他是否有所作为。恩格斯说过："有所作为是生活中的最高境界。"每个人的一生，都应有所追求、积极作为。爱迪生曾经说："我的人生哲学是工作，我要揭示大自然的奥妙，并以此为人类造福。我们在世的短暂的一生中，我不知道还有没有比这种服务更好的了。"周恩来总理也教导人们："活到老，学到老，改造思想到老。"所谓"改造思想到老"，也包括改造我们的精神状态。实践告诉人们，一个人如果能经常做点事，精神就会振奋一点，因而也就会显得有朝气；如果整天无所事事，也就容易感到未老先衰，暮气沉沉。

朝气与暮气，相互对立，此消彼长，朝气生则暮气衰，暮气重则朝气弱，它们是一对截然相反的精神状态。一个具有蓬勃朝气的人，就会生机勃勃、活力四射，就会有排除万难、勇于登攀的干劲，就会有不屈不挠、永不言败的斗志。由这股朝气产生出的强大精神力量，反映到工作和事业上，就是积极性、主动性、创造性的充分发挥，就是责任感、使命感、光荣感的不断增强。相反，一个人一旦染上了暮气，意志衰退，精神萎靡，悲观消沉，就会抱残守缺，怨天尤人，不思进取，即使有再好的机遇也不珍惜、抓不住，再好的事情也不愿干、干不好。

态度昂扬才能唤起斗志，精神蓬勃才能朝气升腾。现在，有些为官从政者丧失了朝气，滋生了暮气，精神状态出了问题。有的对多样化社会环境下的一些事物和现象把握不准，对前进道路上的矛盾和问题的解决信心不足；有的在走上领导岗位之初踌躇满志，但在一个位置上呆久了就开始变得斗志消沉；有的面对成绩和荣誉，产生了居功自傲看人低、畏缩不前守摊子的情绪。这些，都与时代发展、领导职责的要求格格不入。

无数事实证明，保持朝气还是沾染暮气，与事业的兴衰成败密切相关。共产党人的蓬勃朝气，体现在对真理和进步的追求中所涌现出的一种精神力量。在这方面，敬爱的周总理一生身体力行，给我们树立了良好的榜样。他说："物质生活方面，我们领导干部应该知足常乐。""精神生活方面，我们应该把整个身心放在共产主义事业上，以人民的疾苦为忧，以世界的前途为念。"

朝气，看似无形，实则有形。有蓬勃朝气的人，他总是充满激情、活力、乐观和自信。

一个人要想使自己永远保持蓬勃朝气，始终充满斗志，就必须拥抱激情。一位哲人说："激情可以融化一切；激情源自于内心，它不是虚伪的表象。激情使人充满着魅力和感染力。在一个积极有为者面前，纵然是坚冰也不再冷漠。"实际上，激情与内在精神的涵义是基本一致的。一个真正有激情的人，他内心的光辉就会熠熠生辉，一种炙热的、向上的精神本质就会根植于他的一言一行中。

在电视剧《激情燃烧的岁月》中，革命的"激情"始终贯穿始终。从战争年代到改革开放新时期，主人公石光荣、褚琴一家所经历的风风雨雨、坎坎坷坷，让人感慨万千。从烽火狼烟、叱咤风云到离休回家、平平淡淡，其间的光荣与梦想、历史与现实，交织在一起，构成石光荣、褚琴那代人的人生基调。这个军人家庭的故事，从一个侧面折射出了不同时代我们国家的奋斗历程。尽管那段历史已经渐行渐远，但主人公石光荣为革命事业赴汤蹈火的大无畏精神，对党和人民的无限忠诚，对人生的执着追求，依旧光彩照人。英雄有泪不轻弹。剧中的石光荣惜别工作岗位时的几场大哭，哭出了军人的真情，哭出了久违了的激情。

真正的激情，不是面子上的功夫，而是藏于内心的激动和躁动。在每一个人的心中，或多或少都会有一些激情。不过，那些渴望成功的人们的激情，更像熊熊燃烧的火焰一样，将催生无穷的原动力。德国哲学家黑格尔有句名言："假如没有激情，世界上任何伟大的事业都不会成功。"法国作家巴尔扎克说："缺乏激情是平庸的象征。"这就告诉人们，激情是一种可贵的能量，它能助人走向成功。

据《史记·项羽列传》记载：秦末楚汉相争时，"力拔山兮气盖世"的项羽，在垓下被汉军十面埋伏击败，然后率军突围而出，渡过淮河，到达阴陵，但项羽最终没有选择东渡乌江寻求东山再起，而是选择了自刎。其实从一定程度上说，他是输在了对胜利缺乏激情和自信上。

后来，在公元1127年，宋代女词人李清照举家南逃，沿长江而上向江西方向流亡，当行至乌江镇，得知这是当年项羽兵败自刎之处时，思潮起伏，写下了一首千古绝句：“生当作人杰，死亦为鬼雄。至今思项羽，不肯过江东。”既表达了对丈夫赵明诚作为地方官员在大敌当前临阵脱逃的抱怨，也抒发了对项羽这位一代枭雄当年宁死不肯过江的惋惜之情。

现实生活中的许多事例也说明，成功者与失败者在技术、能力和智慧上的差别并不会很大，但他们中拥有激情的人将会拥有更多的机会。一个人的能力不是很强，但如果他具有热忱，往往一定会胜过那些比自己能力强却缺乏热忱的人。

同样的，自信心是帮助一个人提振朝气、破除暮气的有效武器。自信心是人生成败、幸福与不幸的关键。信心是行动的发条，是创造奇迹的源头。信心是英勇的要件。它能使软弱的人变得刚强，毅然承担一切苦难和折磨的考验。哲学家奥古斯丁曾用这样一句话来解说信心：“信心就是我们所未见的事物，而它的报酬，便是看到我们相信的事物。”美国残障教育家海伦·凯勒，幼年就失明失聪，她有这样一句体验来的名言：“积极的无畏无惧的信心，对我来说，的确是防范愤世嫉俗和沮丧绝望的保障。”

每个人都是有价值的，但人们往往缺乏一种发现自我优势的自信力。正确的态度和方法是，要善于发现自己的价值，积极寻找能体现自身价值的优长。而不能被眼前的挫折、失意遮住了眼睛，从而丧失对前途的信心。

在日本，素有“推销之神”之称的原一平，其貌不扬，身高只有154厘米，客观上并不具备成功者的良好形象。刚开始推销保险时，他也曾为自己身材矮小而烦恼。有一次，他的上司告诉他：“身材矮小是天生注定的，没有办法改变，唯一可以克服的方法就是坦然地面对它、接受它，然后想办法在别的方面弥补过来，比如说你可以培养自己的幽默感。”从此，他不再有自卑感，常常靠幽默令对方哈哈大笑而拉近彼此间的距离，人们就开始不再排斥、怀疑他，反而能很快地接受他、喜欢他，然后就很自然地向他买保险。这一点，就是帮助他取得成功的法宝之一。

人生是一个自我选择、自我更新的过程。只有具备主宰自己能力的人，才会活出潇洒，才能活出快乐。世界上一切事物往往都是对立统一的，问题就在于他自己怎么想、怎么看、怎么做。谁也无力改变这个世界，但谁都有可能改变自己。

有一个故事说的是一位患了绝症的女人，身体每况愈下，快不行了。在那个冬天里，她看到窗外的一棵老树上还挂着最后一片枯叶，心里就想：当那片叶子掉下来的时候，也就是自己生命终结的时候。她的不幸被一位善良的画家知道了，就连夜画了一片相似的树叶，爬上树将它系在那片长枯叶的地方。第二天，这位女病人又看窗外，当她看到那片枯叶还在时，心里很高兴。第二天、第三天、第四天过去了……那片叶子居然还在，女病人在兴奋之余开始相信自己的病一定会好起来。于是积极配合医生治疗，病症就逐渐变轻了。

乐观向上是一个人有自信的一种表现。人生难免会有风风雨雨、坎坎坷坷，但也会有顺境胜利和鲜花掌声。但无论遇到什么情况，都要做到“不以物喜、不以己悲”、“水波不惊，宠辱皆忘”，既不得意忘形、忘乎所以，也不能一蹶不振、萎靡沉沦。有的人遇到一点挫折就意志消沉、嗟叹颓废，大有世界末日来临之感，这其实是自我迷失、信心不足的表现。人要在自信中奋起，也要在自信中前进。英国诗人雪莱说：“过去属于死神，未来属于自己。”还有句格言说：“奋斗有可能失败，但不奋斗永远别想成功。奋斗之路从来就是在困难和挫折中开辟出来的。”在困难和挫折面前，只要用乐观向上的心态去对待，用坚毅、无畏、刚强去攻克，胜利和希望就一定属于每一个孜孜以求、不懈奋斗的人。

自信是一种说服力。刚开始一些看似不会成功的事，但如果你坚持做下去，事情或许就会向好的方向转化发展。相反，如果你因此而犹豫不决、退缩不前，那根本用不着别人阻挡，你自己就打败了自己。所以，困难当前，要始终抱有一种乐观的心态、保持一种昂扬向上的蓬勃朝气，坚信自己可以做得最好。

◎ 由壶口瀑布说锐气

在山西、陕西交界处有一个“晋陕大峡谷”，黄河切割黄土高原，花岗岩河床经过滔滔江水的无数次冲刷，形成了一条长达数百公里、平均宽200米—400米、谷深达100米的深壑，成了一道壮丽的自然景观。日常生活中，人们也常常可以看到“水滴石穿”的现象。在人们的印象中，水是柔弱的，但其实水至柔亦至刚，它有着一股势不可挡的锐气。

锐气是一个历史范畴，不同的时代、不同的阶层对它有着不同的认识和理解。古人推崇的锐气，内涵比较狭窄，大多缺乏破旧立新的精神，而且多过分强调保持锐气要讲究方法和技巧，甚至还宣扬一些保守和反动的东西。比如，既强调“干天下事，非气不济”，却又主张“气欲藏不欲露，欲抑不欲扬”，认为“不动声色，不惊耳目，做得停停妥妥，此为第一妙手”。孔夫子也讲：“邦有道，危言危行；邦无道，危行言逊。”意思是告诉人们讲锐气是有条件的，是要讲究技巧的，政治清明的时候，你可以敢想、敢说、敢干；政治不清明的时候，你就只能干，但千万不能想超前的事，说过头的话。

正是在这种思想的影响下，中国传统文化虽然有追求积极上进的一面，讲究和崇尚锐气，但更多的强调“君子不断上进，实践道义”，批判“小人放纵欲望，追求利益”，从而使锐气不“锐”，让中国的士大夫们上演了无数的悲剧。

据史载，李斯出身“闾巷布衣”，向荀卿学习帝王之术，投奔到秦相吕不韦的门下当舍人。后来劝秦王嬴政乘“六世”之威业，统一天下，深得赏识，拜为长史。后来，又建议秦王废除逐客令，为统一天下广集人才，秦统一六国后被任命为丞相。这一段时期，李斯“明法度，定律令，同文书，建郡县”，是一个锐意进取之人。但到了公元前210年秦始皇死后，李斯迫于赵高压力和利诱，伪造遗诏，立二世胡亥为皇帝。从这时起，李斯因为利欲熏心而丢了锐气。

被称为“千古隐逸之宗”的陶渊明，原本也是一位出身贵族，胸怀大志的人物，史载他“少时且壮厉，扶剑独行游”。然而，当他看惯了谋杀和篡位，亲历了奔波和效命之苦以后，终于领悟了庄子的“不作牺牲牛，而为孤豚”的道理，毅然辞去县令一职归隐山村，开辟了一个世外桃源作为理想之国和避难之所。

唐代诗人白居易，自幼饱经世乱流离之苦，使他对社会底层人民所遭受的苦难深表同情，并用《新乐府》等系列组诗大胆抨击宦官、权贵和邪恶势力，但也因此而触犯了权贵，他被贬为江州司马。这时，他不仅生存的欲望取代了对理想的追求，而且把生存得好、独自生活的“善”视为最低的起点。当年曾以“野火烧不尽，春风吹又生”诗句来抒发锐意进取动力的白学士，此时竟唱起了“不分物黑白，但与时沉浮”的低调，“面上灭除忧喜色，胸中消尽是非心”成了他常挂在嘴边的语言。

丧失锐气的人，就会缺乏前进的动力，总觉得前途暗淡，还时常抱怨，以所谓的“超然”方式聊度余生。李斯在国事与家事的权衡上重爵禄、图眼前，因而铸成了千古大错。陶渊明把自己肢解开来，把过去充满进取的精神放弃了。真正逼迫血气方刚的白居易溃败下来的是限制活力、扼杀生机的封建君主专制制度，而对白居易起到摧残生机作用的还有顺时趋势的为人学说。这些悲剧产生的根源，就是因为锐气的丧失。

锐气就是锐利的士气，是指一个人思想敏锐、意志坚定，具有勇往直前、不可阻挡的气势。它是人们奋发向上的精神标志、坚韧品质的集中体现，是生命书写绚丽的基石、事业走向辉煌的灯塔。

一个有锐气的人，无论他处于何种境遇，都不会放弃奋斗的目标，能够不畏艰难，克服困难，不断开拓前进。

因为有了锐气，他就会把困难看成是事业的伴侣，把克服困难视为一种快乐。

锐气只钟爱那些懂得生命意义的人。现代哲学家弗朗西斯·培根警策自己一生的格言是：“时间存在过，时间存在着，时间在流逝。”短短15个字，写尽了对人生使命的深刻认识。欧洲有一则寓言，美丽询问上帝：“为什么我存在的时间这么短暂?”上帝回答道：“我只把美丽赐给稍纵即逝的事物。”懂得生命意义的人，往往能够锐气昂扬，珍惜宝贵时光，充分发挥人生的潜能。

锐气是生机和活力所在。在一个集体、一个单位里，如果没有一些具有锐气的人，就不会有生机活力，更不可能有强烈的创新意识和创新能力。正是从这个高度来看，善待锐气，就是保持我们的创新精神，促进我们的事业。然而，在追求事业的征途上，人往往会产生惰性。如果我们常使锐气居于上风，就能让惰性悄然逃遁，化为无形。

在德国慕尼黑科学博物馆的入口处，有一块圆锥形石头，它直径约3米，其中只有5厘米的弧度被涂上黑色，上面标明——涂上颜色的弧度，表示20世纪人们已经发现的东西；其余的空白，表示人们未知的部分。如此大的空白如何去填补呢？唯有创新。这就需要人们用创新的智慧共同去填补那片没有涂上黑色的圆弧。

创新需要锐气，是由创新的本质和使命决定的。人类社会正是在不断克服旧的矛盾、努力推进创新的过程中不断前进的。只有具有这种锐气，人们才能冲破各种束缚，解放思想，实现新突破。同时，创新的内涵十分丰富，要求在前人基础上有所创造、有所发展。这也意味着，创新的使命是为人们改造世界开辟认识和实践的道路。

创新贵在“新”。这种“新”，反映了事物的一个发展取代的过程，比如诗句“沉舟侧畔千帆过，病树前头万木春”，就说明了事物的新旧更替是一种不可避免的自然规律。同时，这种“新”也反映了人的一种思想变化。牛顿看见苹果落地而受到启示，发现了前人一直未知的万有引力定律。中国画坛上的一代宗师张大千，当年巴黎举办画展，向应邀前来观看的画坛巨匠毕加索虚心讨教。毕加索微笑着说：“墙上的画都不错，但没有您的一张画！”然后望着惊诧的张大千，摇摇头，用手在空中画了一个大问号以后就径直走了。从此，张大千潜心创作“自己的画”，刻意求新，终于形成独特的艺术风格。正是有了毕加索的这个问号，张大千才有了创新的动力。

邓小平同志作为我国改革开放的总设计师，无疑是创新的先驱，是他领导我们开创了中国特色社会主义道路的新境界。他生前曾讲过，虽然我 80 多岁了，但是我的脑子并没有停下来，还在天天打转转，思考新问题。

锐气实际上就是人的斗志。人生从某种程度来说，就像一场永无休止的战斗，有人高奏凯歌，有人失望颓丧，其中涉及的因素虽然很多，但对失望颓废的人而言，原因就在于他缺乏旺盛的斗志。

古代兵家有“胜负乃兵家常事”的说法，意思是人生可以有失败但不可泄气。如果斗志不灭、再接再厉，转败为胜并不为奇。在生活中，旺盛的斗志也会使人在坎坷困顿中挺直脊梁，激发内在潜能渡过难关，重新掌握成功的契机。遇到挫折不退缩，不放弃，可以被击败，但不可以被击垮——这就是强者的哲学。

如何保持旺盛的斗志呢？早在两千多年前，孟子就提出了独到的见解：“天将降大任于斯人也，必先苦其心志，劳其筋骨，饿其体肤，空乏藏身，行拂乱其所为……”英国作家斯汀也说：“在心园中种植斗志之树，其根唯苦，但果实却很甘美。”这些，都给了人们许多深刻的启示。

其实，许多事情就是这样：有了昂扬的斗志，就会催生出令人惊叹的潜力；没有了锐气、斗志，就丧失了激发潜力的机会；没有了潜力，也就没有了生存拓展的意义。正因为有了锐气，瘦弱的绵羊就可以用从未有过的潜力反击恶狼的残暴；正因有了无穷的潜力，人们才能迈过人生的坎坷，走进一个全新的境界。

◎ 唱响人生正气歌

正气，是一种忠贞、刚直、正义的精神状态，是一种气节、一种品德、一种原则和一种底气。一方面，它指的是一个人为人处事所体现出的正大光明、公正无私的作风，正直坦荡、刚正不阿的气节和坚持真理、维护正义的精神品质；另一方面，它也是指一个群体、一个社会所形成的正派作风和良好风气。

浩然正气是一种崇高的精神境界，是一种顶天立地的人格和节操。它的产生是由于一个人经常做正义之事，久而久之就凝结成一种正气，形成一种不可屈服的精神力量，一种不与邪恶势力同流合污的可贵品质。孟子是我国最早提出浩然正气的人。他说："吾善养吾浩然之气。"他认为，养浩然之气，不仅可以充实自己的身心，而且可以充盈于天地之间无所畏惧，这就是所谓的"至大至刚"。他还把浩然正气概括为"富贵不能淫，贫贱不能移，威武不能屈"，体现了对坚贞刚毅这种高尚节操的由衷赞美。刘少奇同志也曾在《论共产党员的修养》中，将孟子的这段话阐释为共产党员应具有的革命坚定性和革命气节，从而赋予其丰富的内涵。

中华民族历来崇尚正大光明、刚正不阿的气节，有着“名节重于泰山，利欲轻于鸿毛”的浓厚文化传统。淡名利、讲正气，也是为历代所推崇的政治操守和人品官德，重气节、脊梁直、骨头硬的仁人志士更是数不胜数。

在我国历史上，苏武“留胡节不辱”的故事千古流芳。西汉时期，苏武奉命率团出使匈奴，后因使节团中有人谋害匈奴贵族事败，匈奴趁机扣留苏武，但苏武不为淫威所屈，理直气壮、声明大义，维护了汉朝的威仪。因而匈奴更加欣赏苏武的勇气，想诱使苏武投降，却被苏武严词拒绝。为了消磨苏武的意志，匈奴就把他流放到北海（今俄罗斯贝加尔湖一带）牧羊，并说，什么时候公羊生出小羊，才能回汉。苏武只身孤影，饥寒交迫，处于绝境，但仍手持出使时带来的“使节”（一种用竹杖和牦牛尾做成的信物），苦苦熬过了19个年头。虽然“使节”上的毛羽被风雪雨霜吹打光了，但苏武怀恋故园之心丝毫没有动摇；虽然无食充饥，无衣御寒，但苏武想到的是自己的身份和使命。后来汉朝不断派使臣与匈奴交涉，直到公元前81年，苏武终于手持使节荣归京城长安。从苏武的身上，人们看到了一种高尚的气节和浩然的正气，感受到了一股震撼人心的巨大力量。

文天祥用一腔热血书写人生《正气歌》，也受到了历代人民的敬仰和赞颂。文天祥的童年，正是南宋王朝日趋腐朽、内忧外患之时，于是他立下了甘愿为国家存亡洒一腔热血的志向。1259 年，蒙古军队大举南下，宋理宗昏庸无能，不知所措。文天祥受命于危难之际，毅然领兵抗敌。1278 年，文天祥在一次战斗中不幸被俘，大义凛然，宁死不屈。1279 年，文天祥被逼上船经过珠江口外的零丁洋时，留下了“人生自古谁无死，留取丹心照汗青”的豪言壮语。后来，元军将文天祥关进牢狱，并用妻儿老小来引诱他投降。文天祥不为所动，在狱中写下了《正气歌》，列举了中国历代忠烈人物的事迹，然后总结说：“是气所磅礴，凛烈万古存。当其贯日月，生死安足论。”表达了自己随时准备献出生命的决心，体现出一种忠贞坚毅的浩然正气。元世祖忽必烈为了让文天祥投降，许诺只要像对宋朝那样对待元朝，就立刻任命他为宰相。文天祥斩钉截铁地回绝：“愿与一死足矣!”第二天，文天祥英勇就义。

在党史军史上，许多共产党人以其高尚气节载入史册，李大钊、瞿秋白、方志敏、向警予、邓中夏、刘胡兰……就是其中的杰出代表。他们为了中华民族的自由解放和最广大人民的利益，流血奋斗，傲骨铮铮，始终保持了崇高的革命气节。

在红军长征途中，发生了这样一个真实的故事：一位红军老战士穿着单衣冻死在路边的一棵大树下，有的同志愤怒地要去找军需处长，想狠狠地批评他一顿。熟识的同志含泪告诉他："别找了，他就是军需处长！"他把御寒衣物都发给了战友，却没有给自己留下应得的那一份。从这位军需处长的身上，人们能感受到老一辈革命家光照千秋的浩然正气。

正气是道德的彰显，是正义的化身，是胆识的张扬，是形象的本色。为人、做官、干事，需要正气和正义感。英国阿狄生说："世上没有比正义更伟大更神圣的美德。"莎士比亚也说："世上没有比正直更丰富更宝贵的财产。"事实告诉人们，一个政党、一个国家正气盛行，才能政体纯洁、兴旺繁荣、国强民富；一个人、一个群体有了正气，才能富有朝气和锐气。

共产党人的浩然正气，是以中华民族优良传统为底蕴、以科学理论为指导、以崇高理想为动力、以全心全意为人民服务为核心的浩然正气。古语云："正气直行，众邪自息。""正气存内，邪不可干。"马克思也说："不可收买是最高的政治品德。"共产党人有了浩然正气，就能排除世俗的纷扰，就能出污泥而不染，就能做到不畏强权、不惧压力，不顾安危。反之，共产党人如果丢掉了这种正气，在歪风邪气面前就不敢"硬气"，导致正气树不起来，也就难以过好金钱关、权力关、女色关。

当今社会正处在转型期，一些地方的社会风气出现了一些问题，贪污腐败的人时有出现，损害群众利益的事时有发生，在个别地方，甚至是邪风、邪气还占了上风。原因就在于有些人的正气不足，一些腐败分子为了一点蝇头小利而丧失了共产党人应有的正气，成了腐朽思想的俘虏。因此，作为党员干部，必须具备正气、富有正气，做到一身正气。孔子有一句名言，“其身正，不令而行；其身不正，虽令不从”，意思是告诉人们只要身正、己正了，才能够去正人；己正了，自己才能够与正气背道而驰的人和事敢于说“不”。从实践看，培育和弘扬浩然正气，要靠学习、靠自省、靠慎独、靠俭朴等多途并举。

学习是进德养气之基。明朝学者王阳明讲：“学问功夫，于一切声利嗜好，俱能脱落殆尽。”一个人如果经常学习，知道的东西多了，视野就会很开阔，思想境界也会变得高尚起来。当然，学习贵在知行统一。战国时代著名思想家荀子讲：“口能言之，身能行之，国宝也；口不能言，身能行之，国器也；口能言之，身不能行，国用也；口言善，身行恶，国妖也。”他把言行一致的人视为“国宝”，把言行脱节的人视为“国妖”。现实生活中，确有一些人的学问水平与道德水平是成反比的。北宋历史学家司马光讲：“学者贵于行之，而不贵于知之。”南宋诗人陆游有两句诗：“纸上得来终觉浅，绝知此事要躬行。”人们在学习中获取的一切知识、一切真理，首先要体现在道德修养上，用知识的力量、真理的力量改造主观世界，努力成为一个集立德、立功、立言于一身的人。

孔子十分强调自我的修炼完善，倡导“吾日三省吾身”，持之以恒地“反求诸己”。古人尚且如此，作为党员干部，更要经常自省，常思贪欲之害，常除非分之想，常怀律己之心。要自觉守好欲望之门，始终保持拒腐防变、清正廉洁的政治本色，坚决防止因欲望失控而滑向深渊。要守得住节操，守得住本分，在事业上取得成就，在人生境界上追求高尚。要自觉强化自律意识，做到慎终如始，慎微防变，永葆共产党人的先进本色。

靠慎独养气，也不失为一种好的方法。“慎独”一词最早出自儒家经典《礼记·中庸》：“君子慎其独也。”康熙皇帝将“慎独”概括为“暗室不欺”，并告诫子孙：“《大学》、《中庸》俱以慎独为训。”曾国藩在遗嘱中的第一条就是“慎独”：“慎独则心安。自修之道，其难于养心，养心之难，又在慎独。能慎独，则内省不疚，可以对天地、质鬼神。”慎独要求每个人始终坚持自重、自省、自警、自律，在道德上成为一个独立自主的人。慎独的最高境界就是要像刘少奇同志在《论共产党员的修养》一书中讲的那样，“即使在他个人独立工作、无人监督、有做各种坏事的可能的时候，他能够‘慎独’，不做任何坏事。”

坚持慎独以守德，关键要做到“三个一样”：即人前和人后一个样、工作时间和业余时间一个样、有监督和没有监督一个样，这样才能成为道德修养上的真君子。如果人在独处时能够严于律己，更能体现其修养、品质和定力。在“慎独”方面，人们不妨学学古代的黄煊。据清代袁枚的《随园诗话》记载，黄煊曾对黑夜送钱者写了一封婉转的信：“感君厚意还君赠，不畏人知畏己知。”这种不畏人知而畏己知的境界实在难能可贵，值得大家学习。

诸葛亮在《诫子书》中，留下了“俭以养德”、“非淡泊无以明志”的箴言。唐朝诗人李商隐有两句诗：“历览前贤国与家，成由勤俭破由奢。”清代学者孙奇逢讲：“学道终身总学贫，定力原从贫处得。”这就告诉人们，俭朴对培育一个人的正气很有益处。实践也证明，生活腐化与政治蜕变、经济贪婪是紧密联系在一起的。当年，一位香港记者透过慕绥新身穿的一套上万元西服，敏锐地看出了他道德底线的崩溃。慕绥新被捕后，从他家中发现高档西服几百套，有的皮鞋 8000 多元一双。与慕绥新同上一条贼船的马向东，聚敛钱财 3000 多万元，热衷于低级趣味，沉溺于灯红酒绿，流连于声色犬马，先后 30 多次到香港、澳门、韩国、马来西亚等地赌博。每个人都要从中吸取深刻教训，坚决抵制拜金主义、享乐主义和奢靡之风，始终保持健康的生活情趣和高尚的精神追求。

精神是一种无形的力量。一个人人生的平庸或伟大，人的精神状态在其中起了重要作用。如果一个人能够始终保持朝气、锐气、正气的精神，并逐步完善自己，人生之路就会蕴藏无穷力量，将会拥有无限风光。

第九讲

团结 友情 共事

团结　友情　共事

TUAN JIE　YOU QING　GONG SHI

从欧洲的苏格拉底到中国的孔子，都有过关于团结话题的经典之论。为什么一个话题说了几千年，至今仍被世人引用？因为这个问题，不论是做人还是做事，它都是成败的基础。在我国，有许多关于“和”的古语：“家和万事兴”、“和衷共济”、“和为贵”等，这里的“和”就是指团结。有人问，幸福从哪里来？团结就是幸福，幸福从团结中、从友情中来。因为共事产生友情、友情凝聚团结、团结蕴含幸福。团结、友情和共事，就如同蓝天、白云一样纯真，一样圣洁，一样快乐。

◎ 相聚守住一个“缘”字

从古至今，人们常常以“惜缘”二字来说明缘分的重要。因为，相聚之缘，对于人生来说，是一门实实在在的学问。现实生活中，一些人之所以与他人搞不好团结，相处不很融洽，很大程度上是由于不懂得尊重他人，不知道珍惜相聚的缘分所造成的。

“缘分”，是中国文化和佛家的一个抽象概念，是人与人之间的一种无形连结和强烈心理感受。比如家人、亲戚、朋友、同事、同学之间，甚至陌生人之间的相遇、相识和相知，等等，都是缘分的一种体现。

对于缘分的形成和产生的原因，人们可以把它理解为一种偶然的、随机的巧合。在中国古代道家思想里，也有“性分”和“时遇”的说法。“性分”，就是指人的天性，个人的品行；“时遇”，就是指后天的机遇和时间。现代作家张爱玲对缘分也有很好的解释，她说：“于千万人之中遇见你所遇见的人，于千万年之中，时间的无涯的荒野里，没有早一步，也没有晚一步，刚巧赶上了。”这就是缘分。

缘分有好坏之分：一种是对各方都有好处的良性缘分，比如善缘、良缘等，这是最值得结识的缘分；另一种是既没有好处，也没有坏处的平淡缘分，比如一面之缘、泛泛之交等；第三种是对各方都带来害处的不良缘分，比如恶缘、孽缘等，这是需要尽量避免的缘分。

善缘，源于彼此风雨同舟的忠诚与心灵的契合，是一种美妙的感觉。珍惜一段善缘，就会给工作和生活增添一份乐趣。从某种意义上讲，一个人成功的过程，就是惜缘、结缘、护缘的过程。对于党员干部来说，就是要多珍惜、多结识、多维护善缘和良缘，以不断丰富人生，成就事业。

惜缘，就要常想一起共事不容易。佛家有这样一句话："前世五百年的回眸，才换得今生的擦肩而过。"人们也常讲："百年修得同船渡，千年修得共枕眠。"这两句话说的都是同一个意思，那就是缘分难得。据有人作过分析：地球上有六十一亿人，这个人与另一个人的相识相知按概率来说，大概千万分之一；成为朋友的可能性大约是一亿分之一，能成为知心朋友的更是少之又少。缘分来得如此不容易，彼此之间能够不好好珍惜吗？

毛主席在《为人民服务》中有这么一句话："我们都是来自五湖四海，为了一个共同的革命目标，走到一起来了。"在一个集体、一个单位，彼此之间的关系就是一份良缘。如果不是彼此有缘，大家或许谁也不会认识谁。正因为有了共同的事业追求，才让大家走到了一起。因此，一定要珍惜这个缘分，真正成为好同事、好朋友，切实做到坦诚相见、肝胆相照，和衷共济、荣辱与共。

说到团结这个话题，人们不由想起被全军公认为"黄金搭档"的刘伯承与邓小平。他俩从 1938 年 1 月起，到全国解放，转战大半个中国，共事长达10多年。虽然他俩在不少方面差异比较大：从年龄上讲，当时刘伯承46岁，而邓小平才34岁；从出身上讲，刘伯承是行伍，而邓小平是出过国、留过洋的知识分子；从业余爱好上讲，邓小平喜爱桥牌和游泳等文体活动，而刘伯承喜欢静下来看书，但两人互相尊重，互相信任，互相关心，合作得非常默契、非常愉快。邓小平常说："刘司令员年老体弱，司令部要特别注意哩！有事多找我和参谋长，他是我们的军事家，大事才找他决策。"刘伯承则经常把一句话挂在嘴上："邓政委是我们的好政委，文武双全，我们大家都要尊重他。"从刘、邓首长身上可以看出，良好的党性修养、共同的理想信念、深厚的革命情谊、高尚的人格魅力、高超的领导艺术，是团结共事的真谛。

如何珍惜这难得的缘分，真正使团结出力量、出人才、出政绩，关键要做到"三个学会"：学会尊重包容，将心比心。要像刘、邓首长一样，充分理解信任对方，遇事多一些换位思考。学会互帮互助，互补共进。要摒弃私心杂念，树立"我为人人，人人为我"的观念，真心诚意帮助他人。学会感谢同事，以德报德。要多看别人的长处，多记别人的好处，对同事给予的支持帮助要心存感激，懂得回报。尤其要注意的是，作为领导干部，荣誉面前要让，遇到困难要上，出了问题要担，部属有难要帮，千万不要揽功推过，高高在上。否则，很容易与同事、与部属形成感情上的“堰塞湖”。

结缘，就要心心相印搭好档。台湾作家林清玄说过：“有愿才会有缘，如果无愿，即使有缘的人也会擦身错过。”这就是说，每一个人都应该有“广结良缘”的愿望，并身体力行地去实践。人生活于集体，立身于社会，不可能离开他人而单独存在。人与人之间彼此能够走到一起工作，朝夕相处，共事几年甚至几十年，这是一种难得的缘分。大家来自五湖四海、不同岗位，却为了同一个目标，同一种使命，这为彼此提供了结下缘分、建立友情的机遇。

现实中，人们往往会听到“人一走，茶就凉”的牢骚话语，感叹同事情谊非常淡漠。怎样看待这个问题呢？其实，一起共事时你对别人的态度，与你离开后别人对你的态度是成正比的，关键看你是否与大家结下了深情厚谊。罗荣桓元帅赋闲之后，还有不少老部下甚至普通群众去看望他。一次，他的一位老部下即兴写下一首小诗：“革命友谊重山河，首长关怀暖心窝。帅府门前客不断，单车倒比汽车多。”这就是友谊长存的例证。反之，如果你盛气凌人，离开后难免成为孤家寡人；如果你对别人漠不关心，离开后别人也很难对你热情。

当然，口头上说要结好缘、搭好档是一回事，但要真正落实到行动上并不那么容易。怎样才能使两者很好地统一起来呢？关键要有善待他人之心。只有与人为善，以心相交，才能团结共进。

“善待他人就是善待自己”，一个懂得理解、尊重和爱护他人的人，也一定会得到他人的尊敬。善待他人，就要对他人抱有真诚的爱，相信绝大多数的人是善良的，是乐于团结协作的，对来之不易的缘分一定要用真心去维护。善待他人，就要做到平等相待，不拉团团伙伙，不搞远近亲疏、厚此薄彼，在感情上力争做到等距离，努力建立诚信、真挚的同志式关系。善待他人，就要多为他人着想，设身处地地理解他人、关心他人、帮助他人。只有这样，彼此之间才会有安全感、信任感和温馨感，才能产生精神上的共鸣、行动上的共振。

护缘，就要多做成人之美的事。孔子讲：“君子成人之美，不成人之恶。小人反是。”几千年前的孔子，就已把“成人之美”和“成人之恶”作为“君子”与“小人”的评判标准。人们从古典名著里，也可以读到许多成人之美的故事：像《西厢记》里的红娘，同情张生与崔莺莺的爱恋，事发遭难，仍仗义执言，促成有情人终成眷属，被千古传颂。

陈毅同志与粟裕同志多年战斗在一起，是一对好搭档，他们之间也留下了许多成人之美的佳话：陈毅曾在给毛主席的一份电报中举荐粟裕，认为粟裕是我军不可多得的军事人才，建议党中央委以重任。粟裕对陈毅也非常的信赖和尊重，不管陈毅后来的职位发生了什么样的变化，粟裕却一直保留着称其“军长”的习惯。后来，父辈们的特殊情谊在下一代又以另一种方式得到延续，陈毅的儿子陈小鲁娶了粟裕的女儿粟惠宁作妻子。

由此可见，成人之美的确是一种高尚的品德。它需要有宽广的胸怀，有时候还要有甘当绿叶、甘为人梯的风范。患得患失、斤斤计较的人，是很难做到成人之美的。尤其是在当今社会竞争十分激烈的情况下，成人之美就更是一种难得的品质了。在这个问题上，要防止和反对妒人之贤、掠人之美、贪人之功的现象。

俗话说，与人方便，与己方便。还有句广告词也说，大家好才是真的好。讲的都是同一个道理：成人之美，其实也是成己之美；帮助别人，其实也是帮助自己。所以，每一个人都要有成人之美的胸襟，对于同事的进步发展，要为之高兴、为之喝彩，使彼此之间结下深厚情谊。这既是君子所为，也是护缘所需。

◎“高山”、“流水”的联想

有这样一则故事：春秋时期，有一位著名的音乐家叫俞伯牙，他弹起琴来，犹如仙乐飘飘。虽然有许多人赞美他的琴艺，但一直没有遇到能真正听懂他琴声的人。有一次，伯牙望着雨打江面的生动景象时琴兴大发，取出随身带的瑶琴，面对眼前的高山流水，尽兴地弹奏起来。正弹奏间，发现有人在偷听他的琴音。一问，得知是樵夫钟子期。伯牙心想：一个打柴的樵夫，怎能听懂我的琴音呢？于是就问：你懂我的琴声吗？随即弹了一曲《高山》，钟子期听到琴声，不禁赞叹：多么巍峨的高山啊！伯牙又弹了一曲《流水》，子期又赞：多么浩荡的江水啊！伯牙又佩服又激动，心想是遇到知音了，两人由此结下了莫逆之交。直到今天，人们仍用“知音”来形容彼此之间缘于心灵的这份感动而结下的情谊。这就是高山流水说知音的传说。

是啊，人生在世，谁不想获得珍贵的友情？生活在社会中的人，不可能独来独往，总要与这个社会或他人交往，因此能交上朋友、拥有一两个知己也就成了大多数人的愿望。一个人的交往态度是否正确，交往的行动是否妥当，对于实现人生价值，增长自己的知识和才干，形成高尚的思想道德情操及良好的人际关系有着重大影响。能相识、相知和共事，不能不说是一种缘分，每个人要非常珍惜这种缘分。有人说珍惜缘分要讲情感，还有人说讲缘分要讲情商。无论是情感，还是情商，归结起来应该是讲缘分必须讲友情。友情是情感、情商的最好体现。许多人都有过这样深刻的体会：在人生最美好时光中结识的伙伴，在彼此深入了解基础上结交的朋友，在内心深处建立和培植起来的友谊，在患难中结识的知己，都是珍贵难忘的。以至于多年以后老友相见，是一种相执两手、惺惺相惜的独特感觉，似又回到了那无比纯真的少年时代，它留给人的回忆永远是美好和愉悦。

人的一生不断有朋友走入走出，但唯有真正的朋友，才能在你的心灵之中烙下深深的印记。真正的友情是纯洁的，不会掺杂一丝污垢；真诚的友情是永久的，不会昙花一现；真挚的友情像屹立的青松，岁月的年轮只会使它越来越苍翠。有人总结得出结论：友情是举步维艰时的慷慨相助，寒夜无衣时的雪中送炭，更是同事间思想感情的相互确认。在充满友情的环境中生活，人人都会心情舒畅，工作就充满活力。

纵观古今，人们常把“高朋满座”、“胜友如云”看作是人生莫大的荣耀，把结识知己作为人生最大的快乐。屈原说“乐莫乐兮新相知”，把结识知心朋友视为人生乐事。鲁迅先生曾题赠友人瞿秋白：“人生得一知己足矣，斯世当以同怀视之。”当代作家梁晓声把能结交好朋友，当作人生一大幸运，他说：“结交真正的朋友，就拥有了珍贵的精神财富，那是一种语言无法表达的最高境界。”在中华民族几千年历史上，重视友情的故事不可胜数。管仲和鲍叔牙的无私友谊，唐代大诗人王维与张九龄之间的友情都感人至深，被后人传为美谈。

人生若想得到真挚纯洁的友情，须坚持谨慎交友，先择而后交；须坚持以德会友，做到以心交心、以心换心。友情需要谨慎选择，把握好其中的分寸。俗话说："近朱者赤，近墨者黑。"和不一样的人在一起，你就会收获不一样的人生。因此，择友如挑书，可少，但要精。现在，有的人以广交朋友为荣，凡是"有钱的"、"有门路的"、有同乡背景的都交，可谓三教九流无所不交。殊不知，这其实不算真正的友情，只是一般的交际行为而已。帕斯卡尔曾对不同择友方式而导致不同的结果作了精辟论述，他说："我们由于交往而形成了精神和感情，但我们也由于交往而败坏着精神和感情。"我相信，他提到的前一种友情是两个人之间的心灵沟通，它如同"管鲍之交"类的"益友"，也如同毛泽东同志和李达同志患难之中建立起的"诤友"，真实而长久。相反，后一种友情则是熙熙攘攘的利害交易。

友情离不开交友。人之交友，理应做君子之交。《庄子·山水》中说：君子之交淡于水。意思是说君子以淡泊相亲，小人以利益为重；君子之间重义而轻利，彼此的交情像水一样的纯净。君子之交建立在志同道合、情趣高尚的基础之上，它以平等、互爱、互助为前提，广泛而深入地与人交往，清淡纯真，不做作，没有私心杂念，显现出高尚的人格精神；而且这种交往真真切切、诚诚实实，毫无掩饰，经得起任何考验。

所谓“君子”是指品格高尚的人。君子之交亦即品格之交、圣德之交。“圣德与圣人齐踪，鸿名共大贤比迹”。君子之交如“入芝兰之室”，有利于人的健康成长和进步。古人说：“善人同处，则日闻嘉训；恶人从游，则日生邪情”，就是有力的说明。因此，正确地与人交往，就能够促进个人成长进步；在交往中采取错误的态度和行为，就容易受到不良影响，对自己的成长起消极作用。墨子所喻“染于苍则苍，染于黄则黄”，讲的也就是这个道理。

君子之交能够帮助人完善道德品质的修养，促进良好道德品质的形成。人是环境的产物。许多道德品质高尚的人，往往都曾受到过周围良好环境的熏陶和影响。多一份德行就多一份友情，损一份他人利益就失掉一个好朋友。德行越深，友谊就越长久。朱伯儒助人似“炭火”，对人极端热忱，是共产主义思想品德的反映，这是人所共知的。但是，他的高尚道德品质的养成，和他小时候与楠阳老人的交往密不可分。楠阳老人在朱伯儒最艰难的时候，无偿地给他吃、给他穿，并把自己积攒下来的血汗钱送给朱伯儒，要他去读书，明事理，做好人。楠阳老人的帮助和教育，对朱伯儒的人生道路产生了重大影响。每当他后来看到别人困难时，就自然会想起楠阳老人关心自己的情景，就理所当然地向别人伸出温暖之手。

现在有的人交友只重物质，不重精神，光讲吃喝玩乐，这样就不会交到真朋友。因为金钱买不到心心相印、患难与共的友情。因此，对待朋友要真诚相待，敢于直陈朋友之过，争做“良师诤友”。在这方面，孔子最强调一个“信”字，说：“与朋友交而不信乎?”巴基斯坦也有句谚语，说“交朋友就要交实在朋友”。这些都说明，真诚是友情的基础，也是巩固发展友情的养料。真诚是桥。朋友之间，不分职务高低，钱财多寡、能力大小，都需要以真诚为重。经由真诚这座桥，朋友之间就会真诚相待，言行一致，表里如一，建立起牢不可破的关系。很难想象缺乏真诚的友情，居然能够恒久永远。真诚是舟。心心相印、肝胆相照和忠心不贰的朋友才能同舟共济；真诚是乐。与真诚之人处友，可同甘共苦，感觉如沐春风，其乐融融，活得轻松愉快，有滋有味。

君子之交能够使人增长见识，促进成才。一个人的知识和才干的增长，跟交往是密不可分的。“金无足赤，人无完人”。每一个人，包括那些叱咤风云的伟人，都不可能十全十美。人的经历、性格、知识和才能都各有差异，互有长短，各有局限。假若把每个人的生活经历、知识、才能聚集在一起，自然就会使人更加完美。良好的交往正是起着这种作用。人们在交往中咿呀学语，在交往中懂得生活常识和生活准则，在交往中获得知识的传授，形成个性品格，在交往中领会人情冷暖，感悟人生真谛。与有不同学问的人相交，就好比读不同内容的书，可以从各方面丰富自己的知识。中国有句古话：与君一席话，胜读十年书，讲的就是这个道理。

君子之交能够“以人为镜”，省悟自己。人要取得进步，首先必须正确认识自己。而要正确认识自己，通常总是要借助别人对自己的认识，就像人只有通过镜子，才能看到自己的面目一样。古人讲：“入吾室者但有清风，对吾饮者唯当明月。”当局者迷，旁观者清。在交往过程中经常听取对方的意见建议，能够清楚地认识自己的功过得失，明确自己存在的不足，从而不断完善自己。

明代学者苏浚把朋友分为四类：畏友、密友、昵友、贼友。与畏友交，可明得失，终身受益；与密友交，患难与共，生死相依；与昵友交，游戏人生，玩物丧志；与贼友交，引入歧途，遗患无穷。我们要防止和杜绝那些“势利眼”、“轻薄儿”的“伪朋”，确保同事之间关系融洽、思想健康、感情真挚。有史以来，“以势交者，势倾则绝；以利交者，利穷则散”，“势利之交难以久远”。远离小人之交，多些君子之交才是正确的选择。

友情像春风，抚慰人们心灵的花朵；友情像甘露，滋润人们心中的荒野；友情像朝阳，赋予人们激情和活力。拥有友情的日子里，总是阳光灿烂，总是心存满足，就好像拥有了人世间的一切。真正的友情能带给人们幸福和温暖，带给人们信心和力量。获得了真正友情的人，不仅心灵上得到了慰藉，也为人生储蓄了一大笔财富。别林斯基说："真正的朋友不把友情挂在嘴上，他们并不是为了友情而相互要求一点什么，而是彼此为对方做一切办得到的事。"友情在一个人的成功中占有重要的分量。一个人如果光有事业，没有朋友，个人的竞争力就是一分耕耘一分收获；如果再加上朋友的支持帮助，就会变成一分耕耘，数倍收获。

真正的友情是用心写成的，是彼此心灵的感动，不会在沧桑岁月中淡化，不会在风霜患难中枯萎。谁拥有了真挚的友情，生活中就会多一份快乐，事业上就会多一份支持，人生也就多了一笔宝贵的财富。

◎ 从少拿利润看李嘉诚的得与失

一个人要想取得成功，除了自身主观努力外，还需要与人合作。如果一个人只知有己，不知有人，那么他的努力会在别人的反对或掣肘之下劳而无功。李嘉诚说："如果利润10%是合理的，而你可以拿到11%，但还是拿9%为上策，因为只有这样才会有后续的生意源源而来。”你说李嘉诚少拿利润是得还是失啊，从一时看是失，但从长远看是得。李嘉诚正是因为有了这样一个理念，所以才能取得巨大成功。俗话说，人生有“三成”，即“不成”、“小成”、“大成”。依赖别人、受别人控制和影响的人将终生一事无成；孤军奋战、不善合作的人，只能取得有限的成功；只有善于合作、懂得分享、利人利己的人才能成就轰轰烈烈的大事业，实现人生的大成功。“好风凭借力，送我上青云”。萧伯纳曾说过：“你有一个苹果，我有一个苹果，我们交换一下，一人还是一个苹果；你有一个思想，我有一个思想，我们交换一下，一人就有两个思想。”这就告诉人们要转变观念，彻底打破非输即赢的陈旧思维模式，从“我”走向“我们”，从孤军作战走向团队共赢。

有这样一种生物现象：螃蟹在陆地上也可以生存，不过离开水的时间不能太长，所以它们就通过不停地吐泡沫来弄湿自己和伙伴。一只螃蟹吐的泡沫是不大可能把自己完全包裹起来的，但几只螃蟹一起吐泡就会形成一个大的泡沫团，它们也就营造了一个能够容纳自身的、富含水分的生存空间，彼此都争取到了生存的机会。

有这样一句电视广告语：“大家好才是真的好。”21世纪的世界，全球化、信息化、网络化不仅加剧了竞争，而且促进了合作。合作共赢已成为大家的共识，也成为竞争主体的主流关系。没有共赢思想和合作能力的人，最终将失去生存发展的机会。

共事互赢是互依与互惠。非洲大陆上有一种甜瓜，它是土豚的最爱。然而土豚并不是吃了后就拍屁股走人，它还要把自己的粪便用泥土埋起来，因为那粪便中混有未消化的种子。这样，土豚“种”下了很多甜瓜，那些种子有土有肥，第二年会结出更多的甜瓜，土豚就有了更多的食物。土豚和甜瓜互利互惠，彼此都得以繁衍生息下去。淡水龙虾被捉住后放在直立而光滑的深桶里，但要是不盖上盖子它们就能轻易地逃走。为什么呢？仔细观察后就会发现，原来它们一个顶着一个组成了一架长长的“虾梯”，齐心协力地摆脱即将沦为人类盘中餐的厄运。这些自然界的例子告诉人们，一定要牢记与人合作共赢的道理。所谓“一人为人，二人为从，三人为众，众人拾柴火焰高”，说的也是这个道理。

共事互赢是实现团队目标的基础。民间曾流传着这样一种说法：要把两只鸡固定在一个位置上不让走远，最好的办法是把一根绳子的两头分别系在一只鸡的左腿和另一只鸡的右腿上，两只鸡一个往右奔，一个往左挣，忙得不可开交，可惜还是在原地打转转，永远逃不了。其实，如果这两只鸡能够相互配合、步调一致的话，它们就可以轻易地逃走。由此看来，束缚住它们的并不是那根短短的绳子，而是它们不团结、不合作的心态。人类知道利用鸡的这个弱点，但有时自己却不自觉地也在犯着类似的错误。比如，一些创意天才看起来每个人都是高手，可是把他们放在一起合作，却搞不出堪称天才的创意来。因为他们互不服气，或是自视清高不屑于配合别人，或是怕自己的创意被别人利用，于是不把自己的真本事全使出来。再比如，绿茵场上驰骋的健将，也许每一个都身怀绝技，但是组成了一支队伍却未必能取得好成绩，因为他们没有团队精神，只想着表现自己，不愿意成就别人的成功。本应是人多力量大，可有时候手脚反而施展不开了。所以，三个和尚没水喝的悲剧也就不可避免了。

共事互赢是人际关系的最高境界。现代人际关系有六种模式：一是人输我赢，表现为巧取豪夺，坑蒙拐骗，只能单赢；二是人赢我输，表现为迫于压力，委曲求全，只能单赢；三是人赢我赢，表现为送人玫瑰，手留余香，实现双赢；四是人输我输，表现为杀敌一千，自伤八百，最后双输；五是不输不赢，表现为生意不成情谊在，结果是无交易；六是孤芳自赏，表现为自扫门前雪，最终单赢。其实，互赢是一种分享，是一种基于互敬、互惠的思考框架，目的是获得更多的机会、财富和资源。由此可以看出，互赢是人际关系的最好模式和最高境界，即使暂时实现不了互赢，也应该友好礼貌地结束，为今后的合作埋下伏笔、打好基础。

共事互赢是成就大事业的前提。张瑞敏在《海尔是海》一书中说：“海尔应像海，唯有海能以博大的胸怀纳百川而不嫌其细流，容污浊且能净化为碧水。正如此，才有滚滚长江、浊浊黄河、涓涓细流，不惜百折千回，争先恐后，投奔而来，汇成碧波浩瀚、万世不竭、无与伦比的壮观！一旦汇入海的大家庭中，每一分子便紧紧地凝聚在一起，不分彼此形成一个团结的整体，随着海的号令执著而坚定地冲向同一个目标，即使粉身碎骨也在所不惜。因此，才有了大海摧枯拉朽的神奇。”这种互赢的品质，强调的是精诚合作、互相支持、互相学习，从而达到一个人或部分人不能达到的事业，让每一个人都能感觉到团队比自我更为重要、更为强大。

玫瑰与花刺相遇，各自抛弃了俗艳与尖刻，成就了傲视群芳的美丽；乔丹与皮蓬相逢，各自告别了独角戏与狂傲腔，成就了无与伦比的篮坛神话；你与我在共事中相识，就应该告别猜忌与功名，成就互赢的和谐篇章，筑起更高的人生丰碑。孔子所说的“己所不欲，勿施于人”是一种精神上的共赢，它减少了勉强别人所带来的压力，也消除了被别人勉强所带来的不快。姜太公钓鱼是一种行动上的共赢，他避免了垂钓人寂寞难耐的心焦，也消除了水中的鱼儿休闲时的不安。多一分理解，多一点宽容，多一丝体谅，于是，孔子成了圣人，姜子牙也找到了知音。与人为善，善与人和，是每个人的初衷。人们生活在一定的人群和组织中，不可能不与他人共事打交道。生活经验告诉人们，关心他人，善待他人，就会得到他人的帮助和善待；对他人冷漠无情，也必然会受到他人的漠视和疏远，变得孤立无援。

不管是生物世界，还是人类社会，互利共赢的现象很多。改革开放后出现的“温州模式”，就是合作共赢、互利共生的典范。在一个单位，自己与上级、与下级、与同事的关系，其实也是一种互通有无、共同发展的关系。曾看到这样一首小诗：“你站在窗子里看别人，别人站在桥上看你，你装饰了别人的风景，别人装饰了你的梦。”简单的四句话，隽永而深刻，有一种令人遐想的情感，勾画出一幅天然的风景，细腻而自然的意境中蕴涵着互惠共赢的和谐与美好。

塑造共事互赢心态，是时代的要求，需要人们学会微笑竞争，携手同行；需要学会宽容与忍让，多一些理解；需要学会妥协，收获友谊和尊重；需要养成共赢思维的习惯，确立共赢的品格，具备成熟的胸襟，拥有富足的心态，这样才能产生“1+1>2”的效果。

“你挑着担，我牵着马……敢问路在何方，路在脚下！”人的一生中，每一个人都处在各种各样的团队中，这就要求人们要学会欣赏人、团结人、尊重人、理解人。这既是一种品德、一种境界，也是一种责任。与不同的人共事，既是事业的需要，也是难得的缘分。由于每个人的生活经历、性格脾气、心理素质等不尽相同，工作生活中也难免会碰到不愉快的事情，但只要不违反原则，就应从维护团队利益的大局出发，求同存异，坦诚相见，相互理解，在合作共事中加深了解。在一起共事，相互之间要增强信任，力戒猜疑，多一些诚信和友善，以诚释疑，以信化疑。要注意加强沟通，做到大事沟通，小事也要沟通；团队统管的事沟通，个人分管的事也要沟通；工作上沟通，思想上更要沟通；相互之间越是有意见，越要当面沟通，真正做到共几年事，留一段佳话，成终身朋友。

曾看过这样一篇短文，说的是一个小女孩经过一片草地，看见一只蝴蝶被荆棘弄伤了，她小心翼翼地为它拔掉扎在身上的刺，让它飞向大自然。后来，蝴蝶变成了仙女，对小女孩说：“你许一个心愿，我保证让它实现。”小女孩说：“我希望快乐。”于是，仙女弯下腰来在她耳边细语了一番就消失了。小女孩果然很快乐地度过了一生。她年老时，有人问她仙女到底说了些什么，她笑着说：“仙女告诉我，我周围的每个人都需要我的关怀。”

关怀别人，快乐自己。你对他人付出了真诚的关爱，迟早会被他人体察。人因为有缘才相聚，当同事遇到困难时，就应尽一己之力，为其排忧解难。何况关心同事也并不需要你付出太多，有时一个微笑、一个眼神、一句问候、一点关怀，也会令同事感激不尽，并赢得他们的好感。也许这些只是举手之劳，却可以换来真诚的友谊和回报，你的人生将因此而快乐。

春天之所以可爱，是因为有春色的装扮；人生之所以美好，是由于有了诚挚的友情；生活之所以快乐，是缘于获得了幸福。懂得团结的人最能体会到团结的幸福，最有幸福感的人格外看重团结；最聪明的人善于在合作共事中收获友情，用团队的力量创造幸福，并在幸福的环境下加深友谊、巩固团结。

第十讲

做人 做官 做事

做人 做官 做事

ZUO REN ZUO GUAN ZUO SHI

如何做人、做官、做事，是值得每一个为官从政者深思和明确的重要问题。我以为，做人就要堂堂正正，做官就要清清白白，做事就要踏踏实实。做人、做官、做事是三位一体、有机统一的。“世事洞明皆学问，人情练达即文章”。有人说，做官其实是在做人，做事也是在做人，把做人搞明白了，做官、做事才会有底蕴。也有人说，当官一阵子，做人、做事才是一辈子。的确，权力能左右荣辱于一时，但人格的魅力、事业的光辉则能普照一生、泽及后世。

◎ 窗子、镜子里的世事人生

一位哲人说，一个人面对外面的世界时，需要的是窗子；一个人面对自我的时候，需要的是镜子。透过窗子才能看见外部世界的光明，使用镜子才能看见内心世界的污点。其实，窗子或镜子并不重要，重要的是一个人的心，心广大了，书房就大了；心明亮了，世界就明亮了。不要总是追问社会给了自己什么，而要多问自己给社会贡献了什么；不要拘泥于人生的挫折与磨难中自悲自怜，要以纯洁明净的积极心态为改变人生作出努力，永不气馁，勇往直前，永远站着做人做官做事。“窗子”预示着用积极的态度看社会，“镜子”标示着用自省的态度看自己。能做到这样，表明他是一个清醒者，也说明他是用积极、高远、进取的心态看人生的。

积极、高远、进取的心态，是以纯洁明净的心境立人、立业、立世。“知我者希，则我者贵，是以圣人被褐怀玉”，老子的这句话告诉人们，即使身穿粗布的衣裳，心中也要怀着宝玉。

荷兰画家凡·高的一生，是在饥贫交困和不被赏识中度过的，但他从不抱怨。人们从凡·高众多关于贫穷矿工的素描和普通人物的绘画中，看到的是他对苦难的关注。在他自愿到比利时南部贫穷矿区当牧师期间，对矿工血水交融的爱心，对老妓女西恩的热情，人们都可以看到这种人性里博爱的慈悲所在。这是源自生命本身的爱，我们从他的画作《静物：打开的圣经》里，就可以看到这种温情本色，一种用生命捍卫的执著。绘画在凡·高眼里已经是生命本身，是终极在画布上的表现，是发现世界的眼睛。

生前不被人们理解和关注的凡·高，一直靠弟弟的救济过日子。尽管他的生命是灰色的，但人们无法从他的作品里读到些许悲哀和愤怒。正如诗人顾城写的那样，“黑夜给了我黑色的眼睛，我却用它来寻找光明。”但凡世界上的杰出人物和成功人士，大多是饱经苦难和风雨的。因为唯有苦难和风雨，才让我们更加清晰地看到人性的光辉，看到生命的壮丽。因而，执著厚重的生命永远值得人们怀念。

中国民间流传着这样一则故事，说有一位老太太，有两个女儿，大女儿卖冰棍，二女儿卖雨伞。一到下雨天，老太太就哭，别人问她：“为啥哭?”她说：“下雨了，我女儿的冰棍卖不出去，上哪里去挣钱!”可是一到晴天，老太太也哭，别人问她：“你怎么又哭呢?”她说：“天晴了，我二女儿的雨伞卖不出去，上哪里去挣钱!”后来，有一位先生劝她：“你应该天天高兴才对，因为晴天你大女儿的冰棍就好卖，就可以挣到钱；遇到下雨，你二女儿的雨伞就好卖了，又能多挣钱。”老太太听了这番话，就不再哭了。这则笑话告诉人们一个道理：同样的问题，以不同的心态去看，得出的结论就会截然不同。

实际情况也是如此。面对复杂的人生和社会，如果你总是把目光集中于痛苦与烦恼，集中于丑恶与扭曲，人生的意义就会大打折扣，社会的价值就会大大降低。相反，如果你把目光集中于幸福和快乐，集中于美好和理想，那么你就会永远感到快乐。其中的道理就在于看问题的视角不同。视角正了，心态就会好；视角歪了，心态就会坏。

的确，如果一个人总是把目光聚集于社会的阴暗面，久而久之就会扭曲心态，扭曲价值判断。相反，如果能够分清主流支流，不被表面现象和具体问题所迷惑，结果将大相径庭。当前，我国经济社会发展正处在转型期，面临着不少矛盾和问题，一些人对此不能正确看待。要看到，这些矛盾和问题，只是前进发展中的矛盾和问题。而实际上，中国正在崛起于世界，正在吸引全球的目光，人们的生活条件得到了极大地改善，这是不争的事实。工业革命以后，英国用了 60 年，美国用了 50 年，日本用了 35 年，韩国用了 21 年使人均产值增长了 1 倍，但改革开放的中国，仅用了 20 多年时间就使人均产值增长了 3 倍多。

广东省改革开放的领路人、一位德高望重的领导曾乐观地说："有的人是为做官而做事，有的人是为做事而做官，我也不敢说我是为了做事而做官，我不做官也在做事。现在很多人对当官研究得很透，什么官场文化我搞不清楚，我不去研究，在这个问题上我宁可糊涂，但干事不糊涂，我有一个基本的想法——当官要有积极的心态。"

的确，在酒绿灯红的现代生活中，在扑朔迷离的新生事物面前，没有一个积极心态就会栽跟头、犯错误。

在现实生活中，就有这样一个活生生的事例。据报道，有个市的副市长杨某，原本是一个优秀的领导干部，因为在官场上见多了“潜规则”、“官场文化”，看到个别人贪污受贿日子过得挺好，滋生了不捞白不捞的消极失衡心理，动起了在工程发包上大捞一笔的心思，但该市市长坚持了原则，致使其目的没有达到。出于报复，这个副市长居然雇凶谋杀市长。事情败露后，被判了 13 年，经减刑后，实际服刑 9 年，最近刚刚刑满释放。

这件事虽然是个别的、极端的案例，却充分说明了消极心态的危害。一个人还是要多看到光明面，因为看多了丑恶和阴暗面后，会影响到思维方式与辨别力。一个人只有拥有积极乐观心态和纯洁明净的心灵，才能不被事物的表面现象所惑，从而坚定自己的认知，勇敢面对和解决这些问题。

社会是一个万花筒，不可能清一色的好，人们不能因为大树底下有枯枝败叶，就把大树锯掉；不能因为水是脏的，就把孩子一起泼掉。一个人保存一点质朴与纯洁，保持一点积极心和上进心，既可以净化自己的思想，还可以颐养自己的身心。

诺贝尔和平奖获得者特丽莎修女曾说：“如果守规矩，

讲良心，有道德会让你吃亏，使你蒙受损失，遭到打击，那不是你错了，而一定是这个社会出了问题，但不管怎样，你要守规矩、讲良心、有道德；如果你做善事，不一定会有善报，或许还有人说你虚情假意，说你别有用心，但不管怎样，你要做善事；如果你成功，身边不一定会簇拥着鲜花和掌声，或许还会招来怨恨和嫉妒，但不管怎样，你一定要成功；诚实和坦率会让你受到伤害，受到攻击，但不管怎样，你要诚实和坦率；只要你努力，犯错是难免的，有些错失令你刻骨铭心，伤痛难愈，但你仍要努力……”特丽莎修女的这段话印证了她的成功，对每一个人也富有启示意义。

◎ 要存敬畏之心

心存敬畏，是一种低调、谦逊、虔诚、敬畏的心态。面对职责、使命、事业、义务、法律、道德和良心等，以望而却步的敬畏心，“跪着”做人做官做事，不失为一种明智之举。

心存敬畏，是做人做官做事的一个重要前提。德国哲学家康德说过：“有两件事我愈是思索愈是由衷赞叹并心存敬畏，那就是我头顶的星空和心中的道德法则。”人们通常所说的有所敬畏，除了康德所说的真理和道德，还有职责和使命。如果没有一种对职责使命、对权力义务的敬畏，不以一种如临深渊、如履薄冰的姿态对待工作，就不可能做好人、干好事、当好官。

欧美等西方国家对人的约束主要靠两样东西，一个是完备的法律，一个是宗教。西方人在法庭上可以说谎，但在神灵面前一般不敢说谎。而中国人则不同。中国的神灵是为人们的具体利益服务而不是为信仰服务的，所以观音菩萨法身千万，代表的就是人们千千万万形形色色的利益追求。因而古时候赶路的商人与准备打劫的强盗可以同时求观音菩萨，一个求路途平安，一个求打劫得手。

心存敬畏，是中国传统文化的一个重要内容。人们常说，善有善报，恶有恶报，不是不报，时候未到。成克杰、胡长清、刘方仁等人，也曾风光一时，但终难逃脱法律的制裁和人民的审判。过去，我们把这些当作唯心主义的东西，不加分析地进行批判，这种态度实际上是不科学的。列宁评价唯心主义时说："唯心主义就是抓住一点并使之肿胀起来。"意思是说，抓住的这一点是对的，但扩大化就错了。因果报应的思想固然是唯心主义的，但是用在做人上，心中有这么一点担心报应的想法，很多事情就不敢做了，这对做人是有好处的。

最近，在美国发生了这样一件事。有一个人捡到了一个老板的手机，他赶紧找到这个老板给送了回去。作为回报，这个老板送了一张两美元的彩票给他。结果，这张彩票中了1.3亿美元的大奖。这是不是因为送回这个手机就换回这么丰厚的回报呢？按照佛家思想的解释，也不一定就是这一件事，但这个人一定是经常做善事做好事，所以，上天总会找个机会回报他。

有个人杀了人，公安机关怎么也查不出是谁，只是大致圈定了一个怀疑对象的范围，其中就有这个人。这个人自从行凶以后，潜意识里老觉得自己手上的血没有洗干净，因此一天要到洗手间去几十次，每次都拿肥皂使劲洗手。这个他自己都不觉得的异常行为终于引起了同事的关注，公安机关锁定目标后，很快就找到了证据。用佛家的思想来解释，就是有因就有果。用心理学来解释，则是做了坏事后心虚，欲盖弥彰，从而不自觉地暴露了真相。

心存敬畏，需要时时想着法律法规和道德规范。中国古时的皇帝，虽说掌握着天下所有臣民的生杀予夺大权，但实际上也不是能够想怎么做就能怎么做。唐朝时，皇帝想提拔一个人当个小官。按照规定，那个级别的官员的任免权在尚书省的吏部。于是他只好自己给地方大员写信。但按照唐代的规定，皇帝的圣旨只能由中书省起草、经门下省同意，发出后才有效。结果，本应是堂堂正正封起来的皇帝的御笔信函，只能斜封着，封皮上的“敕”字本应是朱笔书写，结果也只能用黑笔写。地方的官员还算给皇帝面子，但人们把这样提拔起来的官被称作“斜封官”，谁也瞧不起他。

宋太祖时，有一次一个官员职位出现空缺。太祖赵匡胤问宰相赵普什么人合适，赵普从袖子里拿出一份奏折说，我已经拟好了，请皇上过目。太祖一看，不是自己心中的人选，就气愤地把奏折撕了扔在地上，赵普默不作声，把碎片捡了起来。过了一段时间，太祖再次问起这件事，赵普拿出上次被撕碎又重新粘好的折子递了上去，太祖一看，就问：“怎么还是他。”赵普答：“据我所知，只有他是最合适的。”太祖长叹一声说：“既然如此，那就用他吧。”

赵普是行伍出身的，没有读过多少书，当时人们说他是“半部论语治天下”，意思是只读了半部《论语》。但因为敢于坚持正确的意见，终于成为一代名臣。但实际上，汉、唐、宋三代，宰相的权力是很大的，在用贤才的问题上，宰相甚至比皇帝的意见还重要，这是制度带来的。如果宋太祖没有一种对制度的敬畏心，这件传为千古美谈的事情就不可能发生。

现在一提到社会上出现的一些负面问题，不少人就认为是法规制度不健全所造成的。其实，这还是次要的方面。如果人们心中无法，对法规制度没有一种敬畏感，那么法规再健全也没有用。企业家王石说：在素无信仰传统、政府威权又因体制松弛与市场化而产生管制真空时，企业家们无所畏惧，他们既不敬畏神灵，也不敬畏内心，权力也能通过钱财运作。在这种商业逻辑之下，他们能做出比不讲信用恶劣得多的违法行为。但这种没有敬畏心的商业主义即使成功，也难以形成一种能引导方向的价值观。

心存敬畏，就要时时想着自身职责、想着他人。人们常说的报应，讲的是上天对做了错事、恶事的人的惩罚。粗看这个说法有比较浓厚的唯心主义色彩，但如果把上天解释为人民群众，解释为自身职责，那么这个道理就比较好理解了。“当官不为民做主，不如回家卖红薯”。为官者如果不为部下着想，不为人民谋利益，那么必然得不到人们的拥护。佛家说报应，这就是轮回。

陈毅在谈及个人成长时曾说：“第一想到不忘本，来自人民莫作恶。第二想到党培养，无党岂能有所作。第三想到衣食住，若无人民岂能活。第四想到虽有功，岂无过失应愧怍。”因此，每一个为官从政者一定要以一种敬畏心对待权力、对待工作、对待生活，这样才能做好人、做好官、做好事。

心存敬畏，就要时时检讨自己的过失。马克思有一句名言：“一切真理的精华是人们最终了解自己。”人生在世不可能不犯错误，问题是怎样认知过错和改正过错。孔子有一个思想叫"自讼"，就是说，人要经常进行自我剖析和自我审判，不断用自己的理智去修正和战胜自身容易冲动的情感和欲望。正因为如此，前人们才留下了"胜人者力，自胜者强"、"行五十而知四十之非"的古训。

现在，有少数人心中没有道德法则，敬畏心严重缺损，也不怕遭到报应，不怕良心谴责，因而胆子大得很。只要对自己有利，好像什么都不怕，什么都无所谓，这是人品官德丧失的前兆。

人的一生，只有常怀敬畏心，常思贪欲害，捂住良心自省，带着虔诚做事，才能做到上不愧天，下不愧地，成就一番事业。

◎"醒着"做人做官做事

有一句常被引用的俗话，不管是做官做人做事，一定要保持一颗清醒的头脑。即所谓"醒着"做人做官做事。醒，是一种平常、清醒、淡然、超脱的心态。以宠辱不惊的平常心，"醒着"做人做官做事，保持清醒的头脑，才能让人明察这纷繁复杂的世界。

淡泊以明志，宁静以致远。无论求知还是做事，唯有不被名缰利锁所羁绊，才能做到胜不骄，败不馁，锲而不舍，终将业有所成、人有所进。而醉心事业，除却杂念，一心扑在其中，达到“细推物理须行乐，何用浮名绊此身”的境界，才会有定力，不以物喜，不以己悲，不被外界所干扰。毛泽东少年时代就曾专门在闹市里读书，用心磨砺自己的意志。如果信奉“天下熙熙皆为利来，天下攘攘皆为利往”，身陷名利场，常被蜗角虚名、蝇头小利所左右，心猿意马，跑了心思，不但会影响学习和工作，还可能逐渐偏离正确的人生方向，甚至误入歧途。

一个有智慧的人，其显著特点就是善于调节自己的语言、行为和思想。但要做到这一点，并不是一件很容易的事情。对于一个贪欲心很重的人，让他在金钱、美色、名誉面前不动心是不可能的。一动心，一有语言或行动，就要造成恶果。如何能保持不动心呢？就是要调节自己的身心，以平等心和平常心对待一切，还要无私无欲，感恩知足。知足就会无所求，就有了一颗平常心。便会视金钱如粪土。所以有人说：“少欲无为、身心自在。”“知足之人，虽贫而富；不知足者，虽富而贫。”

保持平常心，是一个人修炼心性、成就事业的关键。围棋大师吴清源在上个世纪曾经独霸日本棋坛达 20 多年之久，将同时代的所有围棋高手一一降服。他谈到自己最重要的一条体会就是，始终保持一颗平常心。只有保持平常心，才能正确认识自己，而不为闲言碎语所左右；才能冷静地分析人生中的利弊得失。物质的丰盛并不代表精神的满足，权力也要看你怎么去用。曹操权势炙手可热，换不来关羽的耿耿忠心；贾似道有钱，却买不来李慧娘的感情；和珅富可敌国，买不到刘墉对他的宽容；历代帝王是天下至尊，人人高呼他们万岁，可他们没有一个超过百岁。

现在，不少人心情很浮躁，求名求利，这是一种很不好的现象。有的人只爱听表扬，不爱听批评。听到符合自己心意的赞美之辞，眉飞色舞，沾沾自喜；听到逆耳之言则如刺在喉，暴跳如雷，甚至对“冒犯”之人怀恨在心，伺机报复。只爱听“上言”，不爱听“下言”。对上级的话不作分析，一概盲从；对下级和群众的声音却置若罔闻，爱理不理。只爱听“亲言”，不爱听“疏言”。对关系亲密的身边人、“圈内人”的话，对于“枕边风”，坚信不移，不辨真伪；对于关系疏远之人，或认为是“异己”之人的话，则持排斥态度。

在对待工作的问题上，有的人只愿抓上面看得见的工作，不愿意抓日常性的工作；有的只愿意抓见效快的工作，不愿意抓打基础管长远的工作；有的只愿意抓有好处的工作、不愿意抓辛苦受累的工作；有的只愿意抓结人缘的工作，不愿意抓得罪人的工作。凡此种种，都是精神境界不高的表现，都属于缺乏平常心所致。

保持平常心，要有宽广的胸怀。古人说：“君子坦荡荡，小人常戚戚。”强调的就是做人当官一定要有宽广的胸怀。曹操是中国历史上罕见的人才，他在政治、军事、文学、艺术等多个领域，都创下了不平凡的业绩。但由于他说过一句话，“宁教我负天下人，不可教天下人负我”，从这句话可以看出曹操是个心胸狭窄的人，他的礼贤下士更多的是出于政治的需要而不是对人才的由衷欣赏，于是在文学和戏剧作品中，曹操就被塑造成了一个狡诈多疑、处处算计的白脸奸雄。

相反，再来看看唐代宗。《因话录》上唐代宗有句名言：“不瞎不聋，不做亲家翁。”说的是做儿女亲家，有些事要糊涂一点，不要看得太清，管得太细。名将郭子仪为平定安史之乱、保存唐王朝不致覆灭，立下了不朽功勋。为此，唐代宗把自己的女儿嫁给了郭子仪的儿子郭暧。但婚后小两口经常闹矛盾，郭暧还把公主打了。郭子仪为这件事很担心。唐代宗反过来安慰他：“不瞎不聋，不做亲家翁。夫妻床头打架床尾和，由他们吧。”这种对待儿女之事的装聋作哑，不仅是一门艺术，更是一种胸怀。后来人们根据这个故事编排了戏剧《打金枝》。

可以说，胸怀坦荡、诚实守信，既是做人的基本的道德品质，也是我们党对广大干部的一贯要求。周恩来、彭德怀、黄克诚等老一辈革命家为我们做出了光辉的榜样。党员干部要吃得起亏、容得下事，做到大事不糊涂、小事不计较。与班子成员相处，只要不是原则性的问题，一般不要去计较。不要计较待遇、权力，不要争谁说了算。“失之东隅，收之桑榆”，在小事上不计较，能够赢得同事的信任与尊重，这比辛辛苦苦争来一点蝇头小利不知要强多少。

保持平常心，要淡泊名利。保持平常心，要求我们耐得住清贫、守得住寂寞。孔子的弟子颜回，既不会当官，也不会经商，更不能打仗，但他“一箪食，一瓢饮，在陋巷。人不堪其忧，回也不改其乐”，这种不追名、不逐利的高尚情操被人们千古传诵。宋代理学家程颐有句名言：“一念之欲不能制，而祸流于滔天。”说的就是面对诱惑初之不慎、后患无穷的道理。争名于朝，争利于市，是表里不一的思想根源。俗话说“心底无私天地宽”，只有淡泊名利，才能处处慎思，事事笃行。当领导，在名利上一定要看淡一些。要以群众拥护不拥护、答应不答应、赞成不赞成作为行动的最高准则。要有“进不求名，退不避罪”的勇气，不唯书，不唯上，只唯实。不弄虚作假，不欺上瞒下，说老实话，办老实事，做老实人。

保持平常心，就要摆脱钱财的困扰。如果不能摆脱钱财的困扰，也就不可能有真正的平常心。我们常讲要看淡钱财。钱是什么？钱，生不带来，死不带走。钱再多，一顿饭也只能吃那么多，晚上也只是睡几尺宽的床。《红楼梦》里有一首《好了歌》，其中有句话说："世人都晓神仙好，唯有金银忘不了。终朝只恨聚无多，及到多时眼闭了。"这话说得很有道理。

香港有一个有钱人买了很多珠宝，存放在银行的保险柜里。一次静空大师和他谈话时说："你的珠宝还不如我多。"把这个人搞糊涂了。静空大师解释道："你的珠宝放在银行里，也不过是定期去看看而已。但我也可以随时到珠宝行里去看珠宝，看完后也是让服务小姐好好收起来。你死了后这些珠宝带不走，我也带不走，这有什么两样呢？你只是看那么一点珠宝，而整个香港珠宝行里的东西我都可以看。这么看来，岂不是我的珠宝比你还多吗？"

保持平常心，要察纳雅言。俗话说：良药苦口利于病，忠言逆耳利于行；兼听则明、偏听则暗。这是富有哲理的古训。努力培养闻过则喜的作风，广泛接触群众，在群众中吸取营养，乐于听取批评意见，是党的一贯的优良传统。1942 年，在抗日战争的最艰苦阶段，延安一位农民骂毛泽东：雷公怎么不把毛泽东劈死！毛泽东听后想到的是民有怨必有忧，亲自接见那位农民，了解了民众公粮过重的情况，立即将公粮减少三分之一，并发动了大生产运动，从而巩固了抗日根据地，密切了党和群众的关系。这充分展现了伟大领袖博大的胸怀和高尚的人格。

当然，对于谗言，为官者一定要坚决顶住。谗言，可分为三种，一种是属下为赢得领导的欢心，对领导阿谀奉承，溜须拍马；另一种是进言者不怀好意，在领导之间挑拨离间，或是为达到自己的目的而对别人恶意中伤；第三种是以关心为由，在工作、生活上出歪点子。对这些谗言，听不听、信不信，是对为官者政治品质和人格修养的检验。为官者必须保持清醒的头脑，不要被谗言所动。

有人在《中国青年》杂志上发表了一篇文章，题目叫作《如果》，其中讲到："如果今天你起床时身体健康，没有疾病，那么你比其他几百万人更幸运，他们甚至看不到下周有太阳了；如果你从未尝过战争的危险、牢狱的孤独、酷刑的折磨和饥饿的滋味，那么你的处境比世界上5亿其他人更好；如果你能随便进出教堂或寺庙而没有任何威胁、暴行和杀害的危险，那么你比10亿其他人更幸运；如果你的冰箱里有食物，身上有衣穿，有房可住及有床可睡，那么你比世上75%的人更富有；如果你在银行里有存款，钱包里有票子，那么你属于8%最幸运的人。所以：去工作而不要以挣钱为目的；去爱而忘记所有别人对你的不是；去跳舞只要自己欣赏，而不管是否有他人关注；去生活，就像这世界是天堂。"我们没有必要去考察这些数据是否准确，但确有必要以一颗平常心对待生活、对待事物、判断价值，轻轻松松、大大方方做人做官做事。

◎ 秉持襟怀坦白的好心态

“明着”，是一种无私、无畏、仗义、公正的心态。以仗义执言的正义心，“明着”做人做官做事，就要光明正大，襟怀坦白，知无不言，言无不尽。

保持正义心，就要仗义执言。仗义执言，是一种浩然正气的表现。这种正气，是中华民族所固有的传统美德。

武则天执政时，曾借故杀了中宗皇帝的德妃，之后，又要把德妃的母亲庞夫人交司法论罪。这时，法官徐有功得到了消息，立刻下令不要行刑，并进宫叩见武后，仗义执言，劝她不要滥杀无辜。武则天很恼火，竟判了徐有功绞刑。然而，仗义执言的仍是大有人在，在一些有正义感的大臣们的辩护下，徐有功免遭杀身之祸。

唐代的御史中丞牛僧儒也是个仗义执言之士。宿州刺史李直臣大肆贪污犯法，被收监治罪。这时，穆宗皇帝以李直臣有才干为理由，下令要把李直臣释放出去。牛僧儒坚决不同意，他据理力争说：“如果说有才干就可以宽待，那么叛逆朝廷、扰乱天下的安禄山、朱此等人，比李直臣有才多了，难道他们也该宽待吗?”说得皇帝哑口无言，终于依了牛僧儒的判决。

仗义执言，在今天来说，就是一种旗帜鲜明地坚持真理的精神，就是对上、对下、对个人、对集体相统一的责任精神。对共产党员来说，则是共产党人的党性和战斗性的标志。在党的队伍中，勇于为革命仗义执言的事例，可谓不胜枚举。

彭德怀是人尽皆知的刚正耿介之士。在红军时期，共产国际派来的顾问李德竭力鼓吹“短促突击战术”，给红军造成惨重的损失。彭德怀对此极为痛心和愤慨，他不顾李德手中的权力，当面仗义执言，批评李德如此不负责任地糟蹋红军，是“崽卖爷田不心疼”。他的诤诤话语，说出了广大红军指战员心里要说的话。

已故全国总工会副主席陈少敏大姐也是这样的人。她不顾“四人帮”一伙势焰熏天的情势，在八届十二中全会上表决开除刘少奇党籍的决议时，她伏在桌子上拒绝举手，以特殊的方式投了反对票。这是仗义执言的一票！尽管她因为投了这一票而受到江青一伙的迫害，但她自豪地对同志们说：“不要犯软骨病，要坚持真理，对群众、对国家、对党负责到底!”

保持正义心，就要表里如一。正义心是一种博大的胸怀，是一种对原则的坚持。明代大清官海瑞，一生清廉。平时吃不起肉，只能吃自己种的蔬菜。有一次，他母亲过生日，他买了二斤肉。结果被同僚当作新闻到处讲。他死的时候，家里只有 90 亩零散的田地，只有二十两碎银子，连安葬费都不够。但他有着敢于坚持原则、敢于为弱者说话的勇气。看到嘉靖皇帝昏庸无道，百姓生活贫困，就写了一封著名的奏折，把皇帝好好骂了一回，嘉靖皇帝一怒之下把他关到大牢，但就是不敢杀他。海瑞的这种节操，人们历代传颂。

保持正义心，就要富有责任心。专心致志必然严谨细致，笃行上心；驰心旁骛注定马虎应付，掉以轻心。1959年，王进喜到北京参加群英会，看到大街上的公共汽车顶上都背个大气包，感到奇怪，当他得知这是因为没有汽油而要烧煤气时，心像被锥子刺了一样，“北京汽车上的煤气包，把我压醒了，真真切切地感到国家的压力、民族的压力，呼地一下子都落到了自己的肩上。”从此他决心要和工友们自觉地替国家承担起这个压力。正是基于“石油工人的责任”，王进喜以“宁可少活二十年，拼命也要拿下大油田”的意志和冲天干劲，铸就了新时代的“铁人精神”。

保持正义心，就要富有同情心。富有同情心，就要真诚地关心人。有一种现象：改革开放以来，有的人靠乞讨发了财。说起这种现象许多人愤愤不平，于是在街上看到乞丐时，无论乞丐多么可怜，他们也不再为之所动。其实，看到乞丐，无论他是真可怜还是假可怜，给上一两块钱，于自己无损，于他人有益，这种善事多做一些是没有坏处的。

中国的传统文化，是儒道释三者的合一。这三家强调的一个共同的东西就是人要有同情心。儒家讲“仁”，所谓“恻隐之心，人皆有之”。佛家讲“慈悲为怀”、“普渡众生”，老子说“圣人无常心，以百姓心为心”。我们共产党人讲解放天下的劳苦大众，讲为人民服务，讲执政为民，这些与传统文化的要求是基本一致的。无论是做人做官还是做事，只要有这种恻隐之心，心中时时想着他人、想着群众，就能做一个道德高尚的人、群众拥护的官，也就能做一番像样的事。

有的人虽然也有同情心，但喜欢把自己对别人的恩德挂在嘴上，生怕别人不知道，生怕自己帮助的对象以后不报恩，这种境界就比较低了。古汉语里有一个词叫“市恩”，意思是“贩卖恩德”，讲的就是这种现象。为别人做点事不要去图回报，一图回报就等于是把恩情当作了商品，这种想法是历来为人们瞧不起的。

俄罗斯著名文学家普希金有一篇诗歌，叫做《渔夫和金鱼》，讲的是一个渔夫打到了一条小金鱼，金鱼求渔夫把他放回去，他就可以满足渔夫的任何要求。渔夫的老婆知道这件事情后，就开始让渔夫找金鱼要房子、要钱、要地位。结果，这个女人有了钱、当了贵夫人，最后当了皇后还不满足，还要管天管地，并让小金鱼侍候她，结果小金鱼收回了给她的一切东西，这个女人也就不得不住回原来的破房子。

现在，社会上有一种很不好的现象，就是求人办事一定要给好处，帮人之后也必然期待回报，这是世风日下、人心不古的表现。其实，你真诚地关心人，就不要图什么回报，就不要试图通过帮助人换取什么好处。

我的家乡现在还流传着一个还金砖的故事。一个农家小孩上山打柴捡到一块金砖。回家拿给他母亲后，母亲让他还回去。他赶紧连夜送回了原处。等他回到家时，发现家里的房子变成了高楼大厦。广西桂林也流传着一个类似的故事：一个渔家女孩捡到了龙王的一个珠子，她母亲也是让她还回去，结果还完珠子后回家，发现家里绫罗绸缎堆成了山。这就是叠彩山得名的缘由。

1966 年时，我母亲在外捡到一万块钱，回家后就让我赶紧找到失主还给人家。等我们找到失主时，这个人正准备上吊自杀。原来这是公款。钱还了回去，不仅挽救了一条人命、一个家庭，自己也心安理得。如果当时贪了这一万块钱，不仅毁了一条命、一个家，也会毁掉自己做人的良知。所以讲，人不要为了一点蝇头小利，毁了自己的品性，否则，损失将无法估量。

保持正义心，就要敢于坚持真理。“多一事不如少一事”，有人这样说。他们就像《红楼梦》里的薛宝钗，“事不关己不开口，一问摇头三不知”，圆得像皮球，滑得似泥鳅。他们明明看到不合理的现象，也不敢或不愿挺身而出仗义执言。这种人思想的深处是个人主义，是“事不关己，高高挂起；明哲保身，但求无过”。然而，这是不对的。按照正确的原则，凡是错误的东西，都应该反对和纠正。因为，一个人解决不了的问题，大家都来干预和纠正，就有了解决的可能。你不反对，他不反对，大家听之任之，错误的东西可能就会肆无忌惮，蔓延滋长，到头来，“城门失火，殃及池鱼”，自身也会受害的。

毛泽东在《反对自由主义》一文中对共产党员提出要求说：“一个共产党员，应该是襟怀坦白，忠实，积极，以革命利益为第一生命，以个人利益服从革命利益；无论何时何地，坚持正确的原则，同一切不正确的思想和行为作不疲倦的斗争，用以巩固党的集体生活，巩固党和群众的联系；关心党和群众比关心个人为重，关心他人比关心自己为重。这样才算得一个共产党员。”对照这些要求，对于共产党员来说，保持正义心只不过是普通而又最起码的义务。对于每一个普通人来说，正义心同样不可或缺。

古语讲：“夫居官守职以公正为先，公则不为私所惑，正则不为邪所媚。”所谓“公正”，顾名思义，一曰公，二曰正。“公”，就是公道，要“忍所私而行大义”，去除心底的私心杂念，一心为民，秉公办事；“正”，就是正派，为官的本质就在于“正”。要做到身正、心正、行正，不愧于己，不负于心。

公正对于一个为官者来讲，应该是做官第一位的原则。做人“正”是做官“正”的基础，而相对于做人来讲，公正做官则有更高的要求。因为做人只是对自己负责，做官则是要对一个群体、一个部门负责。说到底，正与不正，实际上是一个政治方向性的问题。为官之人如果能够一身正气、坦坦荡荡，其为官就会以民为本，视民心为根；就会保持“心在国家，情系群众”的平常心境，保持“利归天下，誉属黎民”的淡泊情怀。对群众，察其苦、听其呼、想其思、急其盼、办其需，真正把群众利益放在第一位。

在感情与原则关系的处理上，历来是倡导感情服从原则的。不可否认，中华民族有着重情重义的传统，领导干部也有人之常情，但一定要是非分明，不能只讲亲情、友情，而忘记了原则、法纪。原则是做人做事最根本的底线，任何人和事都不能凌驾于原则之上。现在的问题是，有的人心思不是用于工作，而是用在拉关系、拜把子、谋私利上。据报纸上讲，曾经出演和珅的著名演员王刚、写官场小说的知名作家王跃文，在出席一些宴会时，经常受到一些地方官员的热捧，有的人公开说，“是您让我学会了怎样当官”，让他们哭笑不得。还听说某单位一个处长，就曾公开扬言要以和珅为楷模，学习他为官处世的技巧。

这种把封建社会的残渣当作宝贝的倾向，其危害性决不能低估。

人活在世上，无非是面对两大世界，身外的大千世界和自己的内心世界。做人做官做事，既要“身入”，更要“心入”。心，是人生的航标灯；心，是邪恶的警示灯；心，是茫茫人海的精神家园。只要培植一个积极心态，坚守一份敬畏心理，安定一片平常心境，秉持一颗正义良心，无论选择何种姿势与态度做人做官做事，你都会走向成功的彼岸……

第十一讲

遵规　守纪　崇法

遵规　守纪　崇法

ZUN GUI　SHOU JI　CHONG FA

生活中，人们可以发现两种最常见的现象：杂技运动员在做空中高难度动作时，腰间往往系着一根细钢绳，也就是“保险绳”，主要是避免运动员意外地摔落；而在发电站、变压器旁边和高压电线杆上，都写有“高压危险”的警示标语，意在提醒人们高压电线危险，不能触摸。

这两种现象启示人们：现实生活中，既有有形或无形的“保险绳”，也有有形或无形的“高压线”，“保险绳”始终不能丢，“高压线”千万不能碰。党纪国法和规章制度，就像一根根“高压线”和“保险绳”，时刻规范着社会秩序，确保着每个人的安全顺利。否则，人一旦离开了法纪制度的约束，个人的安全就会失去“保险”，人生事业就会遭遇“触电短路”。

◎ 不依规矩难成方圆

《孟子·离娄上》中写道："离娄之名，公输子之巧，不以规矩，不能成方圆。"这就是成语"不依规矩难方圆"的出处。《辞海》对"规矩"一词解释为：规，圆规；矩，画方形的曲尺。不用规矩，就画不成方形或圆形，比喻办事要按照一定的法则、规律和标准。人处在社会中，都要守规矩，这里讲的"规矩"是指要遵守的法律法规。日常生活中也常听人讲，这个人不太懂"规矩"。这里讲的"规矩"，更多的是指做人的原则要求。

社会之所以紧张有序，有条不紊地运行，前提是社会中的个体必须按规矩行事。什么是规矩？"规矩"就是实际生活中必不可少的法纪、规章和道德规范。从大处说，主要包括由国家政府颁布的法律法规，由党的领导机关为规范党员行为颁布的党的纪律，以及由军队领导机关为军人颁布的各种条令条例。从小处说，还有虽未写进法规，但被一方百姓认定的乡俗民约，也同样需要人们切实遵守，叫入乡随俗。

我国古代有个"田忌赛马"的故事，说的是齐威王与大将田忌各出三匹马，按照事先约定，把各自的马分成上、中、下三等，然后一对一地比赛三场，以分出胜负。由于齐威王的最优、次优和较差的三匹马分别跑得比田忌的三匹马要快，所以田忌总是以 0∶3 告负。后来田忌的谋士孙膑给田忌出主意，让最差的马去与齐威王最快的马比，而让最优的马去赢齐威王次优的马，让次优的马去赢齐威王最差的马，结果田忌以 2∶1 取胜。还是同样的马匹，只是由于调换了一下比赛出场顺序，就获得了转败为胜的结果，当然是值得高兴的。但人们只要稍加分析就可以看出，田忌之所以在这次博奕中获胜，是因为孙膑给田忌出了一个拙劣的对策，也就是违反了双方事先约定的比赛规则。从这个角度说，田忌赢得并不光彩。

用规矩来约束行为、规范管理，是社会的基本特征。社会越是发展进步，就越需要规矩的约束制约。假如没有规矩，大到国家，小到单位、家庭，都会陷入混乱中。规矩是由人制定的，更要由人去遵守。规矩的意义和价值，一般体现在被执行、被遵守中。如果大家都守规矩，按规矩办事，这个社会就能和谐。如果有规矩而不去遵守，规矩就会丧失权威性。一个人要想在这个社会顺利生存，得到他人承认和尊重，并有所发展、取得成就，就必须遵守法律、规章和道德规范等。否则，就会遭到惩处。

遵规、守纪、崇法是人的社会属性所决定的。人与人在交往联系过程中，如果离开了法律、规章纪律的整合协调，就很难达到统一协调，一个国家、一个民族就只会是一盘散沙。同时，纵观宇宙万物，没有不受限制的物质，总要遵循一定的运行规则。九大行星旋转于太空，要受到运行轨道的规范；一江春水向东流，江水要受到堤岸的限制。而不同的规则又总会导引出不同的结果。比如同为碳元素，碳原子是六方板状或片状结构组合起来的是又软又黑的石墨，而八面晶形结构连接起来的就成了坚硬、亮晶的金刚石。物的结合如此，人的集合更是如此。

自从有人类开始，就产生了这样或那样的规则。原始人的图腾崇拜是一种规则，封建王朝的森严等级是一种规则，而现代社会的完备法律也是一种规则。在当今社会，法律、纪律和规定无处不在、无时不有，与每一个人的工作和生活密切相关。好的规则能够最大限度地遏制人性的弱点，激发人类向善向上的精神。特别是随着经济社会的发展进步，要求人们具有更高的法规意识和文明素养，这已经成为一种必然的发展趋势。

但现在有一种不好的现象，就是少数人按规矩办事的意识有所淡化，他们把规矩当作摆设，视为儿戏，想跳就跳，想闯就闯，无所顾忌。有时为了个人或局部利益，挖空心思搞“上有政策、下有对策”，肆意闯“红灯”，大打

“擦边球”。更有甚者，自己不按规矩办事，还讥讽按规矩办事的人“死板、迂腐、不开窍、不会办事”。有的为了显示自己胆子大、能耐大、本事大，在用人、用钱等敏感问题上，不讲原则讲关系，不看制度看来头。经验一再证明，凡是按规矩办事的单位，风气就正，人心就齐；凡是按规矩办事的人，形象就好，威信就高。相反，不按规矩办事的人，往往都是从办事不守规矩开始，却最终还是受到了规矩的制裁。

在这个社会上，无论他是谁，也无论他职位高低、资历深浅，在党纪国法面前都是一律平等的。有的人觉得法纪规定是给别人制定的，是远离自己的东西；遵守法纪也是别人的事情，自己不必那么受约束。这实际上是缺乏纪律修养的表现，等于自己弃守防线，让坏的东西乘虚而入。

在这方面，革命导师和领袖为我们树立了榜样。有一次，列宁走进斯莫尔尼宫，新来的卫兵不认识他，要检查通行证。旁边有人对卫兵说，他是列宁同志，还要检查吗？列宁说，他做得对！并掏出通行证给卫兵看。还有一次列宁去理发，前面已有很多人在等着，列宁就去排在最后面。别人争着请他先理，他谢绝了。他说：“谢谢同志们，这样不好，制度是我们自己定的，我们就应当遵守。”

延安时期，有一次，毛泽东同志到中央医院去看望一二〇师政委关向应。当他们谈兴正浓时，走进来一位护士，说："同志，对不起，病人需要安静，医生吩咐过了，不能会客。"毛主席点着头说："啊，对不住，我原来不知道医生有这个吩咐。"说完就站起来道别了。后来，小刘护士得知是毛主席时，敬佩地说："毛主席这样严格遵守制度，又那么和气。"

作为革命领袖，敢于给自己立规矩，坚持遵守自己立的规矩的故事令人深思。最大的敌人是自己，最大的胜利是战胜自我。每一个人都应以革命领袖为榜样，按规矩办事，守住底线，不越雷池。

办事讲规矩，关键是自己心中要时刻绷紧一根弦，把严守政策法规作为内心深处的一种坚定信念，内化成一种生活品格和风范。有一个"我心有主"的故事，说是元代一位叫许衡的大学者，颇有修养，做事讲原则。有一次他与同伴外出，遇上大热天，沿途又无水，口渴得厉害。同伴们忽然发现路旁有棵大梨树，水灵灵的梨子压弯了树枝。于是大家一窝蜂地拥上前去摘梨子，唯独许衡一人站着不动。有同伴讥笑他太死板太迂腐："眼下世道这么乱，没主的梨子，不吃白不吃。"许衡驳斥那人说："梨虽无主，我心有主。"

这个故事告诉人们，“君子乐得其道，小人乐得其欲”。一个有严格操守的人，一个有为人之道的人，一个讲良心和知廉耻的人，就像内心世界有个铁面无私的法官，有个严厉把守道德门户的哨兵，就会时时事事监督自己的言行，不为名利所惑，不随波逐流，始终保持自己人格的高尚和道德的完美。

许衡的“我心有主”，实际上是一种自己看重自己、自尊自爱的做人标准。这种做人标准从世界观层面上讲，是一个人有信仰有理想有原则的表现；从人格品行的层面上讲，则是抑制物欲，看重理性，克己从贤的君子行为。

早在解放战争期间，一队解放军战士经过长途跋涉，又饥又渴，在一个前不着村后不着店的地方，突然出现了一个苹果园，一树树鲜红的苹果，散发出诱人的香甜。战士们不停地咽口水，多想摘一个苹果解渴充饥。可是他们平静地绕过果园而行，连一个“落地果”也没有人捡。他们也是“我心有主”。他们的“主”就是“不拿群众一针一线”的《三大纪律八项注意》。这个“主”不仅仅是一种纪律约束，更是一种神圣不可侵犯的崇高信仰。在许多非常情况下，纪律是很难管住生命和生理需要的，只有崇高的信仰才可以抑制非分的欲望和非礼的行为。

一个理智过人、聪明过人的贤者，他们在大是大非面前，在人民大众的利益面前，总是严格地按照原则和道义规范自己的举止，即使是那些不一定被人们特别关注的小欲小利，他们也能自觉地分清公私，分清善恶，从公而为，从善而行。大树是从幼嫩的树苗起步，高楼大厦是自一砖一瓦垒起。凡大德大智大勇，无不是从一点一滴培养道德人格做起的。反之，凡恶行恶德也都是“小魔鬼”长成“大魔鬼”的演变历史。

对待私欲的态度，是反映一个人遵规守纪的试金石。在这个问题上，苏东坡的做法值得人们学习。他曾给自己立下一条规矩：“苟非吾之所有，虽一毫而莫取。”对待私欲，每一个人都要像苏东坡那样，自己给自己立个规矩，做到君子爱财，取之有道；不义之财，分文不取。当然，除了主观努力以外，最重要的还是要建立一些规章制度，依靠群众来监督，从客观上来加以约束。小平同志说过：“共产党人需要监督。”“没有好的制度，好人也会做坏事。”守规则者事竟成，在文明、民主、法制日益发达完善的今天，规则将会越来越显示出它独有的魅力。

◎ 断线的风筝会落地

有这样一则寓言：一天，风筝和线手牵着手在空中飞翔。不久，风筝就不耐烦地对线说："老兄，请放开我，不要限制我自由活动的空间。"线劝道："老弟，不行啊！我的责任就是要限制你。否则，你就会失去飞翔的自由。"风筝不听劝告，拼命挣脱了线的束缚。然而当它刚把线挣断不久，就一头栽了下来。人们从中总结出一句俗语："断线的风筝会落地。"寓言中的风筝，起先在空中是自由的，但要靠人在地面上拉的长线来维系。换一句话说，风筝的自由是通过长线的"束缚"和"干涉"得来的，然而一旦失去这种"束缚"和"干涉"，风筝就立即飘落在地——失去了原先的自由。

断线风筝会落地，指的是一种自然现象，但揭示了生活中纪律与自由的一个普遍规律：要想获得自由，必须按规则办事。作为有生命的人类，其自由始终要受到社会客观环境的制约，也是有限度的。恩格斯曾指出，只要是两个人组成的社会就得有服从。在这个社会里，每个人的自由都要受到复杂的社会条件的限制。你要"自由"地打人、行窃，就会使对方失去正常生活的自由，人家就要出来干涉、制止、控告你。你要"自由"地危害国家的利益，人民就要付出牺牲，国家要保护人民的利益，就要依法逮捕你。所以德国思想家歌德说过："一个人只要宣称自己是自由的，就会同时感到他是受限制的。如果他敢于宣称自己是受限制的，他就会感到自己是自由的。”这一席话，就形象地说明了法纪与自由的辩证关系。

自由和法纪是一个对立面的统一体。世界上从来没有不受限制和约束的自由，任何自由，都只能是在遵纪守法前提下的自由。实际上，正是由于有了法纪规范社会中每个人的行为，才使得社会处于一种有序的状态，人们在法纪规范的范围内才能自由行动。如果没有这种规范的约束，社会就会处于一种无序混乱状态，个人哪还谈得上自由的保障。试想，如果没有宪法的保护，公民哪有民主、自由、平等可言；如果没有刑法对各种刑事犯罪的打击，公民的人身、财产安全就不可能得到保障，更谈不上自由民主平等。因此可以说，离开了法纪规范，自由也就失去了根本保障。

规章、纪律和法律对遵规、守纪、崇法的人来说是保护神，它会维护每个守法者的合法权益；它同时也是法盲、违法者的冷面杀手和克星，任何触犯规章、纪律和法律的人，都会受到公正的惩罚。希腊哲学家柏拉图曾将法律比喻为“金色的纽带”，并且说，人人每天无不生活在精神欲望中，真善美、假丑恶这些内在的感情像肌腱或纽带一样牵动着我们，而且在互相敌对的情况下，拉着一个人走向对立的行动去反对另一个人。有了这根金色纽带，现实生活中的人们只要依规依纪依法办事，始终在规章、纪律、法律允许的范围内活动，就会生活得自由自在。

有的人经常把自由与法纪对立起来，认为二者是不相容的：受约束就没有自由；一讲自由，就不应受约束。而实际上，二者谁也离不开谁。邓小平同志强调："纪律和自由是对立统一的关系，两者是不可分的，缺一不可。"就像规与矩，画圆离不开规，画方少不了矩，规和矩好像是对画圆画方行动的约束。但实际上，有了规和矩才能画圆就圆，画方就方。纪律和自由的关系也是如此。有了纪律，才能使人获得真正的自由和快乐。不遵守纪律就会添乱，人们就会失去自由和快乐。如果工厂没有纪律约束，就会连起码的人身安全都保不住。如果马路交通没有"红灯"停的约束，也就没有行的自由，就会发生流血惨剧。

《克雷洛夫寓言》中有一则"马和骑师"的故事，说是一位骑师驯了一匹好马，他认为给这样的马加上缰绳是多余的。有一天骑马出去时，他把马缰绳解掉了。马在原野上飞跑，当它知道什么束缚也没有时，就越来越大胆，一路自由自在地狂奔，把骑师摔了下来，后来它直往前冲，什么方向也不辨了，什么也不顾忌了，最终冲下了深谷，粉身碎骨。这则寓言告诫人们：不要过分地醉心于放任自由，不加限制的自由是危险的。这些经典哲理，对于帮助人们认识自由与法纪、自由与约束的关系，都是大有裨益的。

古今中外，任何一个社会、一个国家，都不能没有法纪。莎士比亚说得很深刻："只要把纪律的琴弦拆去，听吧！多少刺耳的噪音就会发出来，一切都会互相抵触。"还有一位哲人也说："人的自由并不仅仅在于做他愿意做的事，而在于永远做他不愿意做的事。"如果有人去追求法纪规定以外的自由，去干一些违法乱纪的事，终究有一天会受到法律的制裁，因而这样的人最终也就没有自由可言。李真在被执行死刑前，对采访的记者说："今后不要说国外那些美好风光，就是白洋淀的芦苇，我可能都很难再见到了。自由，真是别时容易见时难呀……我现在什么都可以不要，只要自由，哪怕是一个月的自由，甚至是两天的自由。"李真的忏悔，实际上警示人们：一个人可以什么事都不做，就是不能做违法乱纪的事；什么都可以失去，就是不能失去自由。

《明史杂俎》里有一则杂记：一天早朝后，朱元璋突然向群臣们提出一个问题："天下何人最快活？"大臣中有的说功高盖世的人最快活，有的说位高显赫的人最快活，也有的说金榜题名的人最快活……朱元璋听后都不满意。沉默了片刻，一个叫万钢的大臣答道："天下守法度者最快活。”朱元璋听后大喜，夸万钢的见解独到。

这里讲的“法度”，从大的方面讲，指的是法律法规；从小的方面来讲，指的是纪律和纪律具体化的规章制度。法纪具有强制性、权威性和不可亵渎性。凡守法度的人，为人处事必讲规矩方圆，不干违反法度的事，在纪律这个“矩”之内从心所欲，也就用不着提心吊胆，害怕东窗事发遭受牢狱之苦，自然也就活得逍遥自在，连吃饭都香，睡觉都踏实。而违法犯罪的人，或许可以在短时间内活得自在，但最终大多落得个身陷囹圄、悔不当初的结局。

明初儒家学者方孝孺，工于文章，才名甚盛。据史书记载，他曾写过一篇《家人箴》，从正伦、重礼、谨礼、务学、笃行、自省、绝私等 15 个方面论述了修身、治家与治国的道理，其中第 8 条就是“崇畏”。他指出：“有所畏者，其家必齐；无所畏者，必怠而睽。”提醒人们要严于律己，谨慎从事，对于自己可能产生违背正义的思想和言行，要提高警惕，有所畏惧，切不可胆大妄为。

每一个人作为这个社会的一分子，既要“有所为”，也要“有所不为”，以“有所不为”保证“有所为”。这里的“有所不为”，其实是要“有所怕”的意识，要对法纪有一种敬畏感。清代学问家纪晓岚有句名言：“做人要记住一个‘怕’字。”法国也有一句谚语：“恐惧就是理智的开端。”因此，每一个人都要经常用“怕”字来约束自己，怕违纪违法，怕有愧于家庭和亲友。尤其是党员干部在履职尽责时，要有临深渊、履薄冰的心态，防止发生问题。对此，邓小平同志有一段精彩的论述：“共产党员谨小慎微不好，胆子太大了也不好。一怕党，二怕群众，三怕民主党派，总是好一些。”无产阶级革命家任弼时在世时曾有“三怕”：怕工作无成绩，怕挥霍浪费，怕请客送礼。“官有所畏，业有所成”，如果无视党纪政纪，放纵私欲，被权力、金钱、美色所迷惑，为所欲为，那么到头来既损害了党和人民的事业，也会害了自己和家庭。

“畏危者安，畏亡者存”。人生如同天体运行一样，伴随着光明与黑暗，就看个人怎么来把握。日常生活中有不少可能碰到的高压线，千万不要触摸；在金钱、利益、美色等各种诱惑面前，千万不能动心；每个人只有做到守法、守德、守信，才能在工作和生活中把握住自己。

畏法必先知法。知法不是要人人都做法律专家，但对党和国家的政策法规、单位的规章制度等，都要有所了解，这样才能做到不盲目，防止由于无知而触动法律这根高压线。

从一定意义上讲，掌握法纪知识的多少，关系到法纪观念的强弱。有的人虽然也知道遵纪守法的重要性，然而内心总是觉得违法乱纪离自己很远；有的甚至认为只要工作干好了，学不学法纪无所谓。这些认识都是错误的。一个人如果不自觉学法纪、知法纪、用法纪，就很容易踏入法纪“禁区”而不自知，做出“悔之晚矣”的事情来。面对法纪之规，只有通过学法、懂法，才能清楚哪些事情可为，哪些事情不可为，才能对各种腐朽思想和诱惑保持足够的警惕，使自己在诱惑面前不动心、得意之时不忘形、法纪面前不栽跟头。

权力是把“双刃剑”。用权为公，为群众谋利益，就会得到人民群众的拥护；反之，以权谋私，必然受到党纪国法的制裁和人民群众的唾弃。有的为官者错误地认为只要手中有权，便可以置自己于法纪之规的约束之外为所欲为，即使违犯法规和纪律，别人也不会查、不敢查。这种对权力的误解，正是一些人滑向违法犯罪道路的重要原因。面对“糖衣炮弹”的诱惑，为官者应该清醒认识手中的权力是党和人民赋予的，只能用来为人民谋利益；清醒认识职务越高、责任越重，权力越大、义务越多的道理，时刻保持如临深渊、如履薄冰的危机感，对党纪国法常怀畏惧之心，坚持立党为公、执政为民，自觉接受组织和群众的监督。

现实中，一些人违纪违法，常常与他们自作聪明有关。有的觉得自己手段高明，犯了法即使被举报，也难以被查出来；有的则认为现在有问题的不在少数，法不责众，不一定找到自己头上来；还有的以“一次不要紧”原谅自己，以“小事情无所谓”为自己开脱，从放纵小节开始，在违法违纪的道路上越滑越快、越陷越深，最终导致无法自拔。俗话说：“要想人不知，除非己莫为。”殊不知，一个人如果去违法乱纪，并且一厢情愿地认为自己能够侥幸逃脱党纪国法的制裁，那无异于掩耳盗铃，最终结果只能是害了自己。

◎ 让规则看守世界

小时候，在老家农村看木匠做木工活，那木匠的一举一动至今历历在目：一把卷尺时刻揣在衣兜里，不时拿出来量一量、测一测；一支铅笔夹在耳朵上，经常取下来写一写、画一画。用不了多久，一件件崭新精致的门窗、桌椅板凳便呈现在人们眼前。一块木料，有无用途，能不能用，怎样使用，舍弃什么，留下什么，不是用嘴说，也不是用眼看，更不是靠“老本本”、凭“老经验”去推断下结论。权威只有一个，就是用尺子量一量，用墨线校一校。这就是“匠人规则”。

“匠人规则”启示人们：尊重规则、敬畏规则、遵守规则，是做好一切事情的前提和根本。工作生活中，无论是有形的，还是无形的，各种各样的规则都陪伴在人们身边。遵守规则贵在自觉，难在自觉。无论何时何地，只要像木匠那样，凡事用“规则”这个权威的尺度量一量、校一校，老老实实、认认真真地按规则行事，那么，人生就会平安顺利，潇洒人生就会为你所有。

规则，无处不在，无处不有。“没有规矩不成方圆”。工作生活中失去了规则，后果将不堪设想。飞机违反航行规定就会迷失航向，汽车违反规定闯红灯就可能导致交通事故，领导干部违反廉洁规定就会腐化变质，医生不按操作规程治疗病人就会引发医患纠纷，煤矿不按安全规定作业就会诱发矿难……自然界、人类社会、三百六十行，都有自己的规律规则，违背了就必然遭到惩罚。

规则就是尺度，规则就是准绳。工作做得如何，用规则一验就准，一试就明。因为规则是有棱有角、是非清楚的，一就是一，二就是二；钉就是钉，铆就是铆；对就是对，错就是错。规则又是爱憎分明的，颇具两面性：一方面，它似刀枪，专门打击和惩罚违反规则的人；另一方面，它似屏障，保护和赏赐遵守规则的人。

曾在网上看到这样一篇文章，感触颇深。1764 年的一天深夜，一场大火烧毁了哈佛的图书馆，很多名贵的古书绝籍被毁于一旦，让人痛心疾首。第二天，全校师生都得知了这场重大事故，但其中的一名学生却格外地尴尬难熬。因为此前他违反图书馆规则，悄悄把哈佛牧师捐赠的一本书带出了馆外，准备看完以后再归还。但突如其来的一场大火，使这本书成了捐赠书籍中的唯一珍本。是神鬼不知地据为己有，还是光明坦荡地承认错误？惴惴不安的学生经过一番激烈的思想斗争后，终于走进了校长办公室说明情况，并郑重地将书还给了学校。霍里厄克校长接下来的举动更令人吃惊，先是收下书表示感谢，对学生的勇气和诚实予以褒奖，然后又决定把他开除出校。之所以这样，是因为哈佛的理念是“让校规看守哈佛”，比用其他任何东西看守哈佛更加安全有效。

经济学家茅于轼在美国做访问学者时，曾对美国邮局前的排队者作过观察。他发现排在队伍前面的顾客，一般距离正在接受服务的顾客至少一米远。这样做，既可以避免彼此靠得太近不舒服，也是尊重别人的隐私空间，免遭嫌疑。如果服务窗口不止一个，也不是每个窗口前面都排一个队，而是只排一个队，前面的人依序到空出来的窗口去办事，以保证先来的人先接受服务，没有一个人会打破这种墨守的规则。小中窥大，茅于轼先生深有感触地说：

“在美国生活的一年中，我无时无刻不在思考，为什么美国如此富有？有哪些地方值得我们学习？”对比之下，中国的银行服务窗口前，都画有鲜明的警示线，而有些漠视“请在线外等候”字样的人们，仍然选择无序紧张的拥挤，同样也让外国人百思不得其解。

与美国人相似，德国人也被视为世界上最守规则的民族之一。一位留学德国多年的中国学生说，他在德国所到之处，从未看到过一辆闯红灯的车；即使是在深更半夜空寂无声的街头，德国人依旧沿着人行线，看着红绿灯过马路。德国老人喜欢向别人炫耀的是，在他几十年的驾车历史中，违章记录栏内始终是一片空白。

听到上述情况时，有的人或许会说：哈佛人是做作的，书交上来了，人家改过了，还计较什么；德国人是刻板的，能够趁机过马路为什么不过，浪费时间；美国人是固执的，来得早不如站得巧，能够早点把事办完为什么不挤。规则是死的，人是活的。活人为什么要被死规则缠住。到底是怎样的生活才更惬意？没有规则的自由是不是一种真的自由？德国人的名言是，循规蹈矩，一丝不苟才是轻松的活法，凡事无章可循，才使人疲惫不堪。德国人把用规则看守的世界，称为“天堂”。在这个天堂里，规则首先是科学合理的，其次要有对规则的集体信任。或许有些人会把这些视为“刻板固执”，嗤之以鼻。但实际上，德国人是聪明的，他们对任何事物都可以认真负责，他们把自己的国家建设得洁净美丽，他们在不争吵不拥挤的环境里，不凭体力、投机取巧或者其他伎俩，就可赢得平静安稳的幸福生活。

现实中一些人并不喜欢规则，也不想要规则，更有甚者亵渎规则。面对规则，能糊弄的就糊弄，能变通的就变通，能作弊的就作弊。视规则为儿戏，拿规则做交易，动辄用“非规则”来“摆平”规则的约束和惩处。正常的规则实行不了，不正常的“规则”却大有市场，并成了一些人心照不宣的“潜规则”。而当崇尚“潜规则”的人丑行败露受到惩罚时，人们这才感觉到规则的存在，看到规则的威严和不可侵犯。所以，一个人从一开始迈向社会、踏上人生旅途时，就应有意识地培养自己遵规、守纪、崇法的高度自觉性。

不按客观规律办事，不循章办事，搞自行其是，是规则失效的一个重要原因。雷洛夫写过这么一则寓言：有一天，天鹅、梭子鱼和虾一起，要从大路上把一辆货车拖走。它们都很用力地拉，但货车老是一动不动。是车上载的东西太重吗？不是。原来，天鹅拼命向云端里冲，虾尽力向后拽，梭子鱼却没命地向河里拉。它们向三个不同的方向各使各的劲，车子怎么能动？实际生活中，在一些地方和单位，也确实存在不少违反客观规律的事情。比如近几年，安全生产问题一直在困扰着我们国家。一边是各级领导反复强调安全生产工作，一边是一些地方不断发生安全生产问题，而且问题一个比一个影响大，屡禁不止。之所以出现这种情况，是因为一些单位的领导和责任人，严重违反了客观规律，要钱不要命，严重违规生产造成的。

相对而言，一个人在公开场合相对比较容易自珍自爱，把握得住自己。但在独处时，缺少了他人的监督，同样也要做到慎独慎行，防止恣意忘形。儒家经典《大学》说："诚于中，形于外。故君子必慎其独也。"《礼记·中庸》里说："……恐慎乎其所不睹，戒惧乎其所不闻。莫见乎隐，莫显乎微。故君子慎其独也。"大意是，一个有道德的人，要做到在别人没看见的时候，能够谨慎行事，在别人不能听到的时候能够警惕，不要以为隐蔽和微小的过失就可以去做。

《春秋左传·襄公十五年》里记载了这样一件事：宋国有个人把一块玉献给大夫子罕，子罕不肯收。献玉者认为他可能嫌玉的质地不好，急忙解释说："我请琢玉的鉴定过，他们断定这是一块宝玉，我才献给您的。"子罕直截了当地说："我把不贪图别人的财物当作'宝'，你把这块宝玉当作'宝'，如果你把它给了我，那我们都丧失了自己的'宝'。还是让我们各自守住自己的'宝'吧。"子罕的这种以"不贪为宝"的自我约束能力，无疑是值得人们称道的。

唐朝大诗人白居易任杭州刺史期间，除了饮水吃菜非得向当地购买外，从不索要任何贵重物品。他在离任以后，游杭州天竺山时，捡了两块可爱的山石，准备留作纪念。按理说这是一件极为正常的小事，但他由此想到，如果游人都像他这样一人捡一块，久而久之，天竺山会成什么样子，岂不破坏了大自然之美？所以又将石块重新放了回去。千年后的今天，人们还能从中感受到白居易那份慎独慎微品质的力量。

三国时的刘备，给儿子留下了"勿以恶小而为之，勿以善小而不为"的遗言。意思是，善虽小，总是一种美德，并不会因为小而改变它的性质；恶虽小，终归是坏事，决不会因为小而变成好事。千百年来，人们在道德修养上经常把它作为座右铭。其实，在规章、纪律、法律的修养上，同样要从小做起，防止马前失蹄。我们每个人都希望使自己的美好年华放射出光和热，但不积跬步，无以至千里，要想到达光辉的彼岸，就需要从点点滴滴的小事中，逐步养成遵规、守纪、崇法的好习惯。

东汉的刘宠曾是一个小小的太守，但处事公正，一心为百姓服务，当他升职离任时，不少百姓送他很多财物，但他坚决不收，最后在大家的强烈要求下，才无奈拿了一枚小小的铜板，后人也因此送他“一钱太守”的美名。清朝乾隆时期的大臣杨振在做官时，一个人夜晚送给他很多黄金，他同样不要，虽然那人说不会有人知道，但他反驳说：“天知、你知、我知。”让那人羞愧不已，从而使“杨振拒宝”的故事广为传播。明朝清官海瑞，他经历了正德、嘉靖、隆庆和万历四个皇帝，一生坚持正义，贞洁保身，致使“不怕死、不爱钱、不立党”名言家喻户晓。

革命先行者孙中山早年为革命到处奔走，筹募经费，开展斗争，但他生活俭朴，经常身无分文。1904 年到纽约时，囊空如洗，他只好将哥哥赠予的龙涎香出售济急。1910 年，其母逝世，无钱治丧。辛亥革命武昌起义后，孙中山由海外归来，有记者问其带了多少钱时，他斩钉截铁地说：“予不名一钱也，所带回者，革命精神耳。”方志敏一生清廉，1935 年不幸被捕时，两个国民党兵认为可以从这位共产党大官身上发一笔大财，就把他从头搜到脚，除了作战用的一块手表和一支钢笔，只有两个铜板，一时难以理解这位共产党的大官竟如此清贫。

坚持依法维权，防止独善其身，也是人们遵规、守纪、崇法的重要方面。有的人认为，只要自己做好就可以了，对别人违法乱纪的行为则可以听之任之，不管不问，这种想法是错误的。因为党纪国法、规章制度，要靠每个成员的严格遵守才能有效维持。因此，光是自己遵规、守纪、崇法，还是远远不够的，还要尽一份社会责任，勇于同一切违规违纪违法的现象做坚决的斗争。

人称“铁面包公”的大河市纪委书记包铁民，经他办下的案子都是铁证如山，那些不遵规守法、搞贪污腐败的人一听到他的大名，都会吓出一身冷汗。特别是在办理老河县古河乡制假案件时，他从工作组人员内部受贿查起，一举端掉了由乡党委书记亲自行贿 230 多万元的制假案，令当地群众拍手称快。

生活中没有旁观者。如果有人在坏人横行、肆意违法犯罪时默不作声，实际上就是放任、纵容坏人为非作歹，客观上成了助纣为虐的帮凶。鲁迅先生说过：“中国从古以来，就有埋头苦干的人，有拼命肯干的人，有舍身求法的人，有为民请命的人……这就是中国的脊梁。”面对坏人坏事，要坚持原则，敢于斗争，克服好人主义，不徇私情，不怕报复；遇到正在进行犯罪活动的，要挺身而出，及时制止。

人生路漫漫，坎坷与曲折常有，陷阱与岔路常伴。常言道：成人不自在，自在不成人。人生旅途中处处设有“红绿灯”——红灯禁行，绿灯通行。要想求得一生平安，走好人生路，还得靠我们自己时刻系好“保险绳”，警惕“高压线”。

第十二讲

勤俭 治家 创业

勤俭　治家　创业

QIN JIAN　ZHI JIA　CHUANG YE

古往今来，勤俭、治家、创业始终是一个与生命同行、与成功相伴的永恒话题。当我们蹒跚学步时，“谁知盘中餐，粒粒皆辛苦”的诗句不时回响在耳边；少年读书时，“一粥一饭，当思来之不易；一丝一缕，恒念物力维艰”的古训始终萦绕在心头；走向社会、成家立业后，“身修而后家齐，家齐而后国治，国治而后天下平”的警句总是烙刻在脑海里。

勤俭是源，治家是本，勤俭、治家是为了更好地创业。勤俭兴、家风正，则事业成、家业旺。古语“成由勤俭败由奢”、“家财不为子孙谋”、“业无高卑志当坚”，就是倡导人们要俭以养德、重视治家和艰苦创业。人生只有用勤俭品德和良好家风作保障，才能生活幸福，精神充实，事业有成。

◎ 斯诺眼中的“中国魔力”

崇尚勤俭，不仅是一个消费观念问题，更是一种高尚的品德，它能使人性升华、人心善良、人格高尚。坚守勤俭的精神和美德，是古今中外众多有志者和成功者的不懈追求和终生信条。

勤俭是中华民族的传统美德。早在公元前 16 世纪，商代大臣伊尹就对刚继位的太甲提出建议：“慎乃俭德，惟怀永图。”意思是要他注意节俭，因为只有节俭，才能永久维持帝业。孔子主张俭约而反对奢靡，提出“温、良、恭、俭、让”五大德目，“俭”就是其中重要的一目。孟子提出“恭者不侮人，俭者不夺人”。说的是一个人如果在为人处世方面做到恭恭敬敬、彬彬有礼，就不会去欺侮他人；如果能在生活上保持俭朴、不贪嗜钱财，自然就不会去掳掠他人的财物。墨子更是把俭约和奢侈摆到关系国家存亡、民族盛衰、个人成败的高度，强调“俭节则昌，淫佚则亡”。诸葛亮曾提出要“俭以养德”，道家始祖老子也把“俭”看作为人处世的“三宝”之一。

一代中兴之臣曾国藩，一生坚持以俭立身，强调“持家必以勤字为主，福不多享，少用仆婢，少花银钱，自然惜福矣”。他在致四弟书中写道：“总恐老辈失之奢，后辈失之骄，未有钱多而子弟不骄者也，吾兄弟欲为先人留遗泽，为后人惜余福，除去勤俭二字，别无做法。”他还以“余欲上不愧先人，下不愧子弟，唯以力教家中勤俭为主”来教育其弟花钱要三思，要节俭，要量力而行。大文学家、政治家司马光在《训俭示康》中用“由俭入奢易，由奢入俭难”来告诫他的子孙要勤俭。勤俭，正是许多伟大人物功成名就的一块基石。

中国共产党人继承了这一传统美德，在革命、建设和改革历程中形成的“井冈山精神”、“长征精神”、“延安精神”、“铁人精神”、“六十四字创业精神”等，更是这种勤俭节约、艰苦奋斗品质的光辉体现。

1936年，美国记者埃德迦·斯诺第一个冲破国民党的封锁，到陕北苏区采访共产党及其领导的红军，看到毛泽东住着简陋的窑洞，周恩来睡的是土炕，彭德怀穿着用降落伞改制的背心，林伯渠耳朵上用线绳系着断了腿的眼镜。他从这些细小的事情中发现共产党军队内蕴藏着一种伟大的力量，并把这种力量叫做“东方魔力”、“兴国之光”。斯诺讲的这种“东方魔力”、“兴国之光”，就是对人民军队艰苦奋斗革命精神的形象比喻。

据相关史料记载，延安时期，毛主席和中央领导人的伙食费，每人每月仅2元9角钱，始终与根据地人民共甘苦。卫士李家骥在毛主席身边工作了十几年，他回忆起建国前后毛主席经常穿的一件白底蓝条衬衣，这还是当年赴重庆谈判时给毛主席做的，后来因穿久了蓝色已经看不清。但毛主席对旧衣服特别有感情，多次说过，他的衣服破了再补，不能随便丢掉。从 1953 年到 1962 年底，毛主席没有做过一件新衣服。敬爱的周总理，也是常常“整洁其外、俭朴其中”的。他的衣服穿破了补，补了再穿，一件睡衣一直穿到临终，光从外边能数出来的补丁有 204 个。

对于每一个人来说，勤俭是终身受用的佳肴，是自身健康成长的内在要求。勤俭不仅可以养德，可以兴业，而且还可以远离灾祸。无数事实也证明，崇尚俭朴，不搞奢侈，日子就会好过些；贪图享乐，任其发展下去就意味着好日子不会太长久，普通一民则倾家荡产，官位高者则前程尽毁。中国历史上的许多王朝走向衰落，一个重要原因就是君主们的骄奢无度。“千古一帝”的秦始皇，统一七国并容八方，其国力财力不可谓不强，但最终因内部生活腐化而亡国。1864 年，李自成率领的太平天国运动定都长安（今西安）后，不久就丧失了劳动人民的本色，过起了帝王将相骄奢淫逸的生活。天王李自成带头腐败，群王纷纷效仿，大小官吏胃口大开，大顺政权仅仅维持了 1 年就消亡了。由此看来，奢侈之风是败家之风、亡国之风。

勤俭，作为一种精神境界和行动准则，并不专属于某个年代，它不受时间和空间的限制，并随着历史的发展而发展。现代社会中，虽然经济增长和物质消费的观念已经发生很大的变化，但勤俭作为一种传统美德，还是需要大力提倡。当然，今天仍然提倡勤俭与奋斗，并不是要否定合理合法的物质利益，也并不是排斥量力而行去提高生活水平，去过“清教徒”、“苦行僧”式的生活不是勤俭奋斗的本意。新形势下倡导勤俭之风，内涵上变得更加丰富，体现为事业上的拼搏进取、工作上的吃苦耐劳、生活上的量入而出。

勤俭，说起来轻松，做起来却难，需要持之以恒地去养成。特别是当前随着社会转型的深入，人们思想逐渐变得浮躁起来，各种利益的驱动和各种观念的冲击也不断加大，每一个人都将面对物质利益的强大诱惑。如果抛弃了固守勤俭的可贵品质，我们的思想在物欲的冲击下就有可能发生畸变。对于今天的青年一代来说，“勤俭”更多的则是一种永存心底并要身体力行的精神，是一种永葆清正廉洁之心而甘于贫苦的崇高思想境界，是创业发展必备的“护身符”。只有这样，才能不迷茫、不失足，有作为。

常兴勤俭之风，就要见贤思齐、知荣避耻。人的行为是受思想支配的，而人的思想阵地从来就不会是一片空白。如果正确的思想不去占领，错误的思想就会乘虚而入。毛泽东主席说过：“房子是要经常打扫的，不打扫就会布满灰尘；脸是要经常洗的，不洗就会灰尘满面。我们每一个同志的思想，我们党的工作，也会沾染灰尘的，也应该打扫和洗涤。”现在我们倡导勤俭精神，就是要求做到以俭为本、以俭为荣、以俭理事。在这方面，多数人的认识比较到位，行动比较自觉。但有的人受一些错误思想的影响，慢慢淡漠了勤俭节约意识，滋长了贪图享乐风气。有的视节俭为“小气”、“土气”，以奢侈为“潇洒”、“气派”。个别人甚至将克勤克俭当成思想僵化来戏弄嘲讽，把挥霍浪费当作有胆识、有气魄来称赞。有的人甚至以追求吃、穿、住、行的高档而引以为荣。剖析一些党员干部在“酒绿灯红”和各种侵蚀面前打败仗的根源，无一不是从思想道德滑坡开始，一步步堕入违法犯罪泥潭的。每一个人都要以此为戒，真正做到“生活上向低标准看齐，工作上向高标准看齐”，甘守清贫，乐于俭朴。

据报道，世界首富、微软创办人比尔·盖茨的日常生活，与常人一样的简朴节约。他不穿名贵衣服，不吃高档酒席，不停贵宾车位。他在接受英国 BBC 电视节目访问时表示，将把 580 亿美元的财产全部捐给名下慈善基金——比尔及梅琳达盖茨基金会，不留给自己的子女一分钱。香港富商李嘉诚平时非常节俭，他常说：“谁要在地上丢一分钱，我会立刻捡起来。”这很容易让人产生小气的联想。但是在汶川大地震发生后不久，李嘉诚就以集团的名义毫不犹豫地捐了一亿三千万元。几美元与580多亿美元、一分钱与几千万港元的对比充分说明，勤俭的人不是“铁公鸡”，勤俭也绝不是小气，只是因为勤俭的人有着更高的追求。

常兴勤俭之风，就要谨小慎微、防微杜渐。也许有人会说，我位卑权轻，个人怎么样消费与他人并没有什么关系。殊不知，一步之误，失之千里；源头之毒，可致全程污染；一趾之疾，可毁七尺之躯。好事可以“积善成德”、集腋成裘、积沙成塔，坏事也有“小洞不补，大洞吃苦”、“千里之堤，溃于蚁穴”的教训。三国时期的刘备早就有“勿以善小而不为，勿以恶小而为之”的告诫。对小恶不重视的人，久而久之就会养成习惯，一旦有机会就会腐化堕落。在改革开放的今天，腐朽思想和生活方式经常会侵蚀我们的灵魂，如果不提高警惕，盲目追求高消费，就会贪图安逸、铺张浪费，失去向上的动力，最终导致私欲膨胀，为所欲为。许多违法乱纪的事实警示人们：奢欲虽然没有牙齿，但能吃掉人的理想；虽然没有双手，却能把人推入歧途；虽然没有烟雾，但能熏黑人的灵魂。

常兴勤俭之风，就要克勤克俭、点滴养成。有一句大家熟知的谚语：“播种行为，收获习惯；播种习惯，收获性格；播种性格，收获命运。”它启迪人们，勤俭和奢侈，都不是与生俱来的，而是人们在长期的生活中逐步养成的。曾多次荣获世界500强之首的沃尔玛创始人山姆·沃尔顿，在谈到自己的成功经验时说，奉行勤俭文化是公司发展强有力的保障。百安居企业也奉行一句话：“我们的钱只用在与生意有关的事情上。”从中可以体会到，勤俭与奢侈两种截然不同的习惯，往往可以决定一个企业的命运，决定一个人的人生结局。

人的生命是一个过程，勤俭应该与生命同行。拥有了勤俭，就相当于创造了更多的财富；拥有了勤俭，就会增添推动事业成功的力量；拥有了勤俭，就会为生命增加一份保障。

◎ 家风映照的万象人生

家庭是生活的保障点、精神的避风港、工作的动力源。冰心老人曾说：“家庭是社会的细胞，有了健全的细胞，才会有一个健全的社会，乃至一个健全的国家。”把家庭建造好了，既可以使人在事业的追求中得以休养生息，又可以为开创事业的新天地而养精蓄锐；建造得不好，就会成为事业的累赘，影响精力的投入、才智的发挥和事业的开拓。

前几年，歌手陈红一首《常回家看看》唱遍大江南北，进入千家万户，从内心深处唤起了人们对家的感觉，触动了人们对家的眷恋。家，令多少游子魂牵梦萦；家庭幸福，是人们普遍追求的目标。不少人也有这样的体会：家庭和睦幸福，生活中的烦恼就少，干起工作来心情愉快，劲头也足。相反，“后院”经常出情况，工作精力难集中，工作情绪不舒畅，工作起来就会不顺心。老百姓也有句俗话，“家庭不和被人欺，夫妻不和苦戚戚”，讲的就是这个道理。

治家，重视家庭教育，是中华民族的优良传统。在这方面，古代先贤有过许多重要的阐述和成功的做法。老一辈无产阶级革命家毛泽东、周恩来、朱德，以及焦裕禄、孔繁森、郑培民等模范领导干部，也为人们树立了律己严家的榜样。

毛泽东主席对子女的管教很严厉。小女儿李讷考上大学后，也不允许有一点特殊。三年困难时期的一天，李银桥得知李讷在学校吃不饱，就买了一包饼干悄悄送过去。后来主席知道了这件事，严厉地批评李银桥：“三令五申，为什么还要搞特殊化?”李银桥争辩了一句：“别的家长也有给孩子送东西的。”主席拍了桌子：“我的孩子一块饼干也不许送，谁叫她是毛泽东的女儿!”

朱德总司令也经常告诫子女不要把自己看作特殊人物，而要像普通群众一样，去努力工作。他曾说过：“要接班，不要接官，接班就是接为人民服务的思想和本领。”

朱德逝世后，康克清遵照朱德遗嘱，将2万多元存款全部交给党组织，作为朱德的最后一次党费。

良好的家风建设，是一种无形的规范，是一份宝贵的财富。诚然，子女作为父母未来的希望，爱自己的子女是父母的天性。但这种爱不是溺爱，不是放任，而要既包含深情，又十分理智。前苏联谚语说："娇生惯养的儿子会给父亲招来责难。"印度尼西亚谚语也说："娇惯儿女无前程。"父母平时对子女重教育和关爱，让子女通过自身努力在社会上争得一席之地，子女就会产生孝心，长大成人。疏于教育，放松管理，名曰爱之，实则害之，会使子女养成好恶逸劳、好吃懒做的坏习气，最终变得无才无德，难以把握自己的生命之舟。韩非子总结出这样一条教育子女的教训："人之情性莫爱于父母，皆见爱而未必治也。"意思是说，盲目的父母之爱不一定能教育出好子女。因此，要倡导以德立家、以学兴家、以俭持家、以法治家的新风尚，教育子女向上、向好、向善，做一个品德高尚、自食其力、顶天立地的人。

德为立家之要，德厚家才兴旺。在倡导以德立家上，中华民族的传统道德源远流长、博大精深，比较多地涉及到人生、人与人、人与社会等诸多方面的问题。例如，对于人生，强调要自尊自强、艰苦奋斗，这就是《周易》中所说的"天行健，君子以自强不息"；对于生活，要勤俭朴素、不事奢华，“克勤于邦，克俭于家”，做到“富贵不能淫，贫贱不能移”；对待他人，要谦恭有礼、乐于助人，“君子莫乎与人为善”，应当“施舍不倦，求善不厌”；对待老幼，要“老吾老以及人之老，幼吾幼以及人之幼”，“人人亲其亲、长其长，而天下平”；对于社会，要甘于奉献、服务民众，做到“先天下之忧而忧，后天下之乐而乐”；对于国家，要一片丹心、精忠报国，做到“苟利国家生死以，岂因祸福避趋之”，等等。这些传统美德历经数千年的历史发展和实践检验，对于每个人走好人生之路、树立良好家风、取得事业成功，都具有重要意义。

“率俗以身，则不言而化”。良好家风的形成，与父母的模范行为是分不开的。从某种程度上讲，父母的言传身教、做好样子，就是一种无声的动员，一种最有说服力的教育。明代杰出爱国将领和民族英雄戚继光，自幼生长在将门，受到良好家庭教育和军事生活熏陶，很小就抱有忠心保国之志。其父戚景通曾任都指挥使，在 72 岁时卧病不起。一些老部下上门探视，见他住房简陋，又无家产，就关切地对他说：“你没有给妻儿留下一点产业，今后他们的生活怎么过呢?”戚景通摇摇头，并把儿子戚继光叫到床前说：“为父没有给你留下什么财产，只留给你一颗忠贞爱国之心。”后来，戚继光继承父志，在戍边抗倭、平乱安民方面为明朝立下了不朽战功。

家，既是休憩的海滩、调整的驿站，也是学习成才的重要基地。在一个家庭里，好的学风可以铸就好的家风。生活中，许多父母注重以学兴家。有的参加各种学习，增长知识；有的辅导孩子学习，或陪其参加公益活动；有的参加文体活动，增强自身体质；有的探访同事朋友，交流相互感情；还有的走上社会行善事，展现时代新风。但也有的“筑长城”、“摔老K”，通宵达旦；有的沉湎于酒吧、舞池，等等。长此以往，孩子耳濡目染，也就变得不爱学习了。

在美国历史上曾有过这样两个家族：一个是爱德华家族，其始祖爱德华是位满腹经纶的哲学家，他的8代子孙中出了13位大学校长、100多位教授、80多位文学家、20多位议员和一位副总统。另一个家族的始祖叫祖克，是个缺乏文化修养的赌徒和酒鬼，他的8代子孙中有300多名乞丐、7个杀人犯和60多个盗窃犯。引用这两个事例，并非宣扬血统论，而是想从一个侧面来说明学习与治家有着间接的联系。

《人生宝鉴》的作者调查指出，一个人如果活了72岁，他一生的时间大约是这样度过的：睡觉20年，吃饭6年，生病2年，文体活动8年，工作14年，闲暇时间22年。透过这组数字我们可以看到，人的差异就在于如何利用这22年，也就是说怎样开发好这一闲时资源。正如一位学者所说："闲暇时间生产着人才，也生产着懒汉、酒鬼、乃至流氓、罪犯。"

巴甫连柯说："不爱读书、不善学习的民族是没有发展后劲的民族，是没有希望的民族；不读书的家庭，就是精神残缺的家庭。"作为父母，在家里多营造一些书卷之气，少一些迎来送往、追名逐利的俗气，对孩子的成长极为有利。

勤俭与品质的纯洁还有着密切的联系。因为，生活上的朴素节俭绝不是一件无足轻重的小事，它反映出一个人在想什么、追求什么的问题。革命老人徐特立说得好："俭朴生活，不但可以使精神愉快，而且可以培养革命品质。"

原国家副主席荣毅仁，有一句遵循了一生的座右铭："发上等愿，结中等缘，享下等福；择高处立，就平处坐，向宽处行。"荣毅仁何以对这副对联情有独钟？因为这 24 个字蕴含了深刻的人生哲理。纵观上、中、下，横览高、平、宽，居上时想到下，立高时寻找宽。所以无论在多么错综复杂的矛盾面前，他都能够处变不惊，遇危不乱，既能创造一番事业，又能守住一番事业。2000 年 9 月，荣氏的驻港上市公司"中信泰富"就拥有资产 19 亿美元，被美国《福布斯》评为中国 50 名富豪榜第 1 位。如今，"中信泰富"已拥有 500 多亿人民币资产。如果荣毅仁目光不远、胆略不大，没有这种“发上等愿”、“择高处立”的凌云壮志，这一切只能是空想。而且，荣毅仁先生富而不骄，与夫人杨鉴清相濡以沫，一直过着简朴而幸福的生活。由于他家教甚严，后人在他的影响下也事业有成。这一切，都得益于荣毅仁先生坚守“享下等福”、“就平处坐”的人生观。

在当今世界，凡事业成功的人，无不有点《儒林外史》里守财奴严监生的“剔灯芯精神”。日本的松下公司，在世界500家著名企业中排行第12名。但为了节水，总裁松下幸之助却要求在每个办公室的马桶里塞两块砖头。洛克菲勒，美国六十年代头号大款，富可敌国，给孙子零花钱却常以美分计算，而且必须是完成一定家务才“按劳分配”。林则徐有句名言：“子孙若如我，留钱做什么？贤而多财则损其志。子孙不如我，留钱做什么？愚而多财益增其过。”他们如此苛刻地要求家人或部属，看似没有人情味，其实留下的是一种精神，精神财富才是最宝贵的财富。

◎ 大目标与小目标的辩证法

一个人要想赢得人生的成功，尤其对于正处在创业初期的青年人来说，有必要确立一个科学的近期和远景目标，并努力朝着预定目标前进。正如列宁所说："要向大目标走去，就得从小目标开始。实现一个小目标就是向大目标靠近了一步。"世界球王贝利在20多年的足球生涯里，参加过1366场比赛，共踢进1281个球，并创造了一个队员在一场比赛中射进8个球的纪录。他超凡的技艺不仅让成千上万的观众心醉，就连球场上的对手也拍手称绝。他不仅球艺高超，而且谈吐也不凡。当他个人进球记录满一千个时，有人问他："你哪个球踢得最好？"贝利含蓄幽默地笑笑说："下一个。"因为，他每当实现了一个近期目标，决不满足，想到的是下一个近期目标，用下一个目标来激励自己再次取得成功。

一提到创业，不少人的心里就会想到财富、身份和荣耀。然而，这远不是创业的全部。事非经过不知难。创业意味着艰辛、挫折、辛酸与泪水，创业体现出的是一种精神。因为，有着光荣与梦想、艰辛与收获的人生，才是真正充满激情的人生。

心理学家在研究创业活动的过程中发现，一个人事业的成功，除了必须具备智力因素这一基础条件外，非智力因素往往起着重要作用。美国心理学家通过对最成功的150名与最不成功的150名天才人物进行分析后发现，成功者与不成功者之间差别最大的四种品质为：取得最后成功的坚持力；为实现目标不断积累成果的能力；自信和克服自卑的能力；多方面的感情和社会的适应能力。这说明，一个人能否取得事业的成功，固然有知识基础、智力技能、思维方法等智力因素的原因，但更有兴趣、情感、个性和信念等非智力因素的影响，而非智力因素往往是创业最稳定、最持久和最巨大的驱动力。

科学研究也表明，对于一个人来说，创业成就的取得，智力因素只占25%，而非智力因素则占75%。例如，非智力因素中居于主导地位的志向，是创业的重要前提。一个人如果缺乏对事业的抱负，很难想象他会为此付出艰辛的劳动。门捷列夫之所以能够第一个发现元素周期律，就因为他做梦都在想着如何将元素有规律地组合起来。一个胸无大志、安于现状，对事业无所追求的人，是很难干出一番事业的。

要想创业，要确立不甘平凡、勇于进取的志向显得至关重要。“有志者事竟成”，志就是人生目标。“精卫衔微木，将以填沧海；刑天舞干戚，猛志固常在”。志不立，则天下无可成之事。而且，一个人往往追求的目标越高，他的才能和智慧就发展得越快，对社会的贡献也就越大。

只要人们观察一下那些仁人志士的所作所为就会明白，远大的理想既不虚也不空。古今中外，胸无大志者是难以创造辉煌人生的。抗洪抢险英雄战士李大为，他在入党申请书中就写下这样的豪言壮语：“没有追求与期望，人便会碌碌无为；没有信念，就缺少了人生航线上的航标。”正是有了这种志向，李大为在危急关头才有舍生取义的英雄壮举。一个人有无理想，其表现是迥然不同的：对待工作，有理想的人把工作当事业，干一行爱一行钻一行，不讲价钱，甘愿奉献；而无理想的人则混时耗日，得过且过。对待同事，有理想的人谦逊诚恳，乐于助人，胸襟开阔，团结友善；而无理想的人则拉拉扯扯，磕磕碰碰。对待学习，有理想的人如饥似渴，广记博闻，努力吸纳新知识，提高新技能；而无理想的人则浅尝辄止，似是而非，甚至安于愚昧。由此可见，一旦理想转化为一种支配力量，体现为学习上、工作上的成果时，就不是虚的，而是非常实在的。

创业需要有热爱生活和工作的激情。德国哲学家黑格尔说：“假如没有热情，世界上一切伟大的事业都不会成功。”激情，无论是对一个国家、民族的发展，还是对一个单位、某一个人的创业来说，都是排除一切艰难险阻的力量源泉。

二战结束时，一位外国记者在德国柏林的一片废墟上进行采访。他想知道，这个被纳粹党徒引入歧途、几遭毁灭的民族，将如何生存下去？在一所破败的房屋里，一枝插在炮弹壳改做的花瓶中的康乃馨给了他答案：这是一个有希望的民族，因为人民依然热爱美，热爱生活，对于未来充满向往。果然没过多久，德国政府和人民就迅速恢复了经济，重振了国家。

我国改革开放的总设计师邓小平同志一生“三落三起”，但他始终深情地爱着祖国和人民，把自己看作是中国人民的儿子。正是基于这种对党、对人民的忠贞信念和质朴情感，他在被错误打倒和蒙受冤屈时，也从不怨天尤人、心灰意冷，总是不屈不挠、沉着坚韧，愈加激起探索真理的勇气，更加地深入思考中国革命和建设的经验教训及基本规律问题，发愤要有新的更大作为。十年内乱中，邓小平同志重新出来工作，但他不顾个人荣辱，冒着再次被打倒的风险，力挽狂澜，大刀阔斧地进行全面整顿，赢得了党心、军心、民心。

良好的心态是创业的内在驱动力。心态是什么呢？心态就是一个人面对生活所产生的心情以及自己对生活所采取的态度。拿破仑·希尔告诫人们：“我们怎样对待生活，生活就怎样对待我们；我们怎样对待别人，别人就怎样对待我们；一个人刚开始的心态，在很大程度上决定了最后的成败，这比其他因素都重要。”

心态不仅决定一个人的行动，也决定一个人的命运。《穷人与富人只有一步之遥》一书的作者写道，一步之遥在哪里——那就是心态之别。在推销业中，流传着这样一个故事：两个欧洲人到非洲去推销皮鞋，第一个推销员看到非洲人都打赤脚，立刻失望起来："这些人都习惯打赤脚，怎么能买我的鞋呢?"于是沮丧而归。另一个推销员看到非洲人打赤脚，惊喜万分："这些人都没鞋穿，看来皮鞋市场还很大。"于是，想尽办法向非洲人推销皮鞋，最后发了大财。这就是心态导致的天壤之别。

有一颗平常的心，是一个人成熟的标志，也是一个人修养程度的体现。诸葛亮在《诫子书》中主张，"非淡泊无以明志，非宁静无以致远"。淡泊明志，就是不追名逐利。一个人若能在功名利禄面前表现出超然、淡泊的心境，应该说，这是一种难能可贵的成熟。

创业，需要脚踏实地、埋头苦干的作风。《老子》说："合抱之木，生于毫末；九层之台，起于累土；千里之行，始于足下。"意思是说，两手合抱粗的树木，是从很不起眼的小树苗生长起来的；九层高的楼台，是从平地一砖一瓦建筑起来的；上千里的路程必须从迈第一步开始，一步一步走过来。"梅花香自苦寒来，宝剑锋从磨砺出"。一朝分娩，来源于十月怀胎；没有寂寞中的苦斗，哪来硕果累累？人们常说"十年磨一剑"，"板凳要坐十年冷"，说的就是这个道理。诺贝尔奖金获得者、化学家维尔纳说得更直白："真正的雄心壮志几乎全是智慧、辛勤、学习、经验的积累，差一分一毫也达不到目的。至于那些一鸣惊人的专家学者，只是人们觉得他一鸣惊人，其实，他下的功夫和潜在智能，他人事前怎能领会得到。”

人生之路充满艰辛，唯其艰辛才需要奋斗。事实说明，舒舒服服难以好运长久，偷懒取巧干不出一番事业。恽代英说：“创业是艰难的，敢于创业的人，便不应计较艰难。”一个人要想在事业上有所建树，就要脚踏实地学习和工作。那种不思进取、得过且过、消极怠惰、碌碌无为的精神状态和工作姿态，与艰苦创业精神是格格不入的。

“古之立大事者，不惟有超世之才，亦必有坚忍不拔之志。”宋代文学家苏轼告诉人们，无论创业中遇到多大的艰难困苦，都要坚持和忍耐，有百折不挠的韧性。这一点，可以说也是古今中外创业者的共识。办事毫无耐心，急于求成，遇难即退，到头来总是一事无成。所以，哥伦布说：“坚韧之心，是成功的根基。”法国作家巴尔扎克说：“忍耐是支持工作的一种资本。”我国南宋学者朱熹也说：“为学读书，须是耐心。”这些饱含人生经验的至理名言，都讲述了同样的真理：坚韧，是度过艰难处境的支柱，是换取知识的珍宝。在创业的路上，要想扬帆驾舟到达成功彼岸，必须具备坚韧的意志力。

古往今来，能成就一番事业的人，他们自身也许存在这样或那样的缺点，但无不具备持之以恒、锲而不舍的韧劲。他们受挫折不灰心，遇难关不畏惧，面临压力不屈服，不论前进路上多险恶、多复杂，也能咬牙坚持，矢志不渝，一步一步走上成功之路。我国明代著名医师李时珍，进深山尝百草，历时 27 年，终于完成了巨著《本草纲目》；苏联优秀作家奥斯特洛夫斯基，在身体多次受伤引起多种疾病的情况下，克服病痛，忘我写作，用 6 年时间完成了《钢铁是怎样炼成的》这部文学名著。

真正的创业者追求的并不是个人的财富，而是自我实现。从管理学角度看，人生在世，无非是为了生理需要、安全需要、社交需要、尊重需要和自我实现需要。自我实现则是通过自己的努力，实现自己对生活的期望，从而真正感到人生很有意义，是五个需求中最高的一个层次，也是最难实现的一个层次。单纯追求并拥有了财富，可以衣食无忧，可以获得安全保障，可以和名流权贵推杯换盏，但是否就生活得快乐、体会到人生的真谛呢？未必。创业成功拥有了财富者，精神失常的有之，自杀的有之，坐牢的有之……业是创了，但又因此而失去了快乐，得到的是无穷无尽的烦恼；失去了自由，得到的是牢狱中的后半生；失去了自我，不知人生是何物。这样的结局，有悖于创业的初衷，这样的人生也毫无价值。

真正的创业，追求的应该是自我实现，把个人理想和社会责任有机结合的一种实现过程。在成功者看来，创业也许并不难，难的是，在创业过程中同时领悟出人生的真谛。

第十三讲

信念　品格　胜利

信念　品格　胜利

XIN NIAN　PIN GE　SHENG LI

最近热播的电视连续剧《士兵突击》中，主人公许三多从一个憨实懵懂青年成长为一名血性钢铁战士的人生轨迹，给人留下许多思考和启迪。初入军营时，面对他人的冷嘲热讽，他始终沉默无语，在本职岗位上尽心尽力，终于破茧成蝶，成就了一个士兵的辉煌。

许三多成功的力量源泉和精神支撑在于：他有着一种永不服输、永不气馁的坚定信念；他有着一种可贵的品格，认为人活着就是为了做更多有意义的事情，而做有意义的事情是为了更好地活着；他还有着一种对成功的强烈渴望，一种对胜利的执着追求。

任何一个成功者，其人生都需要几个不可或缺的要素，一是无比坚定的信念；二是具备可贵高尚的精神品格；三是对胜利始终充满坚定的信心。

◎ 揭秘尘缘法师的那壶水

信念往往能形成一种超乎人的生理之外的力量。有这样一个寓言故事：在一片茫茫无垠的沙漠上，口渴如焚的尘缘法师和他的几位弟子正负重跋涉。尘缘法师知道，身上带的水早已喝光了，危险正一步一步地向他们逼近。

这时候，尘缘法师从腰间拿出一只水壶。说："这里还有一壶水。但穿越沙漠前，谁也不能喝。"

水壶从弟子们的手里依次传递开来，感觉沉甸甸的，一种充满生机的幸福和喜悦在大家近乎绝望的脸上弥漫开来。终于，他们一步步挣脱了死亡线，顽强地穿越了茫茫沙漠。当他们喜极而泣的时候，突然想到了那壶给予了精神和信念支撑的水。

于是，尘缘法师拧开壶盖，流出的却是满满的一壶沙。尘缘法师对众弟子们说："在沙漠里，干枯的沙子有时候可以是清冽的水，只要你的心里隐藏着清泉的信念。"

这个同"望梅止渴"相类似的故事，告诉人们一个浅显的道理，只要信念在，就有力量存在。信念的力量，有时能够超过物质的力量。比如，尘缘法师本来已经不存在的那壶水，却点燃着人们生存的希望和胜利的追求。

信念是人们精神力量的源泉，是行动的指南和动力，它影响着一个人的成败得失，也左右着一个人的健康幸福。坚定的信念，是一个民族、一个国家、一个政党、一支军队百折不挠、奋勇向前的精神支柱。信念像一座灯塔，照亮人生的航程；像一团火炬，点燃奋斗的激情；像一根脊梁，支撑不倒的灵魂。

信念是完善人生的支柱。罗曼·罗兰说，人生最可怕的敌人就是没有坚定的信念。人生道路总是充满荆棘，难以一帆风顺。但只要有坚定的信念，就总会看到希望，就总会迎来成功的曙光。相反，缺乏信念的人，精神大厦就极有可能坍塌下来，就会失去把握自身命运的力量。因为在这个世界上，如果你自己的信念不倒，就没有人能够使你倒下。

信念是正义人生的号角。古今中外，许多有骨气、有作为的人都是有着坚定信念、并且敢于去抗争、勇于去奋斗的人。屈原把拯救社稷苍生的信念，化作汨罗江边的千古绝唱；岳飞将“精忠报国”的信念，刻成挺立的民族丰碑；鲁迅把信念化作洞察万物的理智，尖锐犀利地揭露黑暗的社会；刘胡兰因为有了坚定的信念，才能面对敌人的铡刀面不改色。他们不朽的人生，源于用坚定的信念去不断地追求生命的极大值。

信念是理想成功的基石。有了崇高的理想，不管经历过怎样的痛楚，经受过多大的打击，只要信念还在，理想的实现就有希望。作家王蒙如果没有经历过“故国八千里，风云三十年”的苦难，他的作品就不会脱颖而出，引人深思。一个人有了坚定的信念，他就会以一种乐观的态度来对待苦难，这对于他的成长发展反而是一种巨大的精神动力和财富。

著名作家丁玲说：“人，只要有一种信念，有所追求，什么艰苦都能忍受，什么环境也都能适应。”爱因斯坦说：“由百折不挠的信念所支持的人的意志，比那些似乎是无敌的物质力量具有更大的威力。”的确，越是在艰苦的环境中，尤其是在过去腥风血雨、充满危险的革命战争年代里，信念越能显示其不朽的魅力。一代代共产党人，在生与死的考验面前威武不屈、前仆后继，就是因为他们有着坚贞不屈、矢志不渝的信念。

我党的坚强战士、杰出教育家徐特立同志，早年曾在长沙师范学校担任毛泽东同志的老师。1927 年大革命失败和“马日事变”发生，使当时的湖南处在白色恐怖中。但就在革命处于低谷、党遭到困难的时候，徐特立却毅然加入了中国共产党，激动地称自己获得了新生，从此对党的信念更加坚定。一次，他在汉口碰到一位老朋友，这位老朋友十分不解地对徐特立说：“现在革命失败了，你还来干什么？给你一点钱，你快走吧！”徐特立生气地回答：“革命成功的时候，多一个人少一个人无所谓，正是因为革命失败了，我们才来干，逃跑算什么！”后来，徐特立积极为党工作，先后参加了南昌起义、二万五千里长征和八年抗战，新中国成立后还积极投身社会主义现代化建设，处处体现了一位革命家的伟大情怀。革命先辈这种咬定青山不放松、坚定信念跟党走、时刻把党装在心里、努力为党的事业勤勉工作的精神，永远值得人们学习。

在帕米尔高原上，有一个叫红旗拉甫的哨所。这里平均日照时间不足 5 个小时，常年积雪，生存条件异常艰苦。所以，人们把这里称为“生命禁区”。但就是在这样一个连氧气都吃不饱的地方，却有一群军人坚定地守护着。在他们中间，有一位中校军官，在哨所一干就是 20 年，直到生命的最后 8 天，他才被抬下哨所与家人团聚。可就是在这 8 天里，他病重得连一句话都说不出，一粒米也吃不下了。但当听到他儿子说：“爸爸，我已经八岁了，还没陪您好好过一次生日，今天让我们给你过一个生日吧！”这名忍受肝病疼痛十年折磨而从不落泪的军官落泪了，他用尽最后的力气在纸上写道：“不要怪爸爸，军人不能战死沙场，也应效力边关！”短短的一句话，胜过万语千言。他的人生正如诗人臧克家这样一句诗所概括的：“有的人死了，他还活着；有的人活着，他已经死了。”他以一名优秀军人崇高坚定的爱国信念，铸就了不朽的灵魂。

“人生如屋，信念是柱；柱折屋塌，柱坚屋固”。一个人只有确立起远大的理想信念，才会站稳脚跟，关键时刻不迷失方向；才会讲奉献、讲操守，耐得住清贫、顶得住诱惑；才能保持高尚的灵魂，正确面对权力、金钱、美色的考验，真正做到“富贵不能淫，贫贱不能移，威武不能屈”。相反，人一旦失去了理想信念，贪欲就会无限膨胀，甚至达到疯狂和不计后果的地步。成克杰、胡长清、陈良宇、李真等贪官的腐败就是最好的例证。胡长清就曾对他儿子讲，你们要出国，因为共产党迟早会不行的。李真也认定社会主义长久不了，“与其一旦江山易手，自己万事皆空，不如权力在握之时及早做经济准备。”正是这种思想深处信念的异变，才使得他们与党离心离德，腐化堕落，最终受到了党纪国法的惩处。

内因是变化的根据，外因是变化的条件。秉持坚定不移的信念，就能够不畏艰险，义无反顾。特别是在新的社会条件下，面对多变的世界和不确定的因素，面对形形色色的诱惑，坚定自己的信念，能够使人们坚持理想和目标不动摇，取得人生的成功。秉持坚定的信念，需要持久的恒心、超常的定力和绵长的韧劲。

俗话说：“心坚石也穿。”历史上，周文王、周武王为了消灭商纣王，父子两代人进行了长达 20 多年的准备，出征的时候，天降暴雨，把将旗都折断了，但这并没有动摇周武王和姜子牙灭商的决心。在牧野与商纣王的大军展开厮杀，终于取得决定性胜利，建立了西周王朝。“水稻之父”袁隆平，50 年痴心不改，扎根乡村和稻田，取得重大成就，获得国家最高科技奖。邓小平同志在落难江西的日子里，抱着“我还可以为党工作 10 年”的信念，不停地思考着国家建设和发展的大计，所以才有了复出后改革开放的大思路、大手笔。“恒心征服一切”。这些生动的事例都充分说明，矢志不移、勇往直前的恒心，是人们实现理想、成就事业的关键。

“定力”一词来源于宗教。佛教徒修持要盘腿打坐，有时候还要闭关，为的是保持定力。人们做任何一件事，也必须集中思想，专注于它。孔子沉醉于音乐，“三月不知肉味”。邓亚萍说：“我和外国选手打球时，就只有一个念头，打败对方。”爱因斯坦全身心地思考问题，不知不觉从寝室走到了街上，脚上穿着拖鞋，身上披着睡衣，不小心撞倒了一个小女孩，小女孩还把他当成了从神话故事里走出来的人物。

秉持恒定信念，还要有韧劲。人的一生不可能一帆风顺，总会遇到一些坎坎坷坷、风风雨雨，但任何时候都不能自乱阵脚、自毁长城。要始终保持坚忍不拔的精神和毅力，坚信阳光总在风雨后、美景就在山那边。马克思主义哲学有一个重要原理，认为事物是运动的、发展的、变化的，是波浪式前进、螺旋式上升的。无论顺境或逆境，无论富有或贫穷，无论健康或疾病，都要尊重这个现实，坚守自己的理想，不能动摇退却。

古罗马皇帝马可·奥勒留在《沉思录》中写道："当一个人身处逆境，一方面能足够顽强地承受，另一方面又能保持清醒的品质。这是一个拥有完善的、不可战胜的灵魂的人的标志。"英国首相丘吉尔在一次演讲中谈到自己成功的经验时说："有三条，第一条，要坚持；第二条，一定要坚持；第三条，一定一定要坚持！"

据解密档案记载：二战时期，关在纳粹奥斯维辛集中营里能够活下来的人不到5%。其中有一位叫弗兰克尔的精神病专家，曾几次险遭毒气屠杀，最后奇迹般地活了下来，而且坚持在集中营里观察、研究看守和在押者的行为，撰写了《夜与雾》一书。促使他顽强活下来的原因，就是因为自己"要做的事情还没有做完"。天津市肿瘤医院对近万名患者临床调查表明，约有20%的病人属于非正常死亡，是被癌症吓死的。而那些自我心理调节好的则大都活了下来。这就是生活的定律：你强它弱，你弱它强，看谁能坚持到最后，谁就是胜利者。

◎ 修身重在修人品

品格指人的品性和品行，能够反映出一个人的思想觉悟、道德情操、工作能力所达到的水准。它往往通过人际交往、工作态度、社会活动等具体的活动表现出来，同时又以感性的形式作用于外部世界，影响周围的人和环境。品格对人生至关重要。人们常说，品格决定命运，品格成就人生；智力不合格只是次品，但品格不合格则是危险品。这些都精辟概括了品格与人生的关系。

品格是人生的桂冠和荣耀，它是人生最宝贵的财富。人以德立，良好的道德品质是一个人的立身之本。人才本身就是德和才的有机统一。在我国古代，对人才品格的要求除了智、仁、勇“三德”外，还提出了忠、孝、义、诚、信、谦、宽、和、廉、勤等品格。我国古代学者司马光认为：“才者，德之资也；德者，才之帅也。”说明了德不只是人才构成的基本内容，也是人才成长的导向和统帅。在西方社会里，则把智慧、勇敢、节制、公正等作为基本的道德品格。法国文学家罗曼·罗兰更明确地指出：“没有伟大的品格，就没有伟大的人，甚至没有伟大的艺术家、伟大的行动者。”纵观历史上那些对人类文明发展作出贡献的英雄伟人或名师大家，尽管他们的经历各不相同，事业的成就大小不一，但他们无不具有高尚的品格。因为，人才成长的道路艰难曲折，没有相应的品格作保证，是难以达到那光辉的顶峰的。

高尚的品格，能提高人们的社会责任感。历史上许多进步思想家、社会活动家之所以能够做到倾其家产，冒着生命危险去干为大多数人谋利益的事业，就是因为他们心中有一种崇高的道德理想和强烈的道德责任感。三国时期杰出的政治家诸葛亮，热情倡导人们要“立大志”、“修人品”，强调“恢弘志士之气”，力戒“碌碌滞于俗，默默束于情，永窜伏于凡庸”，玩物丧志，无所作为。他自己正是以这样的态度和道德标准来要求自己，尽心辅佐刘备，鞠躬尽瘁，死而后已，在后人心中留下了美好的道德形象。鲁迅先生以“横眉冷对千夫指，俯首甘为孺子牛”的道德精神自励，在黑暗的旧社会里以纸笔作刀枪，履行自己针砭时弊、伸张正义的社会责任。周恩来总理以“为人民服务”、“活到老、学到老、改造思想到老”的道德标准要求自己，恪尽职守，兢兢业业。他们在世人面前立下了永不磨灭的道德丰碑，始终为后人所敬仰。

高尚的品格，能引导人们走上正确的人生道路。毛泽东同志还在湖南第一师范读书时，就提出一个人应当“立一理想，此后一言一行皆契合此理想”，并把“以天下为己任”、“牺牲个人以利社会”作为自己的人生目的和道德理想，激励自己探索救国救民的道路。许多像毛泽东那样的无产阶级革命家，如朱德、贺龙、陈毅、彭德怀、叶剑英等，面对当时严酷的社会现实，严肃地思考着人生的目的和道路，冲破旧的封建道德观念的束缚，热切追求进步的道德理想。一旦形成稳定的认识，他们内心就产生了一种强烈的道德责任感，从而不惜放弃原来的生活方式和优越条件，甘愿冒着生命危险，坚定地走上为共产主义奋斗的道路。

在日常生活中，人们判断一个人，更多的是依据他的品格而不是知识，更多的是依据他的心地而不是他的智力，更多的是依据他的自制力、耐心和纪律性而不是他的才气。

事实上，大多数人的生活圈子非常狭小，他们很少有机会出人头地，成为伟人。但是，每一个人都可以正直诚实、光明磊落地做好本职工作，最大限度地发挥自己的能力。当每个人在自己平凡的生活中尽心尽责的时候，他最高尚的品格也就体现了出来。海恩·泽曼说："当你周围的人们通过种种欺诈的手段和不诚实的行为而暴富起来的时候，当其他人摇尾乞怜，一心向上爬的时候，你要保持自己的尊严和清白，不要同流合污；当有的人靠溜须拍马换来一个又一个成功的时候，你要擅于保持内心的宁静，不要因他人的这些成就而痛苦。"

品格与人格紧密相连。在人们看来，一个人的人格结构、人格特点，最主要的还在于他的内在的品质，包括个人能力、勤奋善良、胸怀气度、对待名利的态度，等等。而在西方人眼里，看一个人更多的是看他外在的表现。也就是说，中国人是要追究你内心在想什么，而西方人首先想到的是你外在的表现是什么。

具有高尚品格的人，他对职责的尊重高于对声誉的考虑；对良心的尊重高于对世俗荣誉的追求；他在尊崇别人人格的同时，保持自己的个性和独立；他是为情所动，而不是为了讨人欢心；他珍视荣誉，蔑视耻辱；出于为别人考虑，他擅于控制并且给人情面。

古人说："知耻品自高。""不耻，则无所不为。"意思是说，知道羞耻品德自然会高尚，不知羞耻就什么坏事都会做。现实中，有的人对社会上的一些歪风邪气见怪不怪，有的人伸手要官要功脸不红心不跳，有的人争待遇捞好处挖空心思，有的人为了达到个人目的不择手段，干出了许多不知耻、不害羞的事情。

为什么本应羞于启齿、感到脸红的事，有些人却见怪不怪、不以为耻呢？原因是多方面的，主要还是自身品位不高、品德低下。明朝洪自诚在《菜根谭》里讲："清能有容，仁能善断。"意思是说，清廉就能有容人的雅量，仁德就会明断是非。如果自己的心灵遭到腐蚀，是非颠倒、荣辱不分的事是难以避免的。分析一些人之所以荣辱不分，内因是主要的。有的是自私心理在作祟，信奉"人不为己、天诛地灭"，"有权不用、过期作废"，认为不捞白不捞，甚至把廉洁自律视为愚蠢行为。有的是困惑心理所造成，分不清是非界限，最后稀里糊涂地干了应该脸红的事情。有的是从众心理在使然，认为社会大环境就是这样，别人行我也行，于是耻与不耻就顾不得了。

羞耻心是一个人的立身之本，是其品格建立的基础。《诗经·相鼠》里说："相鼠有皮，人而无仪；人而无仪，不死何为?"那些为非作歹之徒，就是因为丧失了起码的羞耻心。

品格问题，说到底就是做什么样的人与怎样做人的问题，它包含了智慧力量、道德力量、意志力量等三种要素。

周恩来总理的品格是有口皆碑的。进城以后，周总理一直住在中南海西花厅的老式旧平房里，房子已年久失修。1959 年，有关部门趁他离京视察，对房子进行了修缮，标准超过了原定的一般维修，添置了一些新的办公和生活用具。周总理回来发现后，立即退了出来，要求把地毯、沙发等东西搬出去，否则他不进屋。事后，他对身边的同志语重心长地说："你们跟我这么多年，对我的性格还不了解吗？我身为总理，带一个好头，影响一大片；带一个坏头，也影响一大片。所以，我必须严格要求自己。"正因为有着高尚的品格，周总理赢得了人民的尊敬、朋友的尊敬，甚至还赢得了敌人的尊敬。

高尚的品格是有力量的。它不是缜密的理论阐述，但能够帮助人们接受科学的理论；不是激动人心的理想教育，但能够帮助人们树立正确的理想；不是壁垒分明的激烈论辩，但能够帮助人们作出自己的选择；不是这样那样的物质帮助，但能够给人以巨大的精神鼓舞。战争年代，共产党员的一声“跟我来”，激励了多少人冲锋陷阵！建设时期，雷锋、焦裕禄、孔繁森等人的形象，激励了多少人去爱国奉献！人们崇尚真理、崇尚科学，同样也尊崇高尚的人格。高尚的品格是理想的代表、社会的灵魂，也是一切正义、公正、崇高的化身。人们的思想活动、情感变化，既受抽象的逻辑思维的支配，也受实实在在的人物形象的感染。从某种高尚的品格中，人们能体验出无数难以用语言表达的道理，也能激发出潜藏于内心深层的真挚情感。

其实，品格的力量不需要用语言来表达，但其作用并不亚于任何语言。品格高尚，就能在人民群众中享有威望，号召力就强。反之，如果品格低下，不管你嘴上说得多好，人们都会嗤之以鼻，不仅达不到教育、引导群众的目的，反而会损害党的形象。

俗话讲：“玉不琢，不成器。”高尚的品格不是与生俱来的，而要靠每个人在长期的道德修养实践中历练出来的，是从日常一点一滴的小事中逐步培养起来的。

高尚品格的形成，离不开科学理论的指导，是在学习中升华的。从查处的一些违法违纪案例来看，有些人之所以栽了跟头，一个共同的原因就是他们放松或者放弃了学习改造。有一位哲学导师给他的学生们出了一道作业题：如何除掉一片旷野上的杂草。学生们提出要用铲子铲，用火烧，用石灰水浇，翻地挖草根。老师对此都不认可，就让学生一年以后再来找答案。一年后，学生们看到的是一片绿油油的庄稼。老师说："要想除掉旷野上的杂草，最好的办法是在上面种上庄稼。"这个故事启示人们，要想培养自己高尚的品格，就要自觉地加强学习，改造思想，让健康有益的东西占满我们的心田，让道德行为的"杂草"失去生存的空间。

勇于自我解剖是培育高尚品格的重要途径。"金无足赤，人无完人"。对自己的缺点错误，要像人要天天洗脸，房子要天天打扫一样，经常反省，勇于改正。老一辈革命家谢觉哉同志常讲，自己要经常给自己"打官司"，自己当"被告"，自己当"律师"，自己当"法官"，这样才能随时随地检查反省自己的思想和言行。这里讲的"律师"，就是我们头脑中的道德原则和规范；"被告"，是指不符合这些原则和要求的思想行为；而“法官”就是人们自己。陈毅同志也曾在一首诗中写道：“中夜尝自省，悔愧难自文。还是鼓勇气，改正再前行。灵魂在深处，自掘才可能。”这既是陈毅同志高尚人格的写照，也表明了他达到这种境界的道德修养途径。

楷模的示范激励也是培育高尚品格所不可缺少的。明代政治家于谦写过一首《石灰吟》，他以石灰自喻，表达自己要经过千锤百炼达到“清白”的道德境界。古今中外许多重视道德修养的贤者，有的用“松”、“竹”、“梅”的风格来比喻一种道德精神以自励；有的用“蚕”、“鹰”、“牛”比作一种道德形象以共勉。因此，每一个人也要在自己心目中树立起一个或多个值得追求和效仿的道德形象，学习他们的先进思想，并从中领悟做人的真谛。

◎ 成功不是坐等来的

《现代汉语词典》对“胜利”的解释为：在斗争或竞赛中打败对方（与“失败”相对）；工作、事业达到了预定目的。《孙子兵法》在阐述“胜败”关系时指出，除了胜利和失败外，还有不败。不败的精神追求是永远的胜利。正如竞技场上冠军只有一个，而那些付出了艰辛和汗水的运动员，虽然没有夺得冠军，但他们依然是胜利者。

生命的尊荣在于生生不息。胜利的真正含义，就是不断进取、不懈努力。站在领奖台上的竞技冠军落下眼泪，那是因为以往的艰苦训练在比赛场上得到了检验和证明；重返地球的航天英雄手捧鲜花笑对欢迎的人们，那是因为过去的流血流汗得到了最好的回报。当自己的努力得到证明，一步步靠近自己的目标，每前进一步都是成功，都是胜利的前兆。美国著名的自行车手阿姆斯特朗曾经是一个孱弱的癌症患者，当死神一步步走近时，他并没有选择悲伤，也没有及时行乐，他选择了用自行车来证明自己。当他两次摘取环球自行车赛桂冠时，全世界喝彩的是他对生命的勇气，是他对成功的渴望。

说到胜利，这自然是荣耀的，而失败则总是痛苦的。然而，现实的情况却是，胜利不会永远属于一方、一个人，失败的事情总是会有的。能够正确对待挫折和失败的人，与胜利相逢的可能性总比不能正确对待挫折和失败的人要大得多。从某种意义上，痛苦往往不失为一种镇静剂和强心剂。失败对人的震撼和激励作用通常要比胜利强烈得多。

清朝光绪年间，曾出使过英、法、意、比等国的外交官薛福成，在巴黎油画院见到一幅法国画家绘制的《普法交战图》，描述了 1870 年至 1871 年间法军败给普鲁士军队的情景：画面上巨弹坠地，火光迸裂，烟焰弥漫，被击中的法国兵，折臂断足，血流遍地，令人目不忍睹。法国人何以“自绘败状”并宣示于人呢？薛福成在日记中道破了其中目的：“所以昭炯戒，激众愤，图报复也。”

无独有偶，前些年，中国乒乓球队训练馆大厅里曾赫然挂出一幅油画，这是一位瑞典画家所作。在雄伟的长城脚下，一张墨绿色球台，有三名金发碧眼的运动员正挥拍击球。雪白的小球闪着光，带着电，在长城爆开了一截，硝烟中，有两块中国的传统直拍被“炸”飞。正在为迎接大赛而潜心苦练的我乒乓健儿目睹此画，心里很不是滋味，受到极大地震动。

老子说得好：“抗兵相加，哀者胜也。”自绘败状和自挂耻图，其实是一种深刻的自我反思，是为了经常用痛苦的回忆激励自己奋发图强，报仇雪耻。这种“尝胆”精神是图强求胜所必需的。

前事不忘，后事之师。国弱民穷注定要挨打，麻痹轻信只会上当受骗。如果人们能够经常这样回顾历史，明耻不忘，那么历史的耻辱就会因此而变成一种动力。

一个有作为的成功者所从事的事业，往往是开创性的事业。在事业的征途上，困难、压力、竞争与事业同在。

面对这一切考验，必须勇往直前，以不达目的誓不罢休的坚韧气概，克服困难，藐视压力，战胜对手，独占鳌头。只有勇于克服困难在前，才有必获胜利欢乐在后。

沧海横流，方显出英雄本色。只有在失败中奋起，在挫折中前进者，才是真正的意志坚强者。生活并不总是一帆风顺的，不可避免地要经历挫折失败。正是因为失败，才使人们努力考虑如何摆脱失败；正是因为挫折，才使人们不断准备新的奋斗，从而逐渐地成长起来、成熟起来。所以，失败永远是使人们奋发的跳板。这些能够正确对待失败并能继续前进的人，才是真正的意志坚强者。

有人说过："所谓经验，是人们给自己的错误取的别名，屡败屡战才使人成为经验丰富的人。"有过失败经历的人，由于受到身处逆境的锻炼，会比那些顺利者更能经得起突如其来的挫折。这就是所谓"厄运所生的德性是坚忍"的道理。所以，意志坚强的人，即使他处于困境时也能泰然自若。

翻开卷帙浩繁的史册，便不难发现，胜利与风险常常是成正比的。那些光耀战史、启人深思的战例，无一不是军事家大胆冒险才取得的辉煌。

麦克阿瑟实施仁川登陆，苏联红军攻打柏林时夜间开启探照灯，诸如此类以风险换胜利的战例不胜枚举。风险中往往隐藏着出奇制胜的契机。战争这道难题，通常存在满意解和最优解。步步求稳，稳中取胜，按照正常的思维和逻辑习惯，只能获得意料之中的满意解。相反，大胆、科学的决策，则有可能获得期望的最优解。德国思想家、诗人歌德在一首诗中这样写道：“无论你能做什么，主动去做莫迟疑，胆大出才干，出力量，自有不可思议的魔力！”唯物辩证法也告诉人们，险与不险是相对的，一方认为危险的时间、地点，另一方往往觉得万无一失，从而麻痹大意；一方认为危险不大的时间地点，另一方往往担心忧虑、防御严密。所以，战场上的指挥员只有敢于合理冒险，才能出其不意、攻其不备。

当然，提倡培养“风险”意识，并不是倡导那种毫无准备、毫无把握地蛮干，而是要周密细致地观察、科学地分析，再寻找适当的时机，在看似冒险实则利大于弊的行动中获得更大的效益。

人生在世，难免会遇到艰难曲折，面临风险与挑战。在风险与挑战面前，如果畏缩不前，优柔寡断，势必产生更多的问题，导致更大的风险，甚至遭受灭顶之灾。司马迁说得好：“当断不断，反受其乱。”一个遇事畏缩、犹豫、无法决断的人，很难想象他能成就一番事业。而善于果断决策的人，往往不回避风险，并寻找和抓住契机化险为夷，因而能够取得胜利。

要想成就胜利人生，必须善于抓住机遇，勇于扼住命运的咽喉。机遇，俗称“运气”，它是人生中最富有魅力的字眼之一。在人生之旅中，人人都企盼幸运之神能降临到自己身上，个个都希望好运气能时时光顾自己，而人们在取得成功以后，也往往喜欢将自己的胜利归功为“运气好”、“点子高”、“时来运转”，等等。其实，这些想法都是错误的。

机遇，似乎是与偶然连接在一起的，是与人们生活中某些不可捉摸的契机相关联的。因此，中外哲人往往会在机遇面前发出太多的感叹。譬如：姜太公一生潦倒，百业不顺，倘若没有遇到赏识他的文王，岂不是一位垂老终死于渭河畔的渔翁？又如：如果威灵顿公爵的援军不是碰巧赶到了战场，而拿破仑的伏兵因大雾迷失了方向，也许，滑铁卢之役的结局将是另一种情形。历史的机遇，使多少伟人功成名就，又使多少英杰功亏一篑。

唯物辩证法认为，偶然中孕育着必然。凡是机遇降临的地方，其背后总是隐藏必然性；凡机遇起作用的时候，它始终受着内部必然性的支配。华罗庚说：“科学的灵感，决不是坐等可以等来的。如果说，科学上的发现有什么偶然的机遇的话，那么这种‘偶然的机遇’只能给那些学有素养的人，给那些善于独立思考的人，给那些具有锲而不舍的精神的人，而不会给懒汉。”可见，对事物发展起决定作用的，还是人本身。

事实也正是如此。有的人之所以能够抓住机遇，因为他事先已经作好了充分准备，因而能够因势利导，实现人生的价值。而有的人却听凭命运的摆布，机遇未曾降临时，总是抱怨命运不公，无所作为。一旦机遇降临，他们才开始惊惶失措，毫无准备，只得让机遇擦身而过。说到底，机遇并不能直接造福于人们，只不过是为人们提供了发展的材料和种子。有了机遇并不一定就能保证达到成功的彼岸，它还需要不懈的努力，需要勤勉，需要才华，需要谋略，需要德行，需要将这一切与机遇搅拌在一起共同使用。从这个意义上说，机遇又是由自己发掘并利用的。

机遇对每个人来说，都是平等的。不少成功者在反思总结时，都会发现一个共同的规律，那就是：能登上一级又一级成功的阶梯，正是一次又一次及时抓住机遇的结果。永远自强不息地追求，这就是创造机遇、获取机遇、把握机遇的不二法门。

胜利不是人们追求的终点，只是拼搏进取的起点。胜利的真正含义在于对下一个目标的挑战。行动胜于言辞，成功始于脚下。纵观许多人的一生，或许并没有什么崇高可言，但恰恰就是在平凡的生活中，坚定的信念、崇高的品格才具有久远的魅力，才能赢得人生的胜利。因为，信念、品格、胜利始终是人们头顶天空中最灿烂的星座，是需要触摸和抵达的永不熄灭的精神沸点。

第十四讲

官德　忠诚　清廉

官德　忠诚　清廉

GUAN DE　ZHONG CHENG　QING LIAN

为官以何为本？以德为本。中华民族历来把德作为伦理大事、作为一条金规则来遵循，一贯倡导为官要修德。古人云："为官之道，德在其首。""德厚则威高。"它启示人们：做官有官德，方能有政绩；德兴业兴，德败业败。一个忠诚事业、清正廉洁的为官者，他的官德是高尚的。从这个意义上说，忠诚与清廉是为政者官德优劣的分水岭。

实践经验表明，官德乃从政之本，为官之魂。官德、忠诚、清廉问题，反映的不仅仅是一个为官从政者的修养学识，更是其世界观、人生观、事业观、政绩观的全面折射，关乎党的事业成败和个人的发展进步。

◎“自诛阵”前莫乱心

清代李汝珍在《镜花缘》中记载了这样一个“自诛阵”的故事：说所谓自诛阵者，就是到了战场上，布阵时不用一兵一卒，只须把“贝、才、刀、巴、水、酉”（即财、色、酒）布置阵中即可，凡进入此阵者，如果头脑不清、心猿意马，见财即贪、见色即迷、见酒即醉，就会在尽情享乐中自取灭亡。

历史上未必真有这样的故事，这是李汝珍依据许多人生类似故事总结出来的警世典故。所谓自诛阵，意在说明人如果“一念之欲不能制，就会踏进地狱门”。这就是“自诛阵”带给我们的启示。

在人生道路上，时时处处都会遇到自诛阵，特别掌握了大小一点权力的为官者，面对这种自诛阵的机会更多。自诛阵，也是人生的岔道口，保持一番清醒，就可能突出重围，奔向胜利的前方。心猿意马、乱了方寸者，就可能折戟沉沙，从此误入歧途，成为阵中败将。

史书上，劝导人们莫做这种败将的故事很多。旧唐史中就记载了这样一个耐人寻味的故事：有个穿戴官服的人，背着沉甸甸的银子去寺院跪拜求佛，祈求佛祖保佑他天天平安、官运亨通。他放下银子问住持：“你看我身上什么东西最沉重、最珍贵?”住持打量一番，闭目回答：“你头上的官帽最沉重，如磐石压顶，让你天天颈项难直，卸掉它如释重负；官德人品最珍贵，胜过满屋黄金，失去它就缺少人格和尊严。”

这一番话，使得这位为官者思索良久方才醒悟：人生最珍重的不是金银财宝，也不是亨通官运，而是人品官德。

史书上还有许多故事，既叙述那些自诛阵前的英雄，也记载自诛阵前的败将。历史如一面镜子，为我们提供了一个又一个识古鉴今的例证。

公元前539年，齐景公觉得相国晏婴住的地方距闹市太近，房子陈旧简陋，嘈杂干扰很不安静。于是，趁晏婴出使晋国之机，齐景公给他换了新房子。晏婴回来后又搬到原来的旧屋。他感慨地对齐景公说：“身居豪华之屋，会淡忘节俭之念，滋生享乐之欲。”这个故事流传至今，关键是德的影响深远，成为为官佳话。

那么，何谓官德？官德是从政为官者应具有的政治态度、道德品质和思想作风。我国是一个具有德治传统的国家，官德建设作为道德建设的一个重要组成部分，始终受到重视和强调。众所周知，儒家不仅注重人的道德修养，也十分注重官德政绩，并对官吏道德作了精辟的总结，认为：一要民为国本，执政为民；二要修身立德，正己正人；三要勤政为民，尽心竭力；四要清正廉明，秉公执政；五要笃行官德，真做清官。这一官德论，是儒家政治伦理的核心，也是其正心、修身、齐家、治国、平天下思想的体现。

“中兴之臣”、“千古完人”的曾国藩，结合自己一生的成功实践，把“修身、治人之道”总结为“勤、大、谦”三个字。他说：“勤若文王之不遑；大若舜、禹之不与；谦若汉文之不胜。而‘勤、谦’二字，尤为彻始彻终，须臾不可离之道。勤所以儆惰也，谦所以儆傲也。勤能且谦，则大字在其中矣。千古之圣贤豪杰，即奸雄欲有立于世者，不外一‘勤’字；千古有道自得之士，不外一‘谦’字。”要修己正身，为政治人，关键是“勤而不惰”，“谦而不傲”，“大而不与”。如此守道勤政，则会尽心竭力，管理好政务。

在我国的历朝历代，要想做一名清官廉吏，都必须具备良好的“官德”。即使在封建社会，开明的君主提拔、任用官员时，都注重对官员的官德考量。而古往今来，受儒家思想的影响，凡立志做廉吏者，“不患无位，而患德之不修也”，“不患位之不尊，而患德之不崇”，十分注重“官德”修养。如东汉杨震的“四知”论，宋代子罕的“不贪为宝”，于谦的“两袖清风朝天去，免得闾阎话短长”，文天祥的“人生自古谁无死，留取丹心照汗青”，包拯、海瑞的正直为民、一身正气等，至今还闪耀着官德的光辉。

历史上也有一些臭名昭著的人物，如李林甫、秦桧等都盛极一时，他们也并非无才无能，但由于品德低下、丧失气节，而被后人所不齿。“青山有幸埋忠骨，白铁无辜铸佞臣”。这是刻在杭州西湖边岳飞庙廊柱上的一副楹联。它记载的是：南宋奸臣秦桧以“莫须有”的罪名害死岳飞，被历代百姓所痛恨。后来人们在岳坟前，用铁铸成了秦桧夫妇、张俊、万俟卨等 4 个奸贼的跪像，任人咒骂、踢打、吐口水。“人从宋后少名桧，我到坟前愧姓秦”。直到清朝乾隆年间，在朝为官的秦桧后人秦涧泉回杭州省亲游西湖看到岳飞墓时，还深有感触地说了这两句话。

历史如一面镜子。面对古代清官廉吏或贪官奸臣，每一个为官者都应当对照自省自警，做到近“贤”远“奸”，向善向好，做人民的公仆。

古语说：“士有百行，以德为首。”为官从政者，手中都有或大或小的权力，一定要讲道德，有道德。这不仅是为官之德，也是立身之本。那么，什么是共产党人应该具备的“官德”呢？

胡锦涛总书记一再强调的“为民、务实、清廉”，就是共产党人最大的“官德”。“为民”，是“官德”的核心。心里想着人民，心中装着人民，是为官者最起码的道德要求。为民，就要做到权为民所用，情为民所系，利为民所谋。“务实”，是“官德”的基础。陈云同志曾说过，共产党人要不惟书、不惟上、只惟实。务实，必须一切从实际出发，尊重客观事实，如实反映情况，不隐瞒或歪曲事实真相；必须坚持真理、坚持原则，说实话、办实事、求实效。“清廉”，是“官德”的内在要求。马克思曾说：“不可收买是最崇高的政治道德。”为官者就要清清白白做官，堂堂正正做人，一身正气，两袖清风。

“心无尘埃抵狂澜，品高自能挡诱惑”。为官从政者具备了良好的道德品格，就会有光彩和魅力。否则，即使拥有的东西再多，也会黯然失色。领导科学也表明，为官者的权威只有30%来自职务赋予的权力，70%依靠道德人格力量。如果他有良好的道德操守和人格力量，就能不令也行，做到影响一片，带动一方。那么，为官者怎样才能坚守官德呢？

坚守官德，就要为官如水。上善若水，水善利万物而不争。当官，就要看名利淡如水。这是做人当官的最高境界。现实中有的人，当官不是为人民服务，而是为名为利，为钱财为享受，这样的官德能高到哪去呢？我们常说，名利乃身外之物，生不带来，死不带去，家有黄金万两，每日不过三餐；纵有大厦千座，每晚睡觉只占一间。为官做事，若能学水的清澈本性和“利万物而不争”的崇高品格，则不仅精神位于高处，人生也将进入开阔之地。

一位老干部离休时，总结自己几十年人生经历，说了四句话，至今使人难以忘怀。他说，当官，一要经常到烈士陵园去看看，想想革命胜利来之不易，就会格外珍惜今天的幸福生活；二要经常到贫困山区去看看，想想还有不少人温饱问题尚未解决，就会知足常乐、心态平衡；三要经常到监狱去看看，想想那些罪犯可悲的下场，就会遏制住不断萌发的贪婪欲望；四要经常到殡仪馆去看看，想想人生总是赤裸裸地来、光溜溜地走，就会保持一颗平常心，不为功名利禄所累。这席话很值得每一位为官从政者好好思考和回味。

坚守官德，就要为官如海。俗话说，“将军额头能跑马，宰相肚里能撑船”。海之所以广阔，是因为能容纳百川。人的心胸如果能像大海一样宽广，就会志存高远，大展鸿图。

唐朝狄仁杰入朝为相是经娄师德秘密举荐的，可后来，狄仁杰不但轻视娄师德，而且想方设法排挤他。娄师德看在眼里并不气恼，但武则天察觉到了这个情况。一天，武则天问狄仁杰：“师德贤乎？”回答说：“这个人做将领时比较谨慎，是否贤能，臣就不知道了。”武则天又问：“师德知人乎？”回答说：“臣没有听说他知人。”武则天说：“朕重用你，实际上是师德举荐的，可以称得上是知人了。”狄仁杰羞愧而退，感叹地说：“师公盛德。”

敬爱的周恩来总理的“六有六无”，最能体现他博大的胸襟。“六无”就是死不留灰、生而无后、官而不显、党而不私、劳而无怨、去不留言；“六有”就是有大智、有大勇、有大才、有大爱、有大德、有大貌。

他们这种比海还宽广的胸怀，值得为官者终身学习、不懈追求。常言道，“予人玫瑰，手留余香”。为人为官，既要容人之长，也要容人之短；既要容人之功，还要容人之过。容人之长，要有“萧何月下追韩信，徐庶走马推诸葛”的肚量；容人之短，要有“瑕不掩瑜”、“人之不及，可以情恕”的见解；容人之功，要有“淡薄名利、甘为人梯”的气度；容人之过，要有“以律人之心律己、以恕己之心恕人”的胸怀。

坚守官德，就要为官如秤。心中一杆秤，就看公不公。怎么用权，是对为官者人品官德的检验。每一个为官者不仅要经常想一想权力是怎么来的、该为谁所用这个重要问题，更要经常想一想少数人的权力是怎样丢的。权力是把双刃剑。用好了就能为民造福、利家利己，滥用它就会丢官失权、毁家毁己，甚至身败名裂。孰轻孰重，要常用这杆秤来掂量掂量。

北宋抗辽名相、爱国主义政治家寇准，为官清正廉洁，在民众中享誉崇高，甚至连辽邦也深为敬佩。寇准在几十年的宦海生涯中，官位升到执掌国家大权的宰相，却没有为自己建造一所私宅府第。当时处士魏野赠诗说：“有官居鼎鼐，无地起楼台。”即见他不贪不欲，怜惜民财的品质。这首诗传到契丹，契丹人景仰万分。寇准晚年被贬广东雷州。一次北使到宋都汴京，看着一个个执政大臣，问引路人：“谁是‘无地起楼台’的宰相。”当时的朝廷官宦们都羞愧得面面相觑，无人回答。寇准廉洁清正的官德，在华夏官史上树立了一个楷模，一直受到人们的崇敬。

60多年前，毛泽东同志早就告诫全党：“我们的同志是不曾被拿枪的敌人所征服的，这一点已经被历史证明了，但却经不起用糖衣裹着的炮弹的攻击，在糖弹面前常常要打败仗。”这个“糖衣裹着的炮弹”，就是历史向每一个人特别是为官从政者摆下的“自诛阵”。历史上被糖衣炮弹击中的落马者，已经为世人提供了无数个前车之鉴。特别是在今天市场经济条件下，历史向世人摆下的“自诛阵”更加诡奇多姿，更加充满诱惑。五光十色、灯红酒绿，在考验着每一个为官者的道德世界。在今天这样一个“乱花渐欲迷人眼”的世界诱惑中，做一个身陷“阵”中而阵脚不乱的清醒者，就需要坚守好“官德”这个为官的底线。这需要毅力，需要勇气，更需要修养和历练。

◎ 忠魂是用热血和生命铸就的

一个优秀的领导者，最重要的品格是忠诚。忠诚是优秀的美德，是高尚的品格。偏离了忠诚，就谈不上有道德、有情操、有气节和有修养。

那么，何为忠？“忠”，《说文解字》解释为：“忠，敬也。尽心曰忠。”《辞海》对“忠”有两个解释，一指忠诚，尽心竭力。如：忠于党、忠于祖国、忠于人民。二特指忠君。如：忠臣，忠良。当然，中国古汉语的忠，也包含另外一层意思，那就是失去正确理想和信仰的引导，舍身家性命为一个没落的王朝及封建政权效忠，这叫“愚忠”，与此处要讲的“忠”南辕北辙。

中国古代所谓的“公忠”，也就是现代人们称谓的“忠诚”，这不仅是当官之要，也是做人之本。“以公灭私”、“临患不忘国”、“尽忠报国”等规范要求，是中华民族代代相传的“公忠”精神，已经成为民族精神的根基。

忠是做人为官之基。一个不“忠”的人，是干不了大事的，也是不能让他干大事的。一个人对父母不忠、对家庭不忠、对朋友不忠、对亲人不忠，就不是一个人格健全的人；一个为官从政者对组织、对国家、对人民不忠，就不是一个合格的官。

“忠诚”二字看似简单，却撑起了中华民族不朽的脊梁。没有忠诚，就没有真正的信仰，也不可能做到真正的忠诚。自古官场敬忠臣、骂奸臣。岳飞在背上刺下“精忠报国”，让金军发出了“撼山易，撼岳家军难”的哀叹；林则徐“苟利国家生死以，岂因祸福避趋之”，成为民族英雄。电影《红岩》中的许云峰、江姐等为代表的真正共产党人对党忠诚，他们勇抗暴力，坚贞不屈，英勇就义！在生死关头，敌人甚至以“许先生再也看不到自己的胜利”相威胁诱惑。他们坚定地回答：“只要党和人民胜利，宁愿自己死！”他们的事迹，一直被后人所传颂。

以忠为魂，说到底是信仰问题。信仰，既要信，又要仰。信即信守，相信、信奉并遵循之；仰即仰望，虔诚敬畏去践行之。一个人来到这个世上，信仰什么、追求什么，就决定着他人生的脚步迈向哪里、道路通向何方……少数干部之所以违法乱纪，最终堕落成为党和人民的罪人，说到底是忠诚于党的信念发生了动摇。他们骨子里已经不忠诚共产主义了，外壳看来是共产党人，其实内核已经变质。他们心中所追求的，是自己的升迁、自己的钱袋、自己的后路和子女的前程，最终走向了苦恼的人生、扭曲的人生、堕落的人生、可悲的人生。

现实中，一些腐败分子之所以在接受法律审判时才突然发现，当自己贪婪地获取国家财富时，却丧失了信仰；

当自己开始见钱眼开、见色心迷的那一刻，就开始与忠诚渐行渐远。

河北省国税局原局长李真在被执行死刑前，悔恨不已地说："生和死原本离得这么近，近得只有一线之隔，而架着这条线的就是信念。"正是精神支柱的坍塌，理想信念的丧失，使李真对党心怀异志，在政治上投机钻营，经济上贪婪无度，最终坠入了腐败的深渊，断送了自己的前程与生命。他反思自己走向毁灭的根源时说："人可以没有金钱，但不能没有信念，丧失信念，就要毁灭一生。"可见，信念和忠诚互为支撑。没有坚定的信念，忠诚就无从谈起。如果对党、对人民不忠，信念就会偏移。对这个问题，人们要有清醒的认识，绝不能掉以轻心。人之将死，其言也真。但李真这个贪得无厌的人，在临死之前，其言不仅真，而且更是真心地表白了他的所思所想，坦白了他的内心世界。

以忠为魂，就要诚实守信。简要地说，就是很忠诚，很老实，不搞虚假，有一是一，有二是二，说到做到，很守信用。"诚于中而必信于外"，家无诚信不和，民无诚信不立，官无诚信不忠，这是一个人修炼人品学养、提升人格魅力的重要标志。

对国家的忠诚，对人民的忠诚，对党的忠诚，不仅表现在战争风雨的前线，也表现在日常生活中，无平日之养成，便无关键时刻之忠勇。从古至今，诚实守信的故事俯拾皆是。“一诺千金”、“金石为开”、“驷马难追”等典故，寄托着中华民族对诚信的文化传承和赞赏。因为固守诚信，蔺相如才会手执和氏璧，在秦王殿上慷慨陈词，视死如归；因为固守诚信，一代伟人毛泽东“还钱付息”给章仕钊先生的故事，被后人传颂。还有 2007 年“感动中国”人物陈美丽，她历尽千辛万苦，张贴通告为亡夫还债，令国人为之感动。

可现实中有的为官者缺的就是一个“诚”字，说的是一套，做的是另一套。要求别人树立正确的世界观、人生观、价值观，自己却迷恋金钱、美色。嘴上讲的与心里想的，台上讲的与台下做的，当面讲的与背后干的，都相差甚远。这种不忠诚、不守信的品德和作风，影响很坏，形象很差。

为官从政者要做到诚实守信，首先是思想上要成熟。其次是性格要健全，除了开朗乐观、热情、文雅、稳重之外，还必须有自信、坚定、刚强、果断，做到猝然临之而不惊，无故加之而不怒，遭遇非之而不跛。再次是为人要诚实。说话心口一致，“说得到、做得到”；办事知行统一，守信践诺；为人表里如一，豁达大度；坚持以公为本，纯洁无私。

以忠为魂，还要甘于奉献。在一篇题为《中南海的普通人》的文章中，作者从三个方面展示了“中南海人”的情怀：“清贫——共产党人的本色”、“奉献——中南海人的本分”、“传统——我们走向富强的本钱”。每一个为官者都要具有这种情怀，自觉做到无私奉献，与党的事业共荣辱、与单位建设共荣辱，坚持以事业为重，“当一任领导，负几代责任”，集中精力干工作，始终做到敬业、勤业、精业、创业。

◎ 让“想一想”的警钟长鸣

日常生活中，人们常常会听到这样的议论，腐败是市场经济的必经阶段，不随波逐流者，就难以融入社会群体。其实，这是公开从理论上为腐败张目。的确，现实中那些洁身自好者，可能生活确实不怎么殷实，更谈不上富有了，他们的独守清贫，也常常被一些人看作是不识时务者，看作是商品社会的落伍者。但比起那些落马的贪官，比起陷囹圄之苦的腐败分子，比起那些夜不安席的被“双规”的官员，这些怀揣理想的清贫者，又何尝不是最幸福最让人尊敬的人呢？正是他们，支撑着理想信仰的大厦，成为这个社会未来的希望。

近年来，社会上流行的“三个想一想”，很能发人深思，它常被一些为官从政者高悬于室，作为“官箴”，成为警世的长鸣之钟：当你醉心于贪婪敛财欲望横流时，想一想东窗事发后父母妻儿的酸楚之泪；当你伸手笑纳他人奉送的钞票时，想一想高墙内那些失去自由的人；当你拼命占有巨额的不法财产时，想一想将死之人的那些恐惧和无奈。

这面警世之钟，话语虽然直白而朴实，但却用最现实的劝慰向一切面对金钱和权利的伸手者，发出了最撼人心魄的棒喝。它尤如一副清醒剂，让那些财迷心窍，官迷心窍者，于悬崖回首，于深渊勒马。

就在不久前，民间流传的故事为三个“想一想”提供了最具说服力的佐证。

据说贪官成克杰在临刑前，还向法官伸出哀怜之手，要求留他一条生命，哪怕贬为平民，当牛做马，他要重新做人，重新生活。而罪犯胡长清在死前同样表示：假如能留我一条性命，我用我的一技之长，天天给大家写字，并且从此分文不取，我要写一辈子，以忏悔我的罪责。至于那个李真，以痛哭流涕来祈求法律的宽容，在生命行将结束时叙说的心里话，确实也曾感动过一些人。然而，不管他们用多么哀怜的言辞，不管他们此时的表现显得多么真诚，都为时已晚。他们的贪婪无度，他们的荒淫无边，已远远超出了法律许可的底线。法律给他们的回答，只能是结束他们罪恶的生命，给社会留下最具说服力的反面教员。让一切敢于触动法律底线，敢于向金钱和权利伸手者，能够幡然醒悟。

三个“想一想”让人记住廉洁二字。廉洁是为政之根本、立身之大节，也是古今中外的国家、政党和人民对为官从政者的基本要求。古人将“廉洁”二字解释为：“不受曰廉，不污曰洁。”古代不少明君都把“以廉为本”作为吏德，大力倡导不贪不占，一尘不染，并制定严厉的约法和律令。这一点上，芬兰制定的法律规范十分苛刻。公务员不小心喝了别人的葡萄酒，那么随时随地都可能出问题；收受他人价值超过 24 美元的礼品，就有可能被罢免；公务接待，一起吃饭的有些什么人，点了什么菜，花了多少钱，都要巨细无遗地在网上开列清单，媒体发现问题可以曝光，公众觉得不妥可以举报。2006 年，当时的芬兰中央银行行长引咎辞职的原因，就是他在某次公务接待中吃了一道肥鹅肝，被媒体上网查阅菜单后曝光，说其“贪腐”。

人生在世，面临的考验很多，尤其是钱、权、名、利、色，等等，都具有很强的诱惑力。平常老百姓都不能轻视，做领导的更不能掉以轻心。因为即使你本来品行端正、清廉自律，也会有人想方设法拉拢腐蚀你。所以，历代“官箴”中多有劝诫之语，更有不少反面教材。

四川某市原市长李玉书，因贪污腐化案发后报道上称：他很贪婪，把高速路当作一块肥肉疯狂敛财；很张狂，包工头还没有来得及向他送钱送车时，他已开始伸手索要；很会“享受”，长期包养“二奶”；很善于伪装，一边贪污受贿，一边树立清官形象，最终还是逃脱不了法律的严惩。

老话讲：“文臣不贪财，武将不惜命，天下太平矣！”其实，天下太平，正是天下百姓的福气。现在有人说，人生最大的幸福是平平安安，为官最值得称颂的是廉洁奉公。常思贪欲之害，常怀律己之心，常修为官之德，是为官者的应有本色，也是常抓常新的永恒课题。

三个“想一想”让人们记住，以廉为本，就要看淡钱财，不为所惑。《说文解字》里讲，“钱”与“泉”通用，身外之物如水，钱左是刀，必有刀剑之祸；钱右双戈，争斗不息也。古代官场有一个“官周率”：权势—金钱—华贵—骄横—犯罪—丧身。毛主席在读史书时读到此处，批下两个字：“有理。”这就警示我们，不能把金钱看得过重，否则贪欲太盛，很可能招来杀身之祸。

金钱可以使人生活过得舒服，但替代不了幸福。在现实生活中，有些人往往把幸福与金钱画等号，认为金钱越多越幸福。还有一些人富裕起来后，口袋里有了钱，便吃喝嫖赌，胡作非为，甚至吸毒成瘾，到头来，既葬送了青春，又毁了家庭。像这些人，能谈得上幸福吗？

有一篇《钱》的文章这样写道：钱可以买到房子，但买不到家；钱可买到床铺，但买不到睡眠；钱可以买到美食，但买不到胃口；钱可以买到享乐，但买不到愉快；钱可以买到书籍，但买不到智慧；钱可买到权势，但买不到威望；钱可以买到服从，但买不到忠信；钱可以买到"小人之心"，但买不到"君子之诚"。这段话指出了一个深刻的道理："金钱并不是万能的。"

有人说过这样一句有哲理的话：人只有三件东西是自己的，那就是感情、身体和名望，其它都是身外之物。尤其是钱财更如粪土，生不带来，死不带走。的确，无论谁拥有多少财富，哪怕是身家数百亿美元的世界首富，也都不可能把一分钱带进坟墓。相反，钱却能把人带进坟墓，成克杰、胡长清等腐败分子见钱眼红，有钱就收，最终欲壑难填，身败名裂。这正应了两句古话："欲如水，不遏则自溺；贪如火，不遏则自焚。""贪无了，如猩嗜酒，鞭血方休；欲不除，似蛾扑灯，焚身乃止。"所以，人们对金钱都要有一个正确的态度。

三个"想一想"让人们记住，以廉为本，就要慎微慎行，不越底线。有这样一句话：人，在趋于完善后，就是动物中最好的；而一旦脱离了法律和道德的约束，却又是动物中最坏的。这个好与坏，往往在于一念之差、一线之隔。因此，任何时候都要慎之又慎。

慎微细小处，越是小处越要留心。明朝张瀚初任御史，参见都台王廷相时，王廷相给他描述了一桩见闻：昨日乘轿进城遇到下雨，有个穿新鞋的轿夫，从灰厂到长安街时，还择地而行，怕弄脏新鞋。进城后，泥泞渐多，一不小心踩进泥水中，便“不复顾惜”这双新鞋了。王廷相说：“居身之道，亦犹是耳，倘一失足，将无所不至矣！”张瀚听了这些话，“退而佩服公言，终身不敢忘”。后来，张瀚升任吏部尚书，建树颇多，与他牢记这一席话不无关系。万物之发端必于“一”。现实生活中，这种“靡不有初，鲜克有终”、“因小失大”的例子太多了。

人们常说，领导干部搞一次特殊就丢一分威信，破一次规矩就留一个污点，谋一次私利就失一片民心，小节并不小。有些人认为自己辛辛苦苦地干工作，吃一点，喝一点，拿一点，占一点，玩一点，不碍大事、无损大节。“骄纵起于奢侈，危亡发于细微”。小节中有政治、有方向、有形象、有人格。不拘小节，难保大体，从公仆到贪官、从功臣到罪犯往往只有一步之遥。因此，为官从政者对再小的问题也要留心，无论在什么情况下，都要耐住寂寞、守住清贫、顶住诱惑。

慎独无人处，越是暗处越要光明。《礼记·中庸》说：“是故君子戒慎乎所不睹，恐惧乎其所不闻。莫见乎隐，莫见乎微，是故君子慎独也。”意思是说，君子在别人看不见的时候，总是非常警惕的。最隐蔽的东西往往能看出人的品质，最微小的事情往往最能显示人的灵魂。所以，君子在独自一人，无人监督的时候，总是非常小心谨慎，坚持不做任何坏事。“慎独”虽然是封建道德的要求，但作为修养的方法和境界，在今天仍然是值得人们学习借鉴的。因此，人越是在监督薄弱、没人注意的情况下，越要有自制力，警醒自己管住嘴、管住手、管住腿，时刻保持思想道德的纯洁性，防止在人生路上、从政路上陷入“败局”。

慎守坦途处，越是顺时越要清醒。唐代诗人杜荀鹤写过一首叫《泾溪》的诗：“泾溪石险人兢慎，终岁不闻倾覆人。却是平流无石处，时时闻说有沉沦。”意思就是讲，“翻船多在平流无石处”。现在，有的人既有能力、又有干劲，也出了不少政绩，上级信任，群众满意，于是在赞美声中飘飘然，口气越来越大，目光中也透出傲气，在群众中造成很坏影响。因此，越是在个人成长进步顺利的时候，越要保持清醒头脑，谦虚谨慎，戒骄戒躁，高调做事，低调为官。

三个“想一想”让人们记住，以廉为本，就要情趣高雅，不交损友。人都有七情六欲，为官从政者有一定的兴趣爱好也是正常的，但绝不能恣情放纵，应该把兴趣爱好与人品官德联系起来，做到人格高尚、情趣高雅。一些人的蜕化变质，大都有一个“拐点”，就是往往从兴趣爱好、吃喝玩乐这些看似小事的地方发生突变。“近朱者赤，近墨者黑”。现实中成也朋友、败也朋友的事例数不胜数。走私犯罪分子赖昌星，曾经总结了一句歪理：“不怕什么法律条文、规章制度，就怕领导干部没有兴趣爱好。”这话从反面值得我们引起深思。领导干部位高权重，容易成为拉拢腐蚀的对象。在交友问题上尤其要更慎重、更冷静。邓小平同志曾告诫我们：“朋友要交，但心中要有数。”这个“数”，就是要有原则尺度。因此，在交友问题上要坚持原则把好度：一是选友要准，二是交友有度，三是不离原则。

《红楼梦》中有这样一句警世名言：“身后有余忘缩手，眼前无路想回头。”当今社会各种诱惑确实比较多，为官从政者在廉洁问题上犯错误、栽跟头的机会比较多。因此，奉劝那些试图以身试法者，要经常做到“三个想一想”。这样，为官从政就会有所敬畏，脚下的步子才能迈得更稳当、更踏实。

当官一阵子，做人一辈子。每一名为官者都要做到官德永进、忠诚永续、清廉永存，在岗时尽情“绽放”自己的好人品、好官德，离任后留下一个好业绩、好口碑，真正把美好留给历史、留给集体、留给后人……

第十五讲

诚实　守信　厚道

诚实　守信　厚道

CHENG SHI　SHOU XIN　HOU DAO

“做人要厚道”，是近几年来人们热议的一个话题。这是因为，随着当今经济社会的迅猛发展，人们的物质生活也得到了极大丰富，但全社会的诚信危机和道德滑坡问题却日益突出，以至怀念上世纪六七十年代社会那种“路不拾遗、夜不闭户”的纯朴之风。

的确，由于种种原因，我们曾经引为自豪的真诚纯朴被世俗的风尘污染了，诚实守信的含金量在岁月沧桑中渐渐降低了。原百年老店南京冠生园，用陈馅翻新做成“黑心月饼”，一下子诚信扫地只得关门。丧尽天良的安徽阜阳劣质奶粉、石家庄三鹿奶粉违规添加三聚氰胺事件，使全国多少儿童受害。闹得沸沸扬扬的陕西周正龙“假老虎”事件，引来世界对中国诚信的负面关注。更有人见人怨的瘦肉精、苏丹红、黑心棉、工业酒精、劣质种子、虚假短信、“杀熟”行为……如此种种，简直触目惊心。因此，作为每一个有责任感的公民，就要知行合一，躬身实践，努力做一个诚信的人、老实的人、宽厚的人，一句话，做人要厚道。

◎ 陈美丽何以能感动中国

有这样一个真实感人的故事，主人公是 2007 年“感动中国”候选人陈美丽。当年 4 月，陈美丽的丈夫、江西德兴的一个普通农民，因帮助邻居救火而牺牲，并留下了一笔糊涂账。他的遗孀陈美丽在村口贴了一张还债告示，不久就有一些人陆续找上门来讨债，总额超过 5 万元，而其中有近 4 万元没有任何凭据。但陈美丽全部认可，并替亡夫一点一点地还着这些良心债。

在农村，人死账烂是常有的事，也很少会有人去计较的。但陈美丽为了一个“信”字，为了自己内心的安宁，毅然选择替亡夫还债，着实让人感动。而且，她既不是伟人，也不是名人，更不是有钱人，对无凭无据的 4 万元欠款是可以不还的，但她还了这笔良心账，使我们看到了诚信这个传统道德品格，在现代社会中仍然散发出诱人的芬芳。

什么是诚信？从字面结构看，“诚”字左边为言，右边为成功的成，意思是“言必行、行必果”，就是指做人要“诚实”、“真诚”，心里想的要与实际做的相一致，即古人所说的“诚于内，形于外”、“勿自欺”、“勿欺人”。“信”字左边为人，右边为言，是承诺的意思，守信就是指一个人要信守诺言，强调一个人要言而有信，说话算数，讲信誉，重信用，履行自己应承担的义务。

在我国的传统伦理中，诚实守信历来被看作“立身之本”、“举政之本”、“进德修业之本”。孔子说：“人而无信，不知其可也。”《礼记》中也讲道：“大道之行，天下为公，选贤与能，讲信修睦。”认为人与人之间建立互信关系，对实现社会稳定、促进生产发展至关重要。一部《论语》，就有38处讲到“信”，其中有24处含守信、真诚的意思。《史记·季布栾布列传》里写道：“得黄金百，不如得季布一诺。”这就是成语“一诺千金”的由来。唐太宗李世民曾写过“疾风知劲草，板荡识诚臣”的词句，用一个“诚”字，来褒扬三任宰相萧瑀的忠诚仁义和大智大勇。由此可以看出，古代的圣贤哲人是把诚信作为一项美德加以颂扬的。

对中国近代有过重要影响、人生的大成功者曾国藩，非常注重自己人格的完善和修炼，并以此来促进功业的建立。毛主席曾说过："愚于近人，独服曾文正。"蒋介石当年在儿子蒋经国从苏联留学回来后，送给蒋经国的一部书就是《曾文正公全集》。曾国藩把人格修炼概括为五个字——"诚、敬、静、谨、恒"，其中提到的"诚"，也就是诚实、守信，为人表里一致、言行一致。正因为曾国藩道德完美、军功盖世、文字留世，在中国近代被称为完人，后人多把他视为学习的楷模。

诚信是一切道德行为的基础，反映出一个人的品行品格。人们常说，"做人诚为先，诚能走天下"。这句话告诉我们一个道理：诚信的力量是巨大的；对一个人来说，诚信是安身立命最基本的保障。如果没有诚信，一个人就无法形成健康的人格，也就不可能具备高尚的品德修养，更无法与他人和社会建立起互信关系，难以成就一番事业。当然，我们也并不否认确有一些人凭借一时的小聪明，通过一些见不得光的手段获得了实际利益，暂时侥幸逃脱了惩罚，但他们迟早要摔跟头。因为小聪明毕竟不是大智慧，小聪明用得多了，难免"聪明反被聪明误"，就像《红楼梦》中的王熙凤那样，"机关算尽太聪明，反误了卿卿性命"。

诚信是一个人的精神财产，它是一个人保持正直持久的力量，也是赢得他人尊重信任的重要因素。《醒世恒言》中说道："刻薄不赚钱，忠厚不折本。"意思是说，经商刻薄的人，不一定能赚到钱；忠厚的人，也不一定会折本。"一个有信用的人，比起一个没有信用、懒散、乱花钱、不求上进的人，自必有更多机会。"这是李嘉诚给年轻人的忠告，同时也是他的座右铭。

李嘉诚一生恪守的信条就是诚信。1957年年末，李嘉诚将长江塑胶改名为长江工业有限公司，重点生产塑胶花。但出人意料的是，塑胶花投放市场后，销路很好，甚至供不应求，这就急需扩大生产规模。但当时企业刚刚起步，资金不足，银行的贷款也有限制。不过机会很快出现了，有位欧洲的批发商要大量订购塑胶花，但条件是必须有实力雄厚的公司或个人担保。李嘉诚没能找到担保人，于是他坦诚地告诉批发商：自己是一个白手起家的小业主，在同行和关系企业中有着较好的信誉，与人做生意的原则是做长生意，做大生意，薄利多销，互利互惠。批发商了解了李嘉诚的商业信誉之后，双方很快签订了第一单购销合同，并且还主动提出一次性付清货款。诚实的美德给李嘉诚带来了巨额利润，诚信也为李嘉诚赢得平生的第一桶金，从而为他在强手如云的香港打下了不败的根基。李嘉诚以其一生的成就告诉我们，一个企业的开始，应是一个良好信誉的开始，有了信誉，自然就会有财路，这是必须具备的商业道德。

“人无信不立，国无信不衰”。诚信不仅是一个人的立身之本，也是一个民族、一个国家的生存发展之基，更是其“软力量”的象征。诚信的力量是巨大的。有了诚信，方能立于天地间，屹立于世界民族之林。

春秋战国时，秦国的商鞅在秦孝公的支持下主持变法。当时正处在战乱不断、民心惶惶之际，为了树立威信，推进改革，商鞅下令在都城南门外立一根三丈长的木头，并当众许下诺言：谁能把这根木头搬到北门，赏金10两。围观的人都不敢相信竟有如此好事，结果没有一个人肯出手试试。于是，商鞅将赏金提高到50两。重赏之下终于有人站出来将木头扛到了北门，商鞅当即兑现赏金50两。商鞅这一举动，在百姓心中树立了诚信，而接下来的变法也就顺利地推行开来。新法使秦国渐渐强盛，最终统一了中国。

而同样在商鞅“立木为信”的地方，在早它400年以前，却曾发生过一场令人啼笑皆非的“烽火戏诸侯”的闹剧。

周幽王有个宠妃叫褒姒，为博取她的一笑，周幽王下令在都城附近 20 多座烽火台上点起烽火。大家知道，烽火是边关报警的信号，只有在外敌入侵需召唤诸侯来救援的时候才能点燃。结果，诸侯们见到烽火后率兵匆匆赶到，等到弄明白这是君王为博宠妃一笑而使的昏招后，都愤然离去。褒姒看到平日威仪赫赫的诸侯们手足无措的样子，终于开心一笑。五年后，太戎大举攻周，幽王再次命人点燃烽火，但一个诸侯也没到，因为谁也不愿再上一次当了。最终幽王被逼自刎，褒姒成了俘虏，西周也灭亡了。

一个是“立木取信”，一诺千金；一个是帝王无信，戏玩“狼来了”的游戏。结果前者变法成功，国力渐强；后者则自取其辱，身死国亡。正反两个事例，留给人们太多太深的思考。

“真”、“善”、“美”是“诚信”的前提和基础。人们只有待人真诚、心地善良、内心美丽，才能抛弃自私和贪欲，获得人们的赞誉和尊重，从而修得人格的高尚，取得事业的成功。

诚信没有国界。在西方，人们同样赞美它，即使在当今号称经济最发达、最自由化的美国，也认为诚实守信是人的第一美德。在美国的威斯康星州，每年的 5 月 2 日人们都要过“诚实节”。据说，这是为了纪念一个年仅 8 岁的名叫埃默纽的孩子。埃默纽 5 岁那年，双亲相继离世，他被一个很贪财的酒店老板诺顿收养。就在埃默纽 8 岁那年的一个晚上，他无意间看到诺顿夫妇谋杀了一个寄宿的小商贩。第二天一大早，诺顿就教他要在警察面前说谎。埃默纽回答说他不想说谎。于是，诺顿夫妇就把他活活打死了。案发后，诺顿夫妇在接受审讯时说出了事情的真相。

后来，人们为了纪念这个讲诚实、不说谎的孩子，建造了一块纪念碑和一个塑像，并把他因不说谎而被打死的这一天，定为“诚实节”，以表彰他的这种高尚品德，并用以教育后人。

一位普通的农妇、一个 8 岁的孩子，之所以能得到人们的尊重，是因为他（她）们都具有诚实守信的高尚品德。从他（她）们身上，我们看到了人性的光辉和人格的魅力。

然而，人的一生要真正做到并始终守信，既不自欺，也不欺人，在内心深处矗立起一座道德丰碑，看起来简单，做起来却并不容易。宋朝名臣司马光，他的学生刘安世曾求教修身立业的方法，司马光就让他在“诚”字上下功夫。刘安世又问从何入手，司马光要他从不说假话开始做起。刘安世心想，这还不简单？但一经实践，才发现完全做到这一点相当困难，直到修养了七年后，用他自己的话说，才能做到“言行一致，表里如一，遇事坦然，常有余裕”。

诚实守信是君子之道，更是人们做人做事的基本要求。在这方面，我们都要言行一致、表里如一，待人诚实、处事守信，始终做到“言必信，行必果”。所谓“言必信”，就是说话一定要讲信用，不食言，不说空话、大话；说了就要算数，信守诺言；对做不到的事，不轻易许诺，一旦许诺就要兑现；工作上出现了差错，要多从深处查找自身的原因和失误，并站在全局的高度勇于承担责任，主动揽过；对下级、同级要诚实、坦率，一是一、二是二，不搞当面一套、背后一套。所谓“行必果”，就是行动一定要坚毅果断、善始善终。不能说了不算，定了不办，虎头蛇尾，半途而废。只有这样，才能获得他人的信赖，以有为赢得有威。

德莱曾经说过：“诚实是人生的命脉，是一切价值的根基。”每一个人都要守住心灵的一片净土，把“诚”视为自己的“立世之基”、“政事之本”，始终做到襟怀坦白，虚怀若谷，真诚守信，牢固坚守做人底线，让诚信转化为自己内心的坚定信念和自觉行动。

◎ 老实人乃聪明人

老实人不吃亏，老实人即聪明人，这些被老百姓口口相传的格言，其实包含着很深的哲学内涵。

所谓“老实”，是指一个人朴实、本真，人们常常把这类人称为“老实人”。“老实人”并非是庸庸碌碌、无能无为的人，而是老老实实做人、踏踏实实干事的人。大概说来，老实人可以分为两种类型：一种是天生的老实。这种人承传了先辈本分的基因，耳濡目染的是老实人、老实事，不知不觉中形成了做事任劳任怨、为人敦厚本分的品格，真诚有加、木讷寡言而又认真严谨、心热如火。另一种是修来的老实。这种人生性不憨、头脑不钝，是非观念明确，办事能力很强，不属于“天生的老实”一类，但把做老实人当成一种修养和境界，善于琢磨事，不愿琢磨人。其实，老实人就是这样，他说话老老实实，干事踏踏实实，生活朴朴实实，为人真真实实，一点也不矫揉造作。

老实本分是我们中华民族的一种传统美德。自古以来，就有“传家有道惟存厚，处世无奇但率真”的格言。古人讲：“人心一真，便霜可飞，城可陨，金石可贯。若伪妄之人，形骸徒具，真宰已亡，对人则面目可憎，独居则形影自愧。”意思是说，人的心灵只要真诚了，便可以使五月的天空飞霜，使城墙倾倒、金石洞穿；如果一个人虚假妄为，就等于空有一副躯壳，灵魂已经丧失，其行为必然会令人厌恶，独处时也会为自己的行为感到愧疚。这实际上是告诉我们，真诚老实者人所共爱，虚伪狡诈者必遭唾弃。

说老实话、办老实事、做老实人，是我们党一贯倡导的优良作风。对于老实人的优秀品质，我们党总是大力提倡和弘扬，并把老实人树为人们学习的楷模，一个当老实人、说老实话、做老实事的良好氛围正在全社会形成。人们结朋交友，选择的是老实人；办什么事情，相信的是老实人；选人和用人，看重的还是老实人。

然而时过境迁，在当今社会日趋开放、竞争日趋激烈、人们价值取向日趋多元化的新情况下，“老实人”在一些人眼里却成了愚笨、无用的代名词，甚至有人公然宣扬“老实人吃亏”论。这种错误论调，是和谐社会中的一种不和谐音符。我们可以看看，在一些地方和单位，老实人受冷落、被亏待的现象依然存在：有的埋头做事、不事张扬，可一有提拔使用、调职晋级的机会，却往往因为不会“闹夜”而“无奶可吃”；有的潜心钻研、心无旁骛，成为业务骨干，独当一面，但由于不愿提要求，常常被当作“螺丝钉”始终拧得紧紧的，还美其名曰“能者多劳”。相反，那些善于察言观色、溜须拍马的所谓“聪明人”、“能耐人”，却总是事情没多干、好处没少得。凡此种种，不难看出如今部分老实人的确有些“吃不开”，这不能不引发我们的深思。

难道做老实人真会吃亏吗？其实不然，至少是吃不了大亏的。如果我们能放远眼光看待问题，就会发现吃亏其实是长远的投资，用通俗一点的话讲，就是“占便宜”。现实生活中，许多人不愿意吃亏，为了眼前的小利益斤斤计较，结果反倒失去了很多。其实，越是不肯吃亏的人，越有可能吃亏，不但会吃亏，而且往往还会吃大亏。就像《渔夫和金鱼》故事中的老太婆，她觉得不向金鱼要更多的东西，就是傻，就吃亏了，她一次又一次地提出更高要求，直到最后一无所有，重新回到穷困的日子中。贪婪使老太婆吃了大亏，她亏掉了本来可以拥有的美好生活。

曾有人说过这样一句话：“能吃亏是做人的一种境界，会吃亏是处事的一种睿智。”它告诉人们，能做到吃亏是福的人，是拥有智慧的人。有一个关于“吃小亏、占大便宜”的故事，说的是在东汉时期，有一个名叫甄宇的在朝官吏，时任太学博士。他为人忠厚，遇事谦让。有一次，皇上把一群外番进贡的活羊赐给了在朝的官吏，要他们每人得一只。但这群羊大小不一、肥瘦不均，怎样分群臣才没有异议呢？负责分羊的官吏为此犯了愁。只见甄宇主动站出来，牵了一只最瘦小的羊走了。其他的大臣见他如此，也就不好意思专牵最肥壮的羊了。于是，大家都挑最小的羊牵，羊很快就被牵光了。

后来，这事传到了光武帝耳中，甄宇也因此得了个“瘦羊博士”的美誉。不久，在群臣的推举下，甄宇又被朝廷提拔为太学博士院院长。从表面上看，甄宇牵走了小羊吃了亏，但他得到了群臣的拥戴和皇上的器重。实际上，甄宇是得了大便宜。如果甄宇当时第一个站出来，牵了最肥的羊走，结果就会大相径庭。虽然是一时赚得小利，却失去了群臣的拥戴和皇帝的赞赏这个大利益，就像捡了芝麻丢了西瓜一样，最终得不偿失。

《战国策》里也有一个“焚卷市义”的故事，说是孟尝君当时在齐国做相国时，他的属地在薛邑。一天，孟尝君叫他的门客冯谖到薛邑替他讨债。冯谖临行前问他，要买些什么东西带回来。孟尝君答：“买些我家没有的东西。”冯谖到薛邑后，自作主张把债户们召集起来宣布说：“孟尝君不要你们还债了。”而且当着百姓的面把债券烧毁了，百姓们热烈欢呼。冯谖回来说："我给你买了你家所没有的'义'，这对你收归民心大有好处。"后来孟尝君遭贬，回到薛邑，百姓到百里之外夹道欢迎。孟尝君见到这种情况，才明白当初冯谖的良苦用心。失去一点小利，得到了民心，孟尝君占了大便宜。

孟尝君当年的"付出"，并没有想到日后能获得"回报"。"暂时的付出，最终会得到回报，会有意想不到的收获。"这句名言告诉我们一个道理："善于吃亏是人生的巨大财富，是人生最高级的投资。"天下没有白吃的亏。吃亏这笔人生无形的财富，往往比有形的金钱还要珍贵。

说到底，一个社会任何时候都不能贬低老实人。尽管老实人常常表现出木讷不灵活，甚至有点跟不上"潮流"，但他们始终是社会的脊梁。傻一些的人，与过于精明的人相比较，还是他们受人欢迎，而且也让人放心。傻其实是忠厚。在功利观念飞速膨胀的时候，忠厚更能显示其醇厚、坦荡之美。所以，人还是要靠老实本分做人。这既是个人品问题，也最能体现人的基本素质。靠老实本分做人，才能赢得相互尊重和大家信任。现实生活中，那些过于"聪明"、精于算计的人，人们往往不愿与之为伍，尽量避而远之；而那些为人实在、厚道的人，人们则愿意与之为友，乐于与之共事。“风物长宜放眼量”。如果我们对自己的一生负责的话，还是本分一些好。不守本分的人，能糊弄了一时，但糊弄不了历史。正所谓“大风吹倒梧桐树，自有旁人论短长”。

“吃亏是福”这句古话，其中蕴含着深刻的哲理：也许你吃了物质的“亏”，收获了精神的“福”，也许你吃了小亏，得到的是大福。说白了，就是要算“大账”，别算“小账”。共产党人的“大账”就是人民的福祉，“小账”就是个人的得失。对于每一个人来说，“小账”就是个人利益的暂时得失，“大账”就是个人诚信品质的提高。对此，河南有个叫李天成的村官，写了一首《吃亏歌》，值得我们深思。他说：“当干部就应该能吃亏，能吃亏自然就少是非；当干部就应该肯吃亏，肯吃亏自然就有权威；当干部就应该常吃亏，常吃亏才能有所作为；当干部就应该多吃亏，多吃亏才能有人跟随；能吃亏、肯吃亏、不断吃亏，工作才能往前推……”

一个有智慧的人，当他面对社会上对老实人的种种不良言行，他不随波逐流，而是坚守自己的老实本分，坚持说老实话、办老实事、做老实人，做到人正、心正、事正。人正，就是要光明正大地做人；心正，就是要有正气浩然的心态；事正，就是要公正务实地处事。与人相处，要坦坦荡荡，磊落光明，不能城府太深，世故圆滑，更不能要心眼，玩手腕，搞小动作。说话办事要实实在在，诚实可信，不能哄人骗人。批评同志要实事求是、有根有据，不能捕风捉影、添油加醋，更不能乘人之危、落井下石。对领导、对同事有意见，要摆在桌面、讲在当面。不能在背后乱嘀咕、乱捣鼓。关于这点，有人总结了这样一个人生哲学，就是：老实做人，诚恳待人，乐于助人，绝不整人。这一哲理值得人珍藏。

“世界上最聪明的人是最老实的人，因为只有老实人才能经得起事实和历史的考验。”这是周总理曾经对老实人的一种褒奖。作为一名公民、一名党员干部，只要能坚守“老实本分”，就一定能让上级有信任感，让同事有安全感，让下级有依赖感，真正体会到人生的完美价值。

◎ 宽厚容人天地阔

宽厚，就是宽容与厚道。宽容就是我们常讲的容人、容言、容事；厚道就是我们常讲的忠厚朴实、谦逊内敛，以德报怨、以善报恶。宽厚是一种美德和胸襟，是一种气度和雅量，更是一种聪明的大智慧。做宽厚的人，其实就是以善良的心去宽以待人、厚道处世。

宽厚善良是中华民族传统道德体系的基础和核心。在我国传统文化中讲为人处世，谈得最多的就是宽容与厚道。儒学经典非常推崇一个“恕”字，强调“己欲立而立人，己欲达而达人”和“己所不欲，勿施于人”。“恕”字上为“如”，下从“心”，合起来讲就是如同我心，即事事处处要将心比心，由己推人。道家的老子有一句名言：“大丈夫处其厚，不居其薄；处其实，不居其华。”讲的就是厚道。做到了“恕”，就能够善解人意，再加上与人为善，自然就会宽厚待人。

宽厚也是一种宗教精神。各种宗教特别是基督教和佛教，特别讲究宽容，强调慈悲为本、宽大为怀，认为宽容是一种至上的美德，为人处世不可自以为是，唯我独尊，对不同的观点、情感应予理解，尊重别人的选择，给他人以自由思想和生存的权利。善良而宽容地待人，自然容易为众人所接受。

宽厚是对人对事的一种胸襟和气度，彰显着人性的温暖和关怀。人是有思想有感情的高级动物，“授人玫瑰，手留余香；与人为善，人自善良”，在对人对事的态度上采取什么样的行为方式，结果是大不一样的。宽厚能化解矛盾、冰释前嫌，能够凝聚人心、鼓舞斗志，甚至能够化敌为友、壮大自我。其实，仔细分析起来，我们可以发现，宽厚的人具有宽容之德、厚道之品和善良之心。

宽厚的人，他不会狭隘。狭隘就是不能容人，特别是容不得与自己有不同意见的人。甚至要求自己喜欢的，别人也必须喜欢；自己厌恶的，别人也必须跟着厌恶，总想把个人的意志强加于人。你自己不能容人，别人当然也难容你。要知道在这个世界上，各方面与自己相同的人毕竟是少数，如果只能与同类人打交道，交往的面可就太窄了。所以，孔夫子说得好："君子和而不同，小人同而不和。"《荀子》里也写道："君子贤而能容罢，知而能容愚，博而能容浅，粹而能容杂。"讲的都是同一个道理。

宽厚的人，他也不会偏激。偏激就是思想方法片面，喜欢钻牛角尖，观察处理问题总站在个人的角度，不顾他人的感受。偏激的人容易伤人，搞不好团结，导致人际关系很糟糕。对此，曾国藩有一段处世良言，很值得我们认真体会："我要处处站得稳，须知他人也要站得稳，所谓立也。我要处处行得通，须知他人也要行得通，所谓达也。今日我处顺境，预想他人日后也有处顺境之时；今日我以盛气凌人，须想他日人亦以盛气凌我之身，或凌我之子孙。常以恕字自惕，常留余地处人，则荆棘少矣。"所以，待人处世还是要强调设身处地、将心比心，提倡换位思考，提倡相互理解。

宽厚的人，他也决不刻薄。所谓刻薄，就是苛求于人。对别人的缺点和错误，一定要持正确的态度，不能搞无限上纲、求全责备，甚至幸灾乐祸、落井下石。对待犯了错误特别是因犯错误而身处逆境者的态度，有时最能反映出一个人的人品。古人在这方面也有许多教诲，《论语》里讲道："躬自厚而薄责于人，则远怨矣。"《庄子》也讲："夫宽以容物，物必归焉。克刻太精，则鄙吝之心生而不自觉也。"都值得我们很好地学习领悟。

宽厚的人，他还不会嫉妒。嫉妒是一种非常可怕的情感，它对人际关系会造成极大伤害，人世间的许多悲剧都由嫉妒而生。莎士比亚的《奥赛罗》、大仲马的《基督山伯爵》等文学名著，曾深刻而生动地描述过这种嫉妒的人。宽厚的人，对他人取得的发展进步，总是抱着平和的心态去学习、去提高、去竞争，而不是犯"红眼病"，使坏心眼。

"惟宽可以容人，惟厚可以载物"。宽可以容人，厚可以载物，宽以待人天地阔。生活中许许多多的事情都是这样，水太清了鱼不能活，人如果太过于斤斤计较，一点小事就追根究底，穷追不放，这样小事就会变成大事，一发不可收拾。"大人不记小人过"、"宰相肚里能撑船"这些古训都值得我们铭记。以宽容大量对待别人，处理事情就顺手一些。对别人宽容，不记小过，于人于己，于公于私，都是利多而弊少。古今中外的实践早已证明，小家子气者，往往事倍功半，难成大器；而宽厚大度者，往往能成就一番事业，赢得精彩人生。因为，宽厚的人能做到容人、容事、容过。

容人，不但要宽宏大量，而且要讲究一定的方法。既要容人之长，也要容人之短；既要容人之功，还要容人之过。因为，人的性格、志趣、水平、能力有同有异，有高有低，所以彼此在人格上要“互尊”，在工作上要“互助”，在生活上要“互帮”。我们要善于扬人之长、避人之短，善于发挥每个人的优点长处，使人人都有用武之地。同事之间，要喜人之功，要有“以人之功为己功”的境界，不嫉妒贤能；要容人之过，对人不求全责备，要“总大纲、宽小过”；要解人之难，无论在工作还是生活中，都要急人所急、帮人所需；要成人之美，在事业、家庭、个人成长进步等方面全力扶持、成全；要效人之贤，见贤思齐，学人之长，补己之短，从而共同营造一个风清气正、团结和谐的良好氛围。

事有轻重缓急、大小荣辱之别。能容事的人，凡事讲原则，不讲个人恩怨，对事不对人。对下属的错误，要帮助他们分析原因、提高认识，切忌一棍子打死。邓小平是一个胸襟非常宽阔的人。他一生“三落三起”，每一落总是有人落井下石，也有人因一时糊涂不得已而为之，但他每次复出后都从不计较、更不报复，有时反而以德报怨。胡乔木在反击“右倾翻案风”中，曾经写文章批判过邓小平。他在邓小平第三次复出后，感到很内疚，让王震专门给邓小平捎了一封检讨信，说自己当时犯了错误，很对不起邓小平。邓小平大度地讲：“那时不批不行嘛。当时主席讲话了，中央文件发下来了，大家都批，你不批不是同主席唱对台戏吗？批我厉害的人有的是。至于揭发我说过的话，那就更没有问题。我过去这样讲，现在仍旧这样讲，乔木是我们党内的‘第一支笔杆’，这个人还是要用。请你转告乔木，要解除包袱，不要再把这件事放在心上了。”正是邓小平的宽容大度，胡乔木后来成了邓小平的得力助手，为党中央起草了一系列重要文件。在党的十二届一中全会上，胡乔木当选为中央政治局委员和书记处书记。

金无足赤，人无完人。宽厚的人，对他人的一些缺点和错误，总是以宽容的态度来对待。俗话说：“尺有所短，寸有所长。”每个人的性格、特长各有差异，在处理与下属关系时不能强求与己一致，而应求同存异、相互谅解。

既然我们自身都不完美，我们又怎能苛求他人完美无缺呢？能让人时且让人，能容人处且容人。大家同在一个单位工作多年，如果每年记住对方为自己办的一件好事，就一定能成为好朋友；相反，如果每年都记对方一个不是，那就会成为死对头。这条职场经验，细细品味起来颇有道理。

春秋战国时期，有一次，楚王设宴招待群臣，让最宠爱的许姬、麦姬向客人敬酒，忽然一阵疾风吹灭了所有蜡烛，大殿里一片漆黑，有人乘机揩油，摸了许姬的手，被许姬扯断了帽子上的佩缨。许姬大叫，让人赶快点灯追查，被楚王制止。楚王让在座的所有人都除去帽子上的佩缨，然后才点灯。散席后，许姬怪楚王不为她出气。楚王说，酒后失德，人之常情，追究起来必大煞风景，有违酒宴初衷。后来，楚王伐郑，一将军异常奋勇，斩敌夺关，立了大功。楚王欲赏赐他，将军说自己叫唐狡，就是当年在宴会上酒后失德的人，今日奋勇杀敌就是想报大王当年的不杀之恩。楚王大为感叹，便把许姬赐给了他。楚王的做法，在如何宽厚做人上带给人们深刻的启示。

诚实似一缕阳光，它照亮人们的心灵；守信似一座桥梁，它沟通彼此的情感；厚道似一抹春风，它唤醒道义的威力。如果一个民族没有优秀品质作支撑，那么，它便是一个逐渐走向消亡的民族；如果一个人不再崇尚和修炼诚实、守信和厚道的美德，却热衷于作假欺骗、虚伪失信，他就会在这个世界上失去生存发展的基础。意大利有一句格言："没有完美的人，只有完美的时刻。"但愿每一个人都能够用心修炼，做好"三种人"，创造出许多"完美的时刻"，留下许多人生美好的回忆。

第十六讲

感恩　知足　尽责

感恩 知足 尽责

GAN EN ZHI ZU JIN ZE

时下有这样一些现象：生活水平越来越高了，拥有财富越来越多了，但人们普遍感到离幸福快乐却越来越远了；还有的人总习惯用加法来衡量自己的生活水平，认为活着就是要日积月累地发展。之所以出现这种情形，是因为他们缺乏心存感恩之心，不懂得知足惜福之理，没尽到人生责任之行。其实，学会感恩是一种幸福，知足常乐也是一种幸福，尽责奉献更是一种幸福。珍惜你的所有，珍惜你的一切，你就是最幸福的人。

◎ 想起了失窃的罗斯福

据报载，某老年夫妇曾用自己的积蓄资助过二十几个贫困大学生，但让人费解的是，他们走出校门后，从此与老人音讯两断，而老人却还在时时牵挂着他们的去向和生活。不少读者评论道，这些青年人虽然长大成人了，也有文化知识了，但缺少一种最重要的品质，那就是为人所必须具备的感恩之心。在市场经济飞速发展的今天，不会感恩已经是一个社会问题。

感恩，是一种良知，也是一种动力。感恩之心，就是对世间所有给予自己帮助的人和事表示感激，铭记在心；无论你是何等的尊贵，或是怎样的卑微；无论你生活在何处，或是有着怎样的生活经历，只要你心中常常怀有一颗感恩的心，你的生活便有了随处可见的动人风景，你的生命就会得到滋润，并时时闪烁着纯净之光。

美国前总统罗斯福有一次家中失窃，被偷了许多东西，一位朋友闻讯后，忙写信安慰他，劝他不要太在意。罗斯福回信道："亲爱的朋友，谢谢你来信安慰我，我现在很平安。感谢上帝：因为第一，贼偷去的是我的东西，而没有伤害我的生命；第二，贼只偷去我部分东西，而不是全部；第三，最值得庆幸的是，做贼的是他，而不是我。"对任何一个人来说，财物被盗绝对是一件不幸的事，而罗斯福却找出了三条快乐的理由，值得人们深思。

人自从有了生命开始，无论是父母的养育、师长的教诲，还是配偶的关爱、他人的帮助、大自然的赐予，都是沉浸在恩惠的海洋里。如果人人都能怀着一颗感恩的心来面对一切，感恩于大自然的福佑，感恩于父母的养育，感恩于他人的帮助，感恩于社会的繁荣，感恩于食之香甜，感恩于衣之温暖，感恩于蓝天白云的赏心悦目，感恩于苦难逆境的磨练，那么，世界上最美好的理解、帮助、赞美和关怀都会一齐向你涌来，你会感到原来生活是如此快乐和幸福。

许多时候，有些人总对他人的付出抱着无所谓的态度，感到是理所当然的。其实并非如此，人是由一撇一捺构成，说明一半是自己，另一半是他人。一个人要想顶天立地，没有众多人的相助，“人”字就会坍塌，甚至一败涂地。古今中外许多英雄豪杰，成于“振臂一呼，应者云集”，败于“离心离德，孤家寡人”。所以，感恩其实就是一种利人利己的责任：对自己、对亲人、对他人、对社会、对国家的一份崇高责任。

蜜蜂采花而去嗡嗡的表白是感恩；葵花沐浴着阳光，微笑向着太阳是感恩。当感恩成为一种自觉、成为一种心态的时候，自己的身心便得到升华。奥修曾说过：“真正的祈祷只有一种，那就是开始以感激存在的方式来生活。”存在给了你这么好的机会，那是你从来没有要求过的，但你还是得到了。其实，每个人在有意或无意为别人付出的时候，也自然得到了别人有意或无意的回报。

在美国，每年 11 月的最后一个星期四是感恩节，这是美国人独创的一个古老节日，也是美国人合家欢聚的日子，如今正被世界上越来越多的国家、越来越多的人们所接受。在这一天里，人们欢聚一堂，虔诚地向上帝表达谢意，然后点起篝火，举行盛大聚会，并开展多种活动。举办感恩节，可以让人懂得自己的成功或进步，都离不开他人的帮助，对于曾经帮助过自己的人，一定要知恩图报，吃水不忘挖井人，这是一种感恩，一种处世哲学，一种做人的基本要求。诸葛亮为报答刘备三顾茅庐的知遇之恩而一生鞠躬尽瘁，毛泽东一生报答恩师徐特立教育引导之情，钱钟书多年不忘回报义助自己走出困境的导演黄佐，创作《围城》佳作。他们拥有了天底下最富有的东西，因而也就获得了丰富的人生。

中国是一个崇尚感恩的国度。中国传统道德强调“仁、义、礼、智、信”等“五常”，并把这作为公认的价值标准和基本美德，在此基础上，还强调“报”的德性。“报”即知恩图报。回报既是中国人的传统美德，也是道德生活的重要原理与机制。诗经中说，“投之以木瓜，报之以琼琚。匪报也，永以为好也”。在世俗生活中，“知恩图报”是公认的美德，是“义”的重要内容。“谁言寸草心，报得三春晖”的动人诗句，“知恩不报非君子”、“滴水之恩，当涌泉相报”等经典词句；历代文人学者以及封建帝王对诸葛亮“鞠躬尽瘁，死而后已”，岳飞“精忠报国”的推崇；中国民间流传的“卧冰求鲤”、“卖身葬父”等“二十四孝”的故事，集中反映了古人对知恩图报的认同和崇尚。

西方有句谚语说，幸福是有一颗感恩的心、一位忠诚的爱人、一个健康的身体、一份称心的工作、一帮信赖的朋友。西方人把感恩列为幸福之首，是因为他们认为一个不知道感恩的人，永远不会有真正的幸福。西方有位哲学家还说过，世界上最大的悲剧或不幸，就是一个人大言不惭地说没有人给我任何东西。一个人来到社会，还没有作任何贡献就已经得到了社会的恩泽，享受着科技、文化和教育等社会资源和社会服务。一个自然人发展成社会人、历史人，首先是他人和社会帮助的结果，所以，一个人要在社会上安身立命，就要学会感恩。

感恩让人们坦然面对人生的坎坷。顺境时心存感恩，逆境中心存喜乐，这是快意舒坦的人生。人的一生，不可能一帆风顺。然而现实生活中，人们经常可以见到一些不停埋怨的人，他们总是在说“真不幸，今天的天气怎么这样不好”、“真倒霉，又碰见一个乞丐”、“真惨啊，丢了钱包，自行车又坏了”、“唉，股票又被套上了”……好像这个世界对他们来说，永远没有快乐的事情，高兴的事被抛在脑后，不顺心的事却总挂在嘴边。这种人总是怨天尤人，总认为社会对自己不公平，就好像生活在泥土里的蚯蚓，即使有一天钻出土层，也感受不到阳光的明媚，最终将一无所有。

感恩，会使人们在失败时看到差距，在不幸时得到慰藉。她不是一种纯粹的心理安慰，也不是对现实的逃避，更不是阿Q式的精神胜利法，而是来自对生活的热爱和希冀。有了感恩的心，即使遇到困难和挫折，也不会怨恨失望；有了感恩的心，就能放开胸怀，宽容待人，坦然做事。

在革命战争年代，无数共产党人和仁人志士，为了民族的独立与解放，为了人民的幸福与自由，前仆后继，作出了巨大的牺牲。江西瑞金一个县在革命战争年代出了100多位将军，但很少有人知道，曾有10多万优秀的瑞金子弟投身革命、壮烈牺牲。小学教材里“吃水不忘挖井人”的课文，我们开展的“致富思源、富而思进”教育，体现的都是感恩情结。

世界上的一切都值得人们感恩，只有心怀感恩，生活才会过得更加美好。那么，古今中外人们崇尚的感恩又是什么恩呢？一是父母的养育之恩。儒家孝道的思想，强调的就是这一点。第二是朋友的扶助之恩。关公身在曹营心在汉，不为曹操高官厚禄、重金美色所动，就是要报答他的生死兄弟刘备；《水浒传》里那么多性格各异、武功高强的好汉衷心追随宋江，就是因为这些人都得到过宋江的帮助照顾。第三是明主的知遇之恩。诸葛亮在刘备死后，还尽心竭力地辅佐才智低下的刘禅，就是要报答刘备“三顾茅庐”、礼贤下士的知遇之恩。

应该感恩祖国、社会和组织。改革开放使沉睡的中国取得了举世瞩目的成就，综合国力和世界影响力大幅提升，老百姓的物质和文化生活也随之得到了明显改善，使人们过上了幸福的生活，这个伟大的时代给了更多的人建功立业的平台和成功的机会，我们应该感恩这个激情燃烧的时代，应该少一些高谈阔论，多一些实际行动，给自己的国家、社会、党和政府多一些宽容和理解，为民族的振兴与社会的和谐稳定尽一份力量。同时还要看到，个人之所以能取得今天的成长进步，当然有个人的努力，但最根本的还是靠党和人民的培育，比如各种教育的引导之恩，帮助解决进步问题的栽培之恩，给予荣誉、奖赏的激励之恩，帮助解决切身利益问题的关怀之恩，乃至批评劝诫、拉袖敲钟的督责之恩，等等。大家可以平心静气地想一想，在你成长的过程中，能力的每一点提高，知识的每一点增长，每取得一点成绩，包括每得到一次晋升，背后有没有组织的培养帮助？因此，要永怀感恩之情、报答之心。

应该感恩自己的父母。一个人可以有太多太多的选择，但唯一不能选择的就是自己的父母。他们把生命、无私和爱给了我们，才有我们的一切。对待父母的态度，是衡量一个人是否具有良知的重要标准。中国古代的主流思想流派儒家，把“忠、孝、节、义”置于很高的地位。儒家认为，父慈子孝、夫妻和美、兄友弟恭是人伦的核心所在，这也是儒家思想的根本出发点和最终归宿。

在汉代，那时的人们还没有发明科举取士这个办法。当时选拔官员的办法有三种，一种是由士大夫推举；另一种是到山野之间寻访隐士；第三种就是举孝廉。也就是说，一个人只要尽孝就有可能当官。东汉末年的大政治家、军事家、文学家曹操，最初就是通过举孝廉，从而走上政治舞台的。《增广贤文》里面也说，“羊有跪乳之恩，鸦有反哺之义”。动物尚且不忘对父母报恩，更何况人呢？当然，后来的封建礼教把“孝道”推向了极致，“孝道”在一定程度上成了扼杀人性的一种利器，则是走向了问题的反面。但是，如果回到儒家思想的本源里面去看，感念父母的养育之恩，则无疑是极其正确并且应该坚持的。

当代孝子王一民，黑龙江人，70 多岁了，还用三轮车载着自己 102 岁的老母亲周游全国，一时被人们传为美谈。我们不要抱怨父母给予太少，他们赐予我们生命，辛辛苦苦拉扯我们长大，照顾我们生活，教导我们做人，养育我们成才，等到他们两鬓斑白时，依然会清晰地记得我们绽放的第一个微笑、喊出的第一个字、蹒跚迈出的第一步，记得我们成长路上的点点滴滴。面对他们，再华美的语言都是苍白无力的。作为儿女，没有理由不感恩、不尽孝。我们不能因为距离太远而望而却步，不能因为工作太忙而借口脱辞，不能因为经济困难而亏待他们，不能因为职务高升而故意疏远。其实，父母的要求并不高，哪怕是打个电话道一声平安、抽个时间常回家看看、生病住院能陪伴左右……他们也就心满意足、欣喜万分。

应该感恩伴侣和孩子。每当有压力的时候，是她们给予安慰；每当受挫折的时候，是她们给予鼓舞；每当在奔波的时候，是她们给予信心……家庭是心灵栖息的港湾，伴侣是船，孩子是帆，这都需要用心经营。否则，它就会时不时掀起风浪，甚至是狂风暴雨，吞没本已疲惫的小舟。如果夫妻之间翻脸无情，父母与子女形同路人，兄弟姐妹反目成仇。这些瞬间的风浪，都会带来巨大的创伤。家庭一旦刮风下雨，不会像风雨之后那样很快晴空万里，多多少少都会带来一点后遗症。大学者胡适，是“新文化运动”扛旗的人物，非常有学问，世界上一些著名的大学先后授予他荣誉博士学位 36 个，但他的婚姻是旧式的父母包办的婚姻。然而胡适没有嫌弃这个妻子，和这个大字不识一个的小脚女人一起过完了一生。很多进步学者虽然批判了胡适的改良思想和资产阶级学术观点，但对胡适的人品都十分推崇。因此，每一个人要怀有感恩之心，精心呵护和经营这个最珍贵的港湾。

应该感恩对手。人的一生，成就事业，都要竞争，必将与对手相遇。在许多时候，他们显得比朋友更真诚，当他们打击你时，不会给你留丝毫情面；当他们奚落你时，那份冷酷与绝情让你刻骨铭心。是对手的无情使你增长本领、走向成熟、创新突破、获得成功，使你在竞争中求得发展。感恩对手，就要强化自己的职业道德品质修养，做一个品德高尚的竞争者；感恩对手，就要珍惜社会财富和缘分，探讨合作共赢的可能性；感恩对手，就要向他们学习，特别是珍惜与高手过招的机会，并关注对手，尊重对手的权利。

每一个人应该感恩生活，少一点抱怨、多一点激情，少一点批评、多一点赞美，少一点忧虑、多一点微笑，少一点欲望、多一点知足；还应该感激每一缕阳光、每一阵清风、每一场春雨、每一片冬雪。是它们带给我们好心情，是它们让我们体会到自然与生命的美好。感恩是一杯清醇的酒，使人生甜醉；感恩是一首浪漫的诗，使人生向往；感恩是一曲动人的音乐，使人快乐。学会了感恩，生活就会充满激情；学会了感恩，人生才会充满阳光。

◎ 做知足常乐者

古人说：“知足者常乐，贪婪者常悲。”这非常符合儒家的“中庸之道”。一切以行为适中、折衷为宜，不能什么也不追求，也不要过分追求，凡事要讲究“度”。简言之，就是对幸福的追求持一种极易满足的态度。一个人知道满足，心理就时常是快乐的、达观的，有利于身心健康。相反，贪得无厌，不知满足，就会时时感到焦虑不安，甚至是痛苦不堪。

古人的“布衣桑饭，可乐终生”是一种知足常乐的典范；诸葛亮“宁静致远，淡泊明志”中蕴含着知足常乐的清高雅洁；陶渊明“采菊东篱下，悠然见南山”中尽显知足常乐的悠然；沈复所言“老天待我至为厚矣”表达了知足常乐的真情实感。曾国藩认为人生一切都“不宜圆满”，以免乐极生悲，并把书房命名为“求阙斋”，体现了知足常乐的智慧。林语堂说，半玩世半认真是最好的处世方法，不忧虑过甚，也不完全无忧无虑，才是最好的生活，同样体现了知足常乐的幽默。

关于不知足的心态，明朝有一首民谣描述得很形象：“终日忙碌为了饥，才得饱食又思衣。冬穿绫罗夏穿纱，堂前缺少美貌妻。娶下三妻并四妾，又怕无官受人欺。四品三品嫌官小，又想面南做皇帝。一朝登了金銮殿，却慕神仙下象棋。洞宾与他把棋下，更问哪有上天梯？若非此人大限到，上得九天还嫌低！”有这样一个故事：说的是有一个人很穷，成天靠乞讨过日子，但无牵无挂，日子过得也很快乐。有一天偶然挖到了一个金罗汉。他就用这个金罗汉换来的钱买房子买田地，娶老婆雇佣人，当上了财主。但从此以后却一直闷闷不乐。他老婆就问他："你原来什么都没有，现在什么都有了，怎么反而不快乐呢?"这个人却说："人们都说十八罗汉，现在我只挖到了一个，还有 17 个不知在哪里，你叫我怎么快乐得起来呢?"

还记得一篇题为《爸爸的追求》的文章，大意是这样的：一个勤劳有追求的爸爸，为了过上好日子，先是白天拼命干苦活养家糊口，晚上去上夜校提高文化素养，通过努力谋求了一份高级管理员的工作，实现了买高档衣服、出国旅游的梦想。但他又有了当经理的新目标，到了一所大学去进修，经过努力，爸爸当了经理，买了新房，雇了女佣。但爸爸还不满足，他继续深造，两次得到提升，实现了在海边拥有一所别墅的梦想……每当我们抱怨爸爸跟家人在一块的时间太少的时候，爸爸总是说他所做的一切为了我们。然而，等他们搬进新别墅的第一个晚上，爸爸终于向家人宣布说，他决定不再深造，不再想提升之事，多些时间陪陪家人。可是第二天，爸爸就去世了。

读罢这篇短文，我感慨万千。在当今节奏更快、五光十色的世界上，谁都想得到更多的满足，而在短暂的满足面前，常常又无法让自己“心安”和“知足”，因为又有新的目标在召唤你了。对此，有的人总不满足，在充实和忙碌中忽略了人生中一些真正美好的东西，太沉太重的物欲把幸福和快乐都葬身于波涛汹涌之中。

老子说：“祸莫大于不知足，咎莫大于欲得。”在改革开放的环境中，“外面的世界很精彩”，吸引人、诱惑人的东西很多。有些东西，人们不该享有，也不能去获取。这就要遏制自己的欲望。人的欲望与生俱来，挥之难去。同时人又是具有理性的高级动物，这就需要把握好“度”，既要抵制官欲，又要抑制物欲、钱欲，还要限制生理上的某些欲望，哪一种欲望过度，都会出毛病。过度的欲望满足不是幸福，而是一种自我放纵。官多大才算大，钱多少才算多？特别是为官从政者，一定要做到制欲戒贪，过好权力、金钱、美色关，永葆政治上的坚定和思想道德上的纯洁。也就是说官欲、钱欲、色欲不可强。

知足常乐，贵在调节。知足者，就会自己走自己的路，让别人去说吧！不知足者，觉得任何人和事都不如己意。人拥有多少，才能满足呢？悠闲心境，淡泊名利，不奢望钱权更迭，不贪恋尘世繁华，谈到知足常乐，谁都懂，但到了紧要关头，却忍不住利欲熏心，幻想着多一点再多一点，好一些再好一些，成为人上人，住着花园别墅还有不甘，拥有国色天香、花容月貌犹嫌不足。人在苦难中不知足，锦上还要添花，火上还要再浇油，谁还想这瞬间的繁华，所谓的幸福，一时的欢乐，终会油尽灯灭，曲终人散，空有金银千万，人生不过百年，等到花落人亡时，谁还能把荣辱带进地府里？

一个人想拥有什么才知足？有了明天的早餐是乞丐的满足，有了农作物的丰收是农民的满足，有了足额的薪水是工人的满足。商人逐利，赚钱越多越好。仕者追名，但愿留得青史，不负今生为官一任，造福一方；为人父母，希望孩子未来前程。人人都有欲望，处处可见追求。

其实，人有时候是最容易感到知足的。人在饥饿的时候，一口粗茶淡饭爽口舒胃，让人饱嗝连连；风雨中，一尺廊檐遮风避雨，让人浮想联翩；孤独失意时，一缕温馨的安慰与祝福，让人声泪俱下。当做一件事情得心应手、通畅无阻时，就会感到满足；当完成一项时间紧迫的任务，未出什么差错时，就会长长地松口气，顿时神清气爽；甚至在灵机一动之间想出了一个好主意、提出了一个好的策划或是读到了一篇好文章，都会有一种因满足而带来的轻松愉悦。

然而，“不知足”更是人类天生独特的秉性，因为与知足常乐相比较，不知足才是长久的、绝对的。吃粗茶淡饭的人不知足，希望吃大鱼大肉；在廊檐避雨的人不知足，希望尽可能早地回到温暖而又舒适的安乐窝；习惯单身与孤独踯躅同行的不知足，更希望有一天能品尝一下爱与被爱的酸甜苦辣。俗话说："人心不足蛇吞象"，说的就是这个道理。

有一个民间故事：明朝有个叫胡九韶的人，家里非常贫困。他一面教书，一面努力耕作，仅仅可以衣食温饱。但每天黄昏时，胡九韶都要到门口焚香，向天拜九拜，感谢上天赐给他一天的清福。妻子笑他说："我们一天三餐都是菜粥，怎么谈得上是清福?"胡九韶说："我首先很庆幸生在太平盛世，没有战乱祸患。又庆幸我们全家人都能有饭吃，有衣穿，不至于挨饿受冻。第三庆幸的是家人没病也没有犯法坐牢的，这不是清福是什么?"由此可见，快乐、幸福都是建立在自我知足的基础上的。

欲望是人的天性之一，如果被赋予了不知足的心态，那么再迈一步就可能是贪婪，就是犯罪，甚至是坟墓。人们时常觉得"不开心"，根子就在于很少想到自己已经拥有的，却总是想着自己所没有的。轻视乃至忽视自己拥有的，抱怨自己所没有的，人当然就无法快乐起来。纵观一些腐败分子，他们贪心极度膨胀，欲望无限放纵，最终走上了犯罪道路，个人痛苦不堪，家庭幸福俱毁。

善良的人性和正直的品格决定了一个人的价值取向。做到知足常乐，关键是要保持一种做人的平和心态和乐于奉献的思想境界，就是要淡泊名利、学会平衡、顶住诱惑，在政治上把握住方向，在权利上把握住原则，在修养上把握住人品，在生活上把握住小节。

马克思年轻时就说过："如果我们选择了最能为人类福利而劳动的职业，我们就不会为它的重负所压倒，因为这是为人类所作的牺牲；那时我们所感到的将不是一点点自私而可怜的欢乐，我们的幸福将属于千万人，我们的事业并不显赫一时，但将永远存在。"这几年全国宣扬的典型郑培民、任长霞、牛玉儒等，他们之所以能做到忘我地为人民群众谋利益，一个重要原因就是思想境界很高。他们的事迹，再一次验证了"知足知不足，有为有弗为"的普遍意义。

生活就像一张网，想网大鱼却被撞出了窟窿，最后连小鱼也网不住。知足是一种智慧的表现，常乐是一种最高的境界。如果人们能以"知足常乐"的心态享受生活，以"不知足常乐"工作态度去创造、追求更高的人生目标，这样，幸福快乐就会永远陪伴左右。

◎ 时时想着沉甸甸的责任

责任是一种沉甸甸的感觉，责任重于泰山，它是志士仁人薪火相传的思想标杆，是华夏子孙生生不息的精神动力。陆游临终遗训“王师北定中原日，家祭无忘告乃翁”，抒写了“天下兴亡，匹夫有责”的情怀；杜甫大声疾呼“安得广厦千万间，大庇天下寒士俱欢颜”，展示了“身无分文，心贴天下”的境界；林则徐口占示家人“苟利国家生死以，岂因祸福避趋之”，体现的是“虽蒙受冤屈，但不减报国志”的品质。

所谓责任，就是分内应做的事情，也就是承担应当承担的任务，完成应当完成的使命，做好应当做好的工作。德国诗人歌德说得更有诗意：责任就是对自己要求去做的事情有一种爱。

有这样两则关于责任话题的报道：上海一个叫“莲花河畔景苑”的在建楼盘，突然发生整体倒塌事故，让所有人震惊不已。目前，事故原因虽已查明，相关责任人也正在被追究，但塌楼事故留给我们的不是饭后笑料，而是深刻的警示。

无独有偶，还是在上海，去年也发生了一起备受社会关注的事件，著名的外白渡桥被通知要进行全面检修，但该桥的“体检通知单”却是由英国一家设计公司主动寄来的。他们提醒上海市政府：“此桥使用年限为 100 年，现已到期，为安全起见，请注意维修。”一家企业，竟能对建造在他国的一座桥梁履行一个世纪的庄重承诺，这无疑为国人上了生动的一课。

一起是楼还未建好就已经倒塌，造成了不可挽回的损失；一起是桥临近“病危”但及时得到维修，避免了一场灾难的出现。透过这两起紧密关联而结局完全相反的事件，不得不引发人们对“责任”的思考。

在这个世界上，每一个人都扮演了不同的角色，每一种角色又都承担了不同的责任，从某种程度上说，对角色饰演的最大成功就是对责任的完成。每一个人从小就被告知，既要坚守自己的职责，也要勇于承担自己的责任。因为在这个社会中，每一个都是其中的一份子，必须坚守责任。因为坚守责任就是坚守人类自己最根本的人生义务。责任感是无价之宝，无论是对自己、对他人，还是对国家、对社会，任何时候都不可或缺。

人生因尽责而伟大，生命因尽责而辉煌。这一深刻的哲理，在许多贤人伟人的身上得到了充分体现。

范仲淹身在庙堂之外，仍然“先天下之忧而忧，后天下之乐而乐”；顾炎武弃科举、绝名利，却不忘“国家兴亡、匹夫有责”；鲁迅发出“我以我血荐轩辕”的呐喊，直面现实，弃医从文；孙中山、毛泽东、周恩来等革命领袖年少时开始心怀天下，救国救民；改革开放的总设计师邓小平同志，历经磨难志不减，在国家和人民需要时，他说：“我出来工作可以有两种态度，一种是做官，一种是做点工作。我想谁叫你当共产党人呢？既然当了，就不能做官，不能有私心杂念，不能有别的选择。”他们对“责任”的理解和践行，犹如一座座无言的丰碑，流芳百世。在这里，责任成了人格的化身。

责任是道德大厦的奠基石，是人生成功的推动器。道德的基本体现，比如官德、师德、医德、商德、艺德，社会公德、家庭美德等等，都是以责任为基础和前提的。有责任感的人，受人尊敬，让人放心。失去了责任感，人生之路就会缺少光彩。很难想象，一个对自己、对家庭、对社会不负责任的人，怎么能成就事业、获得幸福？一个推卸责任、不敢担当的人，怎么能赢得组织和群众的信赖？

诸葛亮在《出师表》中称自己要“鞠躬尽瘁，死而后已”，这正是他心中有着强烈责任感而催生出雄心壮志。司马迁身处逆境不沉沦，写出了宏篇巨著《史记》，被鲁迅称为“史家之绝唱，无韵之离骚”，也是因为强烈的历史责任感支撑着他成就了伟业。许多事实说明，一个人能力有大小，但有了责任心，能力强的可以把工作做得更好，能力相对弱的可以在实践中不断提高，把工作越做越好。这就是责任产生勇气、智慧和力量带来的效果。

责任心是做人之本、成事之基、为官之要。一个人不论职务高低，都对某一个单位的建设、对某一方面的工作负有责任。一个有责任心的人，只有尽好职才能让上级放心、让他人真心、让爱人宽心。

尽好职就要热爱本职。热爱是最好的老师。热爱能产生动力、热情和韧劲。为了自己热爱的事业寝食不安，忘我工作，是事业心、责任感的具体体现。有了这种精神，无论在什么地方、到哪个岗位，都会对自己的工作充满激情，全身心地投入到所追求的目标中去，创造出一个又一个辉煌业绩。因为热爱能够为事业成功浇铸感情基础，打开智慧之门，提供精神动力。

有人问“航天英雄”杨利伟：“你是干一行、爱一行，还是爱一行、干一行。”他的回答是：“如果有多个岗位让我去挑选，那我是爱一行、干一行，如果组织需要我干哪个岗位，那我是干一行、爱一行。”这就告诉人们一个道理：干工作一定要喜欢它、热爱它。美国作家海明威说：“热爱是打开智慧之门的钥匙。”因为热爱，人们才会对自己的本职工作产生浓厚的兴趣，才会去主动地、经常地思考它、探索它，才会抓住偶然产生的灵感，才会在不断总结经验教训中寻求突破，最终到达胜利的彼岸。化学家门捷列夫第一个发现元素周期就是缘于热爱。

尽好职就要安心本职。这是前提和基础。干好一件事，光有一腔热情是不够的，还必须有安于本职的决心和勇气。只有安心本职才会不计苦累，才会守好阵地，才会干有所为。作为军人，他们所从事的职业决定了要以艰苦为伴，吃别人不愿吃的苦、吃不了的苦。有些岗位，明知很艰苦，也要去干；有些工作，明知有困难，也要去做；有些地方，明知有风险，也要去闯。“宝剑锋从磨砺出，梅花香自苦寒来”。今天的收获，是昨天奋斗的结果；今天的艰辛，将创造明天美好的未来。如果这山望着那山高，就会一事无成。

尽好职就要钻研本职。自古道：“在学言学，在商言商。”这就是说无论干什么，都要钻研自己的职业。只有钻研本职才能胜任工作，才能赢得机遇，才能干出业绩。俗话说得好：“没有金刚钻，别揽瓷器活。”人们所从事的每一项工作，都是在发展变化之中，只有努力钻研本职，争当行家里手，才能真正有所作为。

抗美援朝战争中，志愿军参战的飞行员多数刚刚从陆军改行而来的，普遍没念过几年书。他们就是凭着一股韧劲、钻劲，在不长时间里就闯过了飞行原理关，熟练掌握了飞行技术，创造了击落敌机 330 多架的辉煌战绩。相反，现在一些人素质不高又不知道去提高，本领不强又不想刻苦学习，在一个单位工作了几年，没有什么进展，没什么业绩，对本职工作不胜任，使单位建设长期在低层次上徘徊，影响了单位发展和个人进步。

《人生密码》这本书讲述了一个“竹笋理论”：竹笋要想成长为参天之竹，就必须经历在泥土里的磨难与破土冒尖的痛苦期，如果把握不住冒尖的命运，就会霉死在地下，永远没有机会见识天日，高耸入云。同样，一个事业成功的因素是多方面的，但最基本的就是要刻苦钻研本职工作，就要像达摩一样面壁十年，为的是破壁而出，修成正果。无数成功的经历也启示人们：不努力钻研本职，离开了岗位这个舞台，成就事业就成了无源之水、无本之木。

认识了立足本职成才的重要性，还要有科学的态度和方法，这样才算真正的尽责，才能有所作为。

要踏踏实实地干好每件事。坚决纠正和克服好高骛远和急功近利的心态，从手中活、身边事做起，从一个个具体问题做起，尤其要以锲而不舍的精神来干好每一件事，以严谨细致的作风来抓好每一件事，以埋头苦干的狠劲来落实每一件事。

20世纪60年代中期，酒泉卫星发射中心测试站在某型导弹发射任务的最后阶段，操作员王长山发现弹体内部一处插头接点上有一段几毫米长的小白毛。为了防止通电接触不良，确保试验任务万无一失，他连忙小心翼翼地用镊子夹，用细铁丝挑，但都未能取出，最后用一根猪鬃，费了很大劲才把这根小白毛挑了出来。著名科学家钱学森知道后，专门把这根小白毛收藏起来，并说："我要把它带回北京去，这是作风细致最典型的事例，每一个科技人员都应该从中受到教育。"

要以知责思为的精神安排好每一天。大家可以算一笔这样的账：一年365天，有126天是节假日，再除去正常的休假时间，剩下的只有200多天，有多少事情要做。因此，每一个人都应有一种时不我待的紧迫感，清醒意识到只有珍惜每一天、抓住每一天，才不至于"一夜醒来就落伍"，被时代所淘汰。抓住每一天，首要的是要安排好每一天，增强工作的计划性，牢固树立按计划落实工作的意识。对长远的、近期的、每一天的工作做出计划，既不能打乱仗，想起什么干什么，更不能拖延误事。就是要知责思进的状态干好每一天。人们经常可以看到这样的情况，有的人在一个岗位工作多年，过去是这样，现在还是这样，知识和才干都无多大长进，最终只能离开这个岗位；而有的人同处一个岗位，却一月一个样，一年大变样，让人刮目相看。每一个都应确立只争朝夕、惜时如金的思想，不虚度每一天，做到当天的事当天完。一定要有雷厉风行的工作作风，多办实事、大办好事、快办正事。就是要以知责思过的意识完善每一天。常言道，人非圣贤，孰能无过？但怕的是"人患不知其过"。一个不能思过的人，又怎么能做到履职尽责呢？大思想家韩非子说："知之难，不在见人，在自己。"看来，只有"每日三省吾身"，经常地反省自己，总结自己，才能发现自己的缺点，看到别人的长处，才能取人之长补己之短，不断完善自己，尽职尽责地做好工作。

要以开拓创新的精神创一流。时代在前进，情况在变化，过去确实管用的办法现在原封不动地搬过来，未必还能管用，有时还会起反作用。这就需要在工作中对那些不符合时代要求的传统做法坚决摒弃，并赋予它新的内涵。

开拓创新关键是开拓思路，把握好继承与发展的关系。前苏联有位哲学家，曾告诫人们要永远牢记两条真理：一是假若后人总是不肯推翻自己所承袭的传统，那么恐怕到现在我们还生活在洞穴之中；二是假若我们总是一味地否定传统，那么用不了多久，我们又会重新回到洞穴中去。解决“继承”的问题不难。没有哪一个单位部门、哪一个人会轻易否定或抛弃过去好的经验和做法。现在的问题是，如何做好“发展”这篇文章。

有这样一个有趣的事情：法国著名昆虫学家法布尔曾做过一项实验。他把一群蚂蚁放在一个圆盘的周围，使它们头尾相接，绕圆盘排成一个圆形。于是这群蚂蚁开始前进了。它们一个紧跟着一个，沿着圆盘的边前进，没有头也没有尾。法布尔在蚂蚁队伍旁边放置了一些食物，这些蚂蚁要想得到食物，就必须离开原来的队伍，不能再绕原来的圈子前进。法布尔预料，蚂蚁会很快厌倦这种无始无终、毫无目的的前进，而选择分散队伍、寻找食物。可是蚂蚁没有这样做，而是出于纯粹的本能，沿着圆盘的周围，一直以同样的速度走了七天七夜，一直走到累死饿死为止。这虽然是个生物现象，但有些单位、部门，有些人又何尝不是如此呢？在惯性思维的推动下，干工作就是大致类似的重复，没有多少创新，或是照搬照套他人的做法，结果总是走在别人的后面，因而跟不上日新月异的形势，无法取得创造性的成绩。强调开拓思路，就要站得高一些，看得远一些，一定要打破思维的定势。既要充分吸收借鉴过去一些成功的经验做法，同时又要根据新的形势和任务，开创新的思路，寻找新的途径。

要以顽强拼搏的精神创一流。俗话说："困难像弹簧，你强它就弱，你弱它就强。"在本职工作中，人们会不可避免地遇到各种困难。而有的人面对困难，不是缩手缩脚，举步不前，就是退避三舍或者逃之夭夭；而有的人，则直面困难，知难而上，顽强拼搏，以过人的勇气和胆识，奋勇进取，结果在本职岗位上做出一流的业绩。被中央军委授予"体坛尖兵"的速滑运动员叶乔波，就是一个不怕困难、勇于拼搏的典型代表。她在 20 年的体育生涯中取得了许多令世人瞩目的辉煌成绩，多次登上世界冠军的宝座，集众多荣誉于一身。尽管叶乔波有多次激流勇退、见好就收的机会，但她从不满足于已经取得的成绩，攀登体坛高峰的步伐丝毫没有放慢。在 1994 年的冬奥会上，她在身上有 4000 多个针眼、膝盖 6 处严重受伤的情况下，仍以顽强的毅力夺得了一枚铜牌，实现了冬奥会中国奖牌"零"的突破。

责任存在于生命的每一个岗位。在人的一生中，无论是富有还是贫穷，是幸福还是不幸，自己都无法选择，但能够选择去履行那些身边无所不在的责任。这是生命的召唤，这是勇敢的担当。

在前进的道路中，人们或许会遇到这样那样的困难，但只要懂得了责任，并且恪尽职守，奋力拼搏，人生就会有坚定走向和强劲动力，成功之路就在脚下。人的一生只有保持感恩进取、知足常乐的心态，坦然面对生活的挑战，就能够在烦躁喧嚣中过滤压抑与沉闷，沉淀一种默契与亲善，这样的人生就会更加丰富、更有意义。

第十七讲

风度 礼仪 形象

风度　礼仪　形象

FENG DU　LI YI　XING XIANG

当今世界，中国是最富有文明礼仪的国度。从周朝制定周礼，历数千年不断完善发展，除去封建王朝那些等级森严的陈腐内容相继被历史淘汰外，一些标示文明和进步及民族素质的礼仪，至今依然体现在我们生活的方方面面，成为人类十分重要的文化遗产。

中华民族的一代又一代圣贤们，既传承创造了一个又一个文明的辉煌，也书写成就了一份属于自己的灿烂人生。孔子教育弟子从读书识礼开始，率弟子三千讲“礼”、识“礼”、守“礼”，因而后来的一座孔庙、一部《论语》，供奉着世人灵魂和心神的安顿与栖息。历览古今圣贤事，体现东方文明底蕴的风度、礼仪、形象，如阳光、晨曦、彩虹一般，穿越智慧人生和瑰丽事业，熠熠闪光生辉，逾千年而不朽，深刻影响着现代社会生活中的人们。

◎ 漫笔风度说学养

风度最早是形容一个人文采出众的，风即风骚，是指国风和离骚；度，是指气量、内涵。后来人们将风度延伸到礼数。孔子云："文质彬彬，然后君子。"风度是一个人外在语言与内在气质的高度融合，是一个人道德之美、智慧之美、气质之美、性格之美、语言之美、表情之美、仪态之美的综合体现和具体反映。它表现的是一个人的文化素养。

中国具有五千年的文明史，素有"礼仪之邦"、"文明古国"之称，其中魏晋风度影响尤为深远。晋人在人们的印象里多是轻裘缓带，不鞋而屐。他们"简约云澹、超然绝俗"，表现出一派"烟云水气"而又"风流仙姿"的气度。魏晋风度，它作为当时的士族意识形态的一种人格表现，成为当时人们的审美标准。名士们崇尚自然，超然物外，率真任性。魏晋风度的极致，是陶渊明提出桃花源设想的精神渊源。他因为受政治逼迫而放浪形骸，但骨子里未敢忘掉忧国，一句"归去来兮"充满了对政治的热情。于是，以魏晋风度为开端的、与儒道互补的士大夫精神，从此奠定了它在中华文明中的重要地位。

大千世界，风情万种，风度也是如此。彬彬有礼，待人谦恭，衣着得体，举止不俗，富有教养，是绅士风度的基本内容。绅士风度，从传统意义上说，一般是属于比较有钱有地位且受过良好教育的人士的。但有钱未必就能表现出良好的绅士风度，现在社会上有钱人越来越多了，有绅士风度的人占了大多数，但一些有钱人的粗俗野蛮举止屡屡见诸报端，发生在人们身边。有地位也未必就有绅士风度。美国第三届总统杰斐逊和他的孙子驾着马车出游，在路上碰到一个陌生的奴隶脱帽向他们行鞠躬礼。杰斐逊举起帽子还了个礼，但他的孙子忙着和别人讲话，没有理会那个奴隶。杰斐逊严肃地说："我的孩子，难道你允许一个奴隶比你更有绅士风度吗?"

具备大将风度的人，往往能够做到临危不乱，镇定自若，运筹帷幄，决胜千里，且胜不骄败不馁。东晋大臣谢安，指挥淝水大战，以少胜多，打得苻坚草木皆兵，望风而逃。捷报传来时，他正与客人下棋，脸上并无喜色，只是淡淡地说，知道了，小儿辈破敌了。接着照样下棋，思路不乱。

风度的背后，需要道德和智慧的支撑。尽管不同的人群，对风度有着不同的要求，但从道德层面而言，具体体现为济世为先的胸怀、博古通今的学识、泾渭分明的个性、雍容大度的涵养、荣辱鲜明的人格、见微知著的睿智、不卑不亢的谈吐、彬彬有礼的举止。

嵇康是曹操的嫡孙女婿，其风度才华却比孟德有过之而无不及。据《晋书》记载，嵇康“龙章风姿，天质自然”，“叔夜之为人也，岩岩若孤松之独立。其醉也，巍峨若玉山之将崩”。他的风度源于千秋相传的《声无哀乐论》、《太师箴》、《明胆论》、《养生论》和许多美妙的诗歌，以及给人以遐想的绝唱《广陵散》。

以毛泽东、周恩来为代表的中国共产党人的风度是无与伦比、人所赞誉的。几年前，美国时代公司评选出1000年来最具影响的伟人，其中毛泽东位居第一。这种影响，更多地是指毛泽东主席展现于世的伟大形象、身体力行的道德情操和流传后世的精神遗产。有学者把毛主席的风度概括为“五种气”，即骨气、志气、勇气、才气、正气。这不无道理。

毛泽东主席的一生，是挺起脊梁进行战斗的一生，是永不向强权和邪恶势力低头的一生。他领导中国人民建立了一个新生的中国，从此挺直了脊梁，有尊严地立于大国之林，从此告别了屈辱挨打、积贫积弱的旧时代。他虽无高贵的家世和显赫的学历，但一生胸怀大志，自信能挽狂澜于既倒，救民众于水火，并为此坚定不移、百折不回地去奋斗，最终成就一番伟业。尽管他的一生曾遇到过很多挑战和抉择，但靠着一股非凡的战略勇气和理论勇气，率领红军完成了人类历史上从未有过的二万五千里长征这一壮举，取得了国内解放战争的战略胜利。他作为中国历史上乃至世界历史上的一位旷世奇才，他非凡的才华表现在军事、政治、哲学、文学等多方面。当然，这既有先天的聪颖，更靠后天的好学、博学和苦学、勤学。他一身的正气来自他大公无私的理想，来自他一心为人民服务、为国家奉献、为人类解放的高尚道德情操。为了革命的胜利，他先后有 6 位亲人献出了生命，其中就包括他的爱子毛岸英。

作为中国革命的奠基者，毛泽东主席不仅影响了中国，也以其伟大的成就和崇高的思想影响了世界，他甚至还成为了中国形象的代名词。直到今天，日本人还在苦读《论持久战》，西方仍在学毛泽东战法。他留给人们的宝贵精神遗产、高尚的道德情操和思想品质、树立起的丰碑般的形象，超越时空，历久而弥新。

也许有人会说，毛主席是一代伟人，他的风范普通人难以企及。话虽如此，但为人做事的基本原则都是相通的：靠骨气挺直脊梁，靠志气实现理想，靠勇气增添力量，靠才气书写华章，靠正气树立形象。

“宝剑锋从磨砺出，梅花香自苦寒来”。优美的风度令人羡慕神往，但它不是与生俱来的，需要内修和外炼。传说中，凤凰经过涅槃，浴火重生以后，它的羽毛会更丰满，叫声会更清脆，神采会更昂扬。风度犹如涅槃的凤凰，不经过长时间的积累和修炼，就很难达到理想的境界。

周恩来总理给人的印象永远是衣冠整洁、风度翩翩、神采奕奕、亲切和蔼，在国际外交舞台上赢得了赞誉。他被西方人誉为“东方的美男子”。总理真有古人潘安之貌吗？我想未必。真正让不同国家、不同肤色的人为之倾倒的不是他的容貌，而是他高尚的文明素养。但这一切都得益于他自己长期刻苦地修炼。早年他在南开学校读书时，就在一篇《镜铭》的文章中写到：“面必净、发必理、衣裳必整、纽必结；头容正、胸容宽、肩容平、背容直；气度：勿傲、勿暴、勿怠；颜色：宜和、宜静、宜庄。”

京剧表演艺术大师、“梅派”的创立者梅兰芳先生，始终保持着谦和谨慎的风度，总是谦恭有礼，从不摆架子，不疾言厉色。这种气质风度既来源于多年的传统礼仪文化的熏陶，也得益于他多年的文化知识方面的学习和钻研。梅兰芳原本文化水平并不高，但他坚持学习，虚心求教，不放过任何一个学习的机会。经过多年的学习，梅兰芳不仅能写一笔好字，他的绘画作品也成为人们争相收藏的珍品。而学养的提高，又极大地促进了他表演艺术的升华。

在竞技赛场内外，同样也可以体现风度。NBA 最佳中锋奥尼尔，在 37 岁时来到骑士队，将与队长詹姆斯并肩战斗。在新闻发布会上，他说："詹姆斯是我的队长，我的任务就是帮助他拿到总冠军。我很高兴当我退休之后，我可以对别人说自己曾经是伟大的詹姆斯的队友。"英超阿森纳队的阿尔沙文，在一次比赛中倒在了对方禁区里，裁判判罚点球，阿尔沙文急忙用他半生不熟的英语告诉裁判那不是点球，对方没有犯规。在他看来，要赢得比赛胜利，就要堂堂正正地去赢。他们身上体现出来的都是一种风度。

一个心灵高尚、心理健康、行为美好的人，风度就会如影随形、翩然而至。这种风度表现在自信谦虚的谈吐里，隐藏在无私的爱心中，流露在坦诚的微笑里，囊括在成功的泪水里。老子说："无为而治，无为而无不为。"告诉人们要在身心和谐中把握体态的适度，在"无为"中实现灵敏机智的追求，在轻松、恰当中追求力度，在环境的平衡中获取美，它强调的是一种恬静祥和却深入内心的力量。"理必求真，事必求是，言必守信，行必踏实。事闲勿荒，事繁勿慌，外圆内方，无欲则刚"，这是原民建中央主任委员黄炎培先生的座右铭。因此，容貌美丑，落地生根，无法改变；钱财多寡，身外之物，不能苛求；然而风度，只要静下心来读书，横下心来干事，狠下心来吃亏，在不久的将来，风度将会伴随你左右。

风度不分高低贵贱，不问年长年幼。对于每一个人来说，即使在平凡琐碎的生活中，也能够积累、升华和锤炼出真正属于自己的那份风度、那份精彩。

◎ 重读桐城“六尺巷”

一个人的素质，还要看他在礼仪方面的表现。中国是礼仪之邦，历来把礼仪看作人际交往的重要内容。清朝时，在安徽桐城有个著名的家族，父子两代为相，权势显赫，这就是张英、张廷玉父子。清康熙年间，张英在朝廷当文华殿大学士、礼部尚书。老家桐城的老宅与吴家为邻，两家府邸之间有个空地，供双方来往交通使用。后来邻居吴家建房，要占用这个通道，张家不同意，双方将官司打到县衙门。在这期间，张家人写了一封信给在北京当大官的张英，要求张英出面，干涉此事。张英收到信后，认为应该谦让邻里，给家里回信中写了四句话：“千里修书只为墙，让他三尺又何妨？万里长城今犹在，不见当年秦始皇。”邻居得知后十分感动，主动退让了三尺，后来张家也退让了三尺。这就是民间流传关于谦让“六尺巷”的故事。中国古代关于谦让的孔融让梨、“将相和”等故事比比皆是。谦让是中国古老的文化传统，也是礼仪的重要内涵。类似“六尺巷”的故事，之所以在民间口口相传，是因为它符合老百姓推崇认定的礼仪规范。

礼仪如同阳光，可以驱散阴云带来光明；如同春风，可以驱散寒冷带来温暖；如同彩虹，可以驱散孤独带来友谊；如同曙光，可以驱散黑暗带来希望；礼仪如同不败鲜花，盛开人间，永不凋零。

对于礼仪，人们很难给它下一个准确的定义。从个人修养的角度来看，礼仪是一个人内在品格和素质的外在表现。从交际的角度来看，礼仪是人际交往中适用的一门艺术，一种交际方式或交际方法，是人际交往中约定俗成的示人以尊重、友好的习惯做法。从传播的角度来看，礼仪又是在人际交往中进行相互沟通的技巧。

礼仪是文明的外化，是人们日常生活的规范和准则，它能够通过人们日常生活中的待人接物体现出来。遵循基本的礼仪，是塑造良好形象的基础。孔子云："不学礼，无以立。"中国是礼仪之邦，"来而不往非礼也"的古训人人皆知。一个人的社会形象不是孤立的，而是在社会交往与联系的过程中得以体现的。遵守礼仪使人际和谐、关系融洽、心情舒畅；不遵守礼仪会使人际紧张、关系不睦、心情沮丧。颜元说过："国尚礼则国昌，家尚礼则家大，身尚礼则身正，心尚礼则心泰。"在交流日益频繁密切的社会活动中，学习和掌握更多的礼节礼仪，就会时时处处展现良好的形象，不但能为组织和个体的形象加分，也能使人们的社会活动更加顺畅通达。

中国礼仪经过几千年传承不息，已经成为传统道德的一种载体和化身。它所体现的中华民族几千年的思维模式、行为方式和价值取向，影响着每一个中国人的日常生活和处事为人的准则。

在中国，礼仪常常与“诚”联系在一起。《孝经》中说：“礼者敬而已矣。”人们经常也讲“礼敬他人”，“敬”就是从内心对他人的诚心诚意的尊敬。礼的核心是敬。孟子说：“尊敬之心，礼也。”荀子也说：“人无礼不生，事无礼不成，家无礼则不兴，国无礼则不宁。”荀子所说的这个“无礼”，其实就是指没有诚信。提倡和讲究礼仪其实也是在提倡讲究诚信。不讲礼，就是不讲诚信。

《韩非子》里记载了这样一个故事：曾子的妻子要到集市上去，她的儿子哭着要跟着。曾子的妻子就说：“你回去吧，等我回来给你杀猪。”当曾妻从集市上回来后，曾子就要把猪捉来杀掉。他的妻子就说：“我不过是与小孩子说着玩罢了。”曾子说：“小孩子是不能与他说着玩的。他们没有辨别力，要跟着父母学，听信父母的教育。你现在骗他，就是教他欺骗。母亲骗了儿子，儿子从此就会不相信母亲。这不是教育孩子的好方法。”说完就把猪杀掉了。故事中的曾子实际上是在教育儿子诚实守信。在诚信问题上即使是针对自己家里的人，即使是针对小孩子，事情再小也不能掉以轻心。从根本上说，诚实守信是一种“守礼”的行为，而不讲诚信就是失礼。

谦恭礼让也是中华礼仪的重要表现。《易经》认为：“谦受益，满招损。”在古代，儒家就十分重视社会交往中的谦恭礼让。比如《左传·襄公十三年》说：“让，礼之主也。”《左传·昭公二年》说：“卑让，礼之宗也。”明确提出了“让”在礼中的重要地位。《礼记·曲礼》云：“夫礼者，自卑而尊人。虽负贩者，必有尊也，而况富贵乎？”这里的“自卑”就是“谦”与“让”，“尊人”就是“恭”与“礼”。在与他人的交往中，即便是小商小贩也有自尊心，也有受他人尊敬的需求。贫贱之人与富贵之人虽然社会地位和经济状况不同，但需要得到他人尊敬的心理是相同的。

尊师重道也是中华民族的礼仪传统。对于老师的尊敬也是礼的要求的一项重要内容。在古代社会，老师的地位极高，学生对老师从来都是毕恭毕敬的。见面要有问候的礼仪，上课要有听讲的礼仪，过节要有探望的礼仪，等等。古代拜师也要有礼仪，而且必须要在物质上体现出来，要送给一定的钱物，以示尊敬和庄重。

荀子在《礼论》中说：“礼有三本：天地者，性之本也；先祖者，类之本也；君师者，治之本也……故礼上事天，下事地，尊先祖而隆君师，是礼之三本也。”荀子把尊师上升到了“礼之本”的高度。中国古代，虽然等级森严，讲究尊卑贵贱上下的等差，但在尊师问题上却突破了这一限制。比如韩愈在《师说》一文中主张："无贵无贱，无长无少，道之所存，师之所存也。"意思是说人无论尊卑贵贱，对于老师都要保持尊敬。中华民族有着尊敬师长的传统，历史上也留下了许多的佳话。

孔子是中国历史上最著名的老师，也是对中华民族影响最大的老师。他自幼孤苦，但孔子勤奋好学，认真钻研，刻苦磨炼，学问和人品都进步神速，在三十多岁的时候，终于成为著名的学者。追随他求学的人达到三千多人，最有名的有七十多人。孔子生前和身后，他都受到了弟子们的真诚敬仰。而且，孔子的影响不仅限于他的弟子们，在中国几千年的社会发展中，孔子越来越受到国人的尊敬，以至他被封建统治者封为"至圣先师"。可见他受尊敬的程度。继承孔子衣钵的孟子也有许多学生，并且他说，得天下英才而教育之，是最快乐的事。他在教育方面的影响也很大，以至后人尊称他为"亚圣"，地位仅次于孔子。

据《宋史》记载，程颢与弟程颐是宋代理学大家。进士杨时为了丰富自己的学问，辞官赴河南颍昌拜程颢为师，虚心求教。听到程颢去世的消息以后，杨时就在家设立恩师灵位进行悼念。后来，他又拜程颐为师。一天，他与朋友游酢一起去拜见老师，正遇上程颐闭目养神，这时又开始下雪，两人求学心切，就恭恭敬敬地站在门外等候。等程颐醒来时，门外的积雪已有一尺厚了。这就是历史上著名的“程门立雪”的故事。杨时、游酢这种尊师重道的精神值得后人学习。

中华礼仪经过几千年的传承繁衍，已经具有了深厚的文化内涵。它源远流长、博大精深，又多姿多彩、气象万千。因此，讲礼仪、学礼仪、守礼仪是为人处事必备的本领。具体地说，人们要学习掌握好处世、出门、访人、会客、旅行、对众、馈赠、庆吊、仪表、坐姿等方面的礼仪。

处世礼仪：无道人之短，无说己之长。口为祸福之门，话要经一番考虑再说。见失意人，不说得意语；见老年人，不说衰丧话。交浅不可言深，绝交不出恶声。不侮辱人，不与人开玩笑。与残疾人会面，须格外恭敬。对肩挑小贩苦力，莫讨便宜。施恩求忘，受恩必报；开罪于人须求解，开罪于己应加恕。善人自当亲近，须要久敬；恶人自当敬而远之。遇事要镇静，做不到的事，莫妄逞能。瓜田不纳履，李下不整冠。凡事要合理智，不可偏重感情。己所不欲，勿施于人。凡求教他人的事，必须造门请问。

出门礼仪：衣冠不求华美，惟须整洁。见长者，必趋致敬。登高不呼，不指，不招呼。路上不吸烟，不嚼食物，不歌唱。夜必归家，因事不能归时，必先告家人。车马繁杂冲区，不招呼敬礼。不立在路上久谈。不走马路中间，越路须先向左右看清，不可与汽车争路。行走时，步履宜稳重，并宜张胸闭口，目向前视。遇妇女老弱，应尽先让路让座。途中有人问路，须详为指示；问路于人，须随即称谢。一人不入古庙，两人不看深井。逢桥先下马，过渡莫争船。舟车上不探首或伸手出窗，并不得随便涕痰。

访人礼仪：先立外轻轻叩门，主人让入方入。入内有他客，主人为介绍，须一一为礼，辞出时亦然。入内见有他客，不可久坐；有事，须请主人另至他所述说。坐谈时见有他客来，即辞出。坐立必正，不倾听，不哗笑。不携一切动物上堂。主人室内之信件文书，概不取看。谈话应答必顾望。将上堂，声必扬。户开亦开，户阖亦阖；有后入者，阖而勿遂。主人欠伸，或看钟表，即须辞出。晋谒长官尊长，应先鞠躬敬礼，然后就座；及退，亦然。与长官尊长，及妇女行握手礼时，应俟其先行伸手，然后敬谨与握。访公教人员，必先问明其上班钟点，不可久坐闲谈。访客不遇，或留片，或写字登留言牌。

会客礼仪：见先致敬，熟客道寒暄，生客请姓字住址。及门先趋，为客启阖。每门必让客先行。入门必为客安座。室内有他客，应与介绍，先介幼于长，介卑于尊，介近于远，同伦则介前于后。敬茶果先长后幼，先生后熟。主人必下座，举杯让茶。客去必送致敬，远方客必送至村外或路口。远方客专来，须备饮食寝室，导厕所，导沐浴。远方客去，必送至驿站，望车开远，始返。

旅行礼仪：将远行，必辞亲友，祭祖辞亲。远到目的地，必先拜访有关人士。归来必谒亲友，或略送土物远行之亲友辞行，必往送行，事前或赠物，或宴饯。远方客来拜访，须往答拜，或设宴接风。旅人归来拜，须诣回拜，或设宴洗尘。受人之送行及饯别，达到所在地，须一一函谢。人之接风或洗尘毕，须还席。入境问禁，入国问俗，入门问讳。入国不驰，入村里必下车马。

对众礼仪：他人正谈话，不在中间插言。两人对谈，不向中间穿走。不高声喧哗扰乱他人视听。不横坐，不横腿，不扪脚。不隔席谈话。坐不掀起椅凳之后方。衣帽不加于他人之衣帽上。不向人喷水吐痰。不向人呵欠，舒伸，嚏喷。

馈赠礼仪：礼尚往来，来而不往，往而不来，皆非礼也。赐人不曰来取，与人不问所欲。赠人物品，必谦必敬，外必用包裹，婚丧庆寿例外。平素赠物，座有他客，须避观听，远来及初晤，可不避。受赠先略谦辞后受，称谢，逾日须往拜。长者赐，不敢辞。

庆吊礼仪：参加吉礼，不谈衰丧话，不戚容，不啼泣。居丧不参加吉礼，只送仪物。丧服不入公门，不观吉礼。贺婚在众宾前，辞不谐谑。临丧不笑。里有殡，不巷歌。饭于丧家，酒不赭颜。佩会葬徽章者，礼终即卸去，不佩带他往。

仪表礼仪：选择适当的化妆品和与自己气质、脸型、年龄等特点相符的化妆方法，选择适当的发型来增添自己的魅力。化妆的浓、淡要视时间、场合而定，不得在公共场所化妆，不得在男士面前化妆，不得借用他人的化妆品。男士不要过分化妆。服饰的礼节要注意时代的特点，体现时代精神，并且符合自己的性格特点和体形。

坐姿礼仪：对于一般人来说对生活中的基本礼貌礼仪都会比较注意，人们出于礼貌在公共面前都会以收敛的态势从而防止自己表现出不良的举止。然后坐姿礼仪却是最考验人的，也是最能体现气质与美的。正确规范的礼仪坐姿要求端庄而优美，给人以文雅、稳重、自然大方的美感。坐，作为一种举止，有着美与丑、优雅与粗俗之分。正确的礼仪坐姿要求“坐如钟”，指人的坐姿像座钟般端直，当然这里的端直指上体的端直。就座后，坐姿应端正，但不僵硬。不要用手托腮或双臂肘放在桌上。不要随意摆弄餐具和餐巾，要避免一些不合礼仪的举止体态，例如随意脱下上衣，摘掉领带，卷起衣袖；说话时比比划划，频频离席，或挪动座椅；头枕椅背打哈欠，伸懒腰，揉眼睛，搔头发等。

这些礼仪常规，其实并非中国独有，东西方国家都有相对明确的规定，因为国家的整体形象，与国民的素质是密切相关的。所以，中国农民游客在国际航线的飞机上脱鞋、大声喧哗之所以被国外媒体大肆炒作，说明今天我们倡导礼仪的必要。

◎ 人人都做“形象大使”

当今世界，形象问题比以往任何一个时代都显得更加重要，“大国形象”、“形象大使”等字眼不时吸引着人们的眼球。大到一个国家、一个政党、一个政府和一支军队，小到一个医院、一个学校、一个公司、一个家庭甚至我们每一个人，大家都在争先恐后地塑造形象，力争把最完美的形象展示给世人。因为，形象是一种有效的资本。

什么是形象？形象就是人们通过视觉、听觉、触觉、味觉等各种感觉器官在大脑中形成的关于某种事物的整体印象，简言之是知觉，即各种感觉的再现。

对形象的探索，始于古代中国。从庄子开始，基本上形成了贵无贱有、贵神贱形的传统。嵇康在《养生论》中认为，“形恃神以立，神需形以存”，辩证地阐明了“形”、“神”的关系。同时，他也认为“形”与“神”比较起来，

"神"为本为贵，"精神之于形骸，犹国之有君"。

形象是一种生动的语言、无声的魅力，它反映出一个人的道德修养，也向人们传递着一个人对生活的内心态度。好的形象往往给人以美的享受，令人身心愉悦。从古时的秦皇汉武到毛泽东等风流人物，从当代的诺贝尔奖获得者、著名学者杨振宁到体坛明星姚明、刘翔，再到军旅英模丁晓兵、李大为等，无不代表了中华民族伟大而光辉的形象。而不良的形象却让人退避三舍，望而却步。一个具有优雅脱俗形象的人，无论他走到哪里，都会给那里带来文明的春风，给人们留下深刻的印象，得到人们的尊重。

形象与事业、机遇息息相关。一个人的形象与他所从事的事业、与他一生赢得的机遇有着很大的关联。美国钢铁大王卡内基小时候家里很穷，有一天，他放学回家时经过一个建筑工地，看到一个穿着华丽、像老板模样的人在那儿指挥。于是，他走上前去问："你们在这儿盖什么?""要盖个摩天大楼，给我的百货公司和其他公司使用。"老板模样的人回答道。"我长大以后要怎样才能像你这样有出息?"卡内基羡慕的问道。"买件红衣服穿!"那人说道。聪明的卡内基一脸疑惑，问："这与成功有什么关系呢?"

"有啊!"那人指着一群正在干活的工人们说道，"你看那个穿红衬衫的工人，我已经注意他几天了，他的身手与其他人都差不多，但我认识了他，所以过几天我会请他做我的副手。但其他人都穿着清一色的蓝衣服，我一个都不认识。”这个事例告诉人们：成功有时非常简单。穿上一件红衣服，展示自己的良好形象，就能吸引他人更多的目光，赢得更多的机遇。

英国小说家萨克雷说：“每个人的脸上都写着一个标志着信誉的字母。”一个人良好的外在形象就是自己最好的广告。他人往往会根据自己的第一印象，来对一个人作出相应的评价。许多具有世界影响力的企业家，都是经过长时期的修炼、包装与宣传，才拥有光彩夺目的形象的。

比尔·盖茨十分注重自己的形象，曾请专家对自己的形象进行设计包装。一次，他要在拉斯维加斯发表一场题为“信息在你的指尖上”的重要演讲。但演讲并不是盖茨的强项，为此他专门请来了演讲博士杰里·韦斯曼为自己演讲作指导。韦斯曼从盖茨的演讲词到手势、表情，都作了精心设计，并一起排练了 12 个小时。正式演讲时，人们看到盖茨一改往日懒散随意的形象，穿了一套昂贵的黑色西服，再加上精彩的演讲，从而获得了巨大成功，盖茨的形象魅力也因此而得到大幅提升。

塑造自己良好的形象，不能坐而论道、高谈阔论，而要付诸实践、见于行动。首先，要加强自我的学习。古语讲：“腹有诗书气自华。”学习是增长才干、增进品德的重要途径。北宋名将狄青在延安府服役时，果敢勇武，在抵御西夏入侵等战斗中屡立战功。因为作战勇敢，被推荐给当朝宰相范仲淹。范仲淹把《左氏春秋》送给他说：“将不知古今，匹夫勇尔。”激励他发愤读书，努力成为智勇兼备的军事人才。此后，狄青发愤学习，博览史书，贯通秦汉以来将帅兵法，并把学习所得运用于实践，终于成为智勇双全、屡建奇功的一代名将。每个人要从中获得有益启示，自觉让学习成为习惯，成为一种重要的生活方式。

树立远大理想也是塑造自身良好形象的重要因素。古人云：“胸怀天下，则气度不凡。”真正有理想有抱负的人，他所散发出的那种气质也是令人敬佩的。早年孙中山想拜见时任湖广总督的张之洞，到了都督府，递上了自己的名帖，要以兄弟之名拜见张之洞，等了一会，张之洞派副官传出话来：“持三寸帖，见一品官，儒生安敢称兄弟?”孙中山坦然对答：“行千里路，读万卷书，布衣亦可傲王侯。”一席话讲得不卑不亢，落落大方，不禁令张之洞肃然起敬，接见并与之长谈，虽然因政见不同，最终两人没能真称“兄弟”，但孙中山这种胸怀天下、傲然于世的气质还是令张之洞敬佩。而毛泽东生于湖南韶山普通人家，但他一生胸怀大志，树立了远大的人生目标，以“指点江山，激扬文字，粪土当年万户侯”的气魄，展现出了他的伟人风范。

塑造自己的良好形象，还要注意加强自身修养。形象是内在美与外在美的有机统一。外在美可以通过衣着打扮来获得，而内在美唯有通过全方位修炼、日积月累的养成才能获得。近年来，社会上出现了一些这样或那样的不和谐音符，比如交往中的庸俗化、工作中的浮夸风、学习上的不扎实等等，导致拜金主义、实用主义之风盛行。这就要求人们及时调整好自己的心态，坚持不懈地学习，持之以恒地养成，从而全面提升自身素质。

风度、礼仪和形象，是人的一生始终要面对的重大课题。有一位哲人这样说过："每个人都是自己前途最权威的设计者和建筑者。"如果说人生就是在建筑一座高楼的话，那么风度就像是大楼的外观，礼仪就像是大楼的内装修，只有内外的美结合在一起，才可以造出一座完美的人生大厦。

不论你身在学校，或身在企业，或身在机关，不管你是处庙堂之高，还是处江湖之远，都应该成为你那个部门、你那份职业的"形象大使"。即使你闲居在家，也应该是你那个家庭的"形象大使"。大家都注重形象了，那么世界将会对中国刮目相看，中国形象将会像我们的GDP一样，在世人的关注中迅速攀升。

第十八讲

恋爱　婚姻　家庭

恋爱 婚姻 家庭

LIAN AI HUN YIN JIA TING

星移斗转，沧海桑田。在不同的时代、不同的国度和不同的文化中，人世间的无数男人、女人们都在根据自己的体验和理解，周而复始地表达、描绘和歌咏着一种渴望，永不停歇地探讨、诠释和追求着一份情感——爱情。当月下老人用红线把每一对有缘的男女系在一起，便萌生出一段恋情，成就了一桩婚姻，组建起一个家庭。

恋爱、婚姻、家庭，是人的一生中最美妙的乐章。恋爱是一种真挚纯洁、情意朦胧的精神愉悦；婚姻是一种相濡以沫、牵手到老的心灵盟约；家庭是一个相知相守、风雨相伴的温馨港湾。人生如舟，浮在水中漂泊不定。爱情如楫，激荡涟漪；婚姻如水，载舟千里；家庭如帆，迎风破浪。一个人要想获得完美的人生，恋爱、婚姻、家庭三者不可或缺，只有追求和拥有了甜美幸福的爱情、婚姻、家庭，他的人生才会和谐美满，硕果累累。

◎ 掀开恋爱的“面纱”

爱情是神圣的、纯洁的、美好的和甜蜜的，它千古传诵，永留芬芳，一直令人们心驰神往。从“窈窕淑女，君子好逑”的美好愿望，到“青青子衿，悠悠我心”的幸福憧憬；从罗密欧、朱丽叶跨越生死情仇，到梁山伯、祝英台化蝶双飞；从唐代元稹“曾经沧海难为水，除却巫山不是云”对亡妻刻骨铭心的追思，到宋代李清照“寻寻觅觅，冷冷清清，凄凄惨惨戚戚”对家、国、情无穷无尽的怨愁；从陈铁军、周文雍刑场上的悲壮婚礼，到周恩来、邓颖超演绎的爱情传奇……人世间最美丽的语言、最动人的故事，都因为一个“爱”字而绚丽多彩。爱情让人相牵相挂，爱情让人海誓山盟，爱情让人欲罢不能。爱情是如此的美好，又是如此令人陶醉。

那么，爱情究竟是什么？它实在是太广博太深奥了，所以很难用语言、用常人的观念加以表达，用某种标尺去测量。不少哲学家、社会学家、心理学家、伦理学家以及文学家，都从不同的角度给爱情下过定义，但也难以形成统一的认识。前苏联伦理学家科恩认为，爱情是“建立在男女相互爱慕、相互关心的基础上的两性之间和谐、亲近的关系中伴随的一种感情”。美国心理学家弗洛姆说：“爱是一种艺术，它需要知识和努力。”他更多地强调爱的理性方面，如责任感、宽容、给予、关怀、尊重、理解等。保加利亚伦理学家瓦西列夫认为，爱情是理性与非理性的统一体，爱情在于对对象的深刻认识和了解，爱情是丰富多彩的情感光谱。马克思认为，爱情是男女双方基于一定的客观物质基础和共同的生活理想，在各自心中形成的对另一方最真挚的倾慕，并渴望对方成为自己终生伴侣的强烈感情。

有这样一个故事：在古希腊的神山奥林匹斯山上，曾住着一个怪物，它有前后两张脸，四只手臂，四条腿，背靠背地连在一起。它们每日同进同出，同吃同住，生活得十分惬意。但山上的众神却被吓坏了，就恳求主神宙斯的帮助。宙斯于是用一根长长的头发，从怪物头顶向下一剖为二，将其修为人形。这被劈开的两半痛苦极了，于是他们拼命的扑向对方，企图合二为一。这就是关于爱情起源的一个外国神话版本。

千百年来，无数的人们也渴求在生活实践中去学习爱的功课，去充实和发展爱情的内涵，去解读和揭示爱情的魅力，因而留下了一个个真实动人的关于爱情的故事。

在一个动乱的年代里，一个男孩对一个女孩说，如果将来我只有一个馒头，我会把一半给母亲，另一半给你。

于是，懵懂中的女孩爱上了这个男孩。

时光如梭，转眼两人到了谈婚论嫁的年龄。偏偏那一年村里发生水灾，男孩奋不顾身地投入抢救行动，他只顾忙着去救别人，却唯独没有去救女孩。事后，有人问他为什么，男孩说："正因为爱她，我才会去救别人。如果她死了，我也不会独自活在这个世界上。"女孩听说后就决定嫁给男孩。这一年女孩 20 岁，男孩 22 岁。

在闹饥荒的年月里，男人的家里常常揭不开锅，可男人总是让女人吃饱后才吃一点点，他一直履行着自己当初的诺言。后来只有一碗粥时，他们谁也舍不得吃，都想让对方吃下去，结果一碗粥一直放得发了霉。那时他们分别是 40 岁和 42 岁。

时间一晃而过，他们都成了年过半百的老人，可惜命运多舛，在男人 52 岁那年，他因家庭成分不好被挂上牌子在大街上批斗，而已 50 岁的她心甘情愿地陪着他。她说，无论如何，她都不会离他而去。

许多年过去了，他们成了 70 多岁的老人，常常手挽着手，行走在人流如潮的街头巷尾。他拉着她的手过马路，她脸上带着笑容颤巍巍地跟着他走。直到生命的最后一刻，他都不曾离开她一步。他告诉女人，如果她去了天堂，他也会在不久的一天与她再逢，再续前缘。

从这个故事中，我们体会到了一种最简洁却又最真挚的爱：它或许有时只是一句“你吃点什么”、“你歇一会儿”、“你冷吗”、“你别累着”的关心话语；或许有时就是一个亲昵的动作、一个充满爱意的眼神，甚至有时就是一种心与心的碰撞，一种心跳、依恋的感觉，总让人觉得有滋味、有甜蜜、有心醉、有幸福、有快乐……

“问世间情为何物，直教人生死相许。”一首经典歌曲的传唱，带给人们无尽地遐想。爱的“面纱”到底是什么？

爱是一种两情相悦的吸引，是男女双方心心相印的维系。歌德说：“青年男子谁个不善钟情？妙龄女人谁个不善怀春？这是我们人性中的至神至圣。”爱似一团跳动着的火焰，燃烧一切；它似皑皑白雪中的梅花，清香漫溢。它使人光彩夺目，充满活力；它使人谦逊温和，变得聪明。爱是尊重，是理解，是接纳，是包容，是真诚，是信任。马克思与燕妮因崇高的共产主义事业，而诞生了一份伟大的爱情。托尔斯泰与索菲亚因爱情而紧紧地连在一起，共同创作出世界名著《战争与和平》、《安娜·卡列尼娜》而成为佳话。孙中山与宋庆龄志同道合的爱情故事激励着一代又一代人……这些爱的本质决定了它有神圣的滋味！

爱是一种“衣带渐宽终不悔”的执着。爱是一种付出，一种精神，一种境界，一种品质，一种力量，一种持久，一种勇气。爱更是一种相互的担当，一种彼此可以交付一切、需要用生命来呵护的责任。真正的爱，是建立在完全信任对方的基础之上的，它没有抱怨，没有怀疑，没有不安全感；有的只是温柔呵护和关心支持，有的只是把对方放在首位，心甘情愿去为对方做任何事情。甚至为了爱情，有人愿意放弃王位和江山。2005 年 8 月 25 日，荷兰王子彼得·克里斯蒂安迎娶平民女子安妮塔。由于这桩婚姻未获议会许可，婚后王子将不再被认为是王室的一员，也将丧失王位继承权。但是，克里斯蒂安情愿为爱情放弃王位继承权，演绎了“爱美人不爱江山”的经典故事。这些爱的内涵决定了它有酸甜苦辣的滋味！

爱是一种美好祝愿。早在远古时代，人们就有“上邪，我欲与君知，长命无绝衰。山无陵，江水为竭，冬雷震震，夏雨雪，天地合，乃敢与君绝”的不懈追求，表达了对爱情的忠贞专一和至死不渝。由此说来，爱是一种责任，需要两副肩膀共同承担；爱是一种默契，需要两颗心灵互动感应；爱是一种付出，需要两份情怀相互奉献；爱是一种幸运，需要两人携手一起感受。这些爱的义务决定了它有沉甸甸的滋味！

爱是一生的承诺，爱是性命的相托。被评为“感动中国十大人物”的江苏苏州男子韩惠民，他用百姓最朴素的方式，回答了生活中最为深奥的问题：有比爱情更坚固的情感，有比婚姻更宏伟的殿堂。他为了一段相知、一句“要守护她一辈子”的承诺，用了34年的光阴，携妻子徐敏芳照顾初恋女友吴月瑛，唱响了一曲青丝变白发、不变是真情的动人恋歌。

还有这样一个关于真爱的故事：一对夫妻一块去爬山，终于攀到山顶高兴得手舞足蹈时，丈夫突然一脚踩空，高大的身躯打了个趔趄，随即向山谷滑去。短短的一瞬，正蹲在地上拍摄远处风景的妻子，下意识地一口咬住了丈夫的上衣，同时，她也被惯性带向崖边，慌乱中她抱住了一棵树。丈夫悬在空中，妻子紧咬牙关，她的牙齿上承担了一个魁梧身躯的全部重量。妻子不能张口呼救，一个小时后，过往的游客救了他们。而这时妻子的牙齿和嘴唇上都已染满了鲜血。有人问妻子如何能够坚持这么长时间？她回答说：“我不能失去我最爱的人！”在这位妻子的心里，爱就意味着付出，爱自己的丈夫，就要愿意为他付出一切。

当然，爱情不仅包括这些，它还包含了更多的内涵。如果一定得给爱下个定义的话，不妨可以这样说：爱是平淡生活中的油盐酱醋，没有它生活便无滋无味；爱是看到对方伤心，自己比他更难过；爱是当对方一贫如洗，依然甘愿跟他一生一世；爱是不爱一个人，即使家财万贯也不为所动的勇气；爱是不束缚、不占有、不渴望霸占对方一切的胸怀；爱是两个人并排站在一起看这个奇妙真实的人间；爱是无论遭遇怎样的风雨都不离不弃的坚持；爱是当他要离你而去，尽管心里难过，也不阻拦、不埋怨；爱是散步的时候能够有很多话说，并且愿意互相倾听；爱是不大会想起对方，但累的时候，知道它就是家。也许，爱还是对恋人才情气度、心灵智慧的由衷折服；是心有灵犀一点通；是秋风乍起的早上那个“多穿衣服”的电话；是对方卧病不起时的端水送药；是对恋人屡犯不改小错误的一笑了之；是为能长相厮守而并肩拼搏的心灵默契……其实，真爱是朴素无华的，需要我们在生活中用心去体会。

爱情像一个渡口，一个人将从这里出发，从少年走向青年，从由父母的哺养走向自我独立，从单身一人走向成家育子。因此，它充满着期待的焦虑，碰撞的火花，沁人的温馨，当然也有遭受挫折失败后的忧愁。

恋爱是男女双方你情我愿的事情，它不是盲目的，因而要把握爱的尺度，不强迫对方接受你的爱，也不强迫对方爱你；要懂得如何去给予爱，发自内心地给予，不求人回报地给予。法国著名作家司汤达曾总结出从恋爱到结合的“七部曲”：第一阶段是形成初步印象；第二阶段是有接近对方的欲望，总希望寻找机会与对方在一起，并久久不愿分手；第三阶段是默默期待中的矛盾与痛苦，即有一种不确定感、担忧感；第四阶段是恋爱关系的确立，双方深深地堕入爱河，觉得对方完美无缺，样样如意；第五阶段是崇拜、欣赏、赞美对方，而自己更是备受鼓舞，更觉得自己是为对方而活着，为对方赴汤蹈火也在所不惜；第六阶段是产生疑惑，感情的冲动渐趋平静，开始自问：对方到底有哪些东西值得我爱呢？怎样证明他（她）是真的爱我？问号和烦恼的出现，是因为彼此都发现了对方的某些缺点和不足；第七阶段是爱情升华，即真正肯定了爱的价值，经过内心矛盾之后实实在在去爱，认为爱人是不可取代的了。此时的爱情臻于成熟。

爱情不是可以寻找的东西，真正的爱情不是寻找来的。它是男女双方在思想、情操、志向、趣味上的共鸣与倾慕，是两颗年轻的心自然而然地交汇，是两个半圆经典地巧合成一个整圆的过程。“真正的爱是给予，不是索取。”爱，不是约束，而是去懂得。了解对方的性格，认清对方的人品，知道对方的喜怒哀乐。爱需要宽容和包容，忘记对方的不是，记住对方的好，这才是婚姻永远幸福的秘诀。

爱情发生于男女之间，决不只是单纯的异性吸引，应以平等互爱和自愿承担相应义务为前提。美国著名心理学家弗洛姆说：“爱的基本因素是关心、责任、尊重和认识。”责任意味着照顾、关心，也意味着尊重。爱情是要以自己对生命和生活的热爱去燃烧起另一个人对生命和生活的热爱，充实另一个人的生命感，使人的精神在爱的过程中得到升华。这种爱情才是可取的，也是正确的。

爱情是一种生命力的成长过程，是随时可变的，也是一个动态的过程。没有经历变化的爱情往往不大可能走到终点，双方也很难迈入婚姻的殿堂。在最初的一段时间里，一对恋人相知相恋，相互体会着对方的亲密和美好，这种爱炽热如火。不过，要这样长久地爱下去却不是一件容易的事情。这就需要磨合，给彼此留出空间。磨合得越好，爱情就会越持久，最初狂野奔放的爱也会逐渐平静下来，变成更浓烈、更深切。直到有一天，你变成了他生命里不可或缺的一部分，而他也将成为你人生中无法割舍的另一部分。

从心理学的角度而言，浪漫爱情起初是主观想象力的产物，是疯狂而热情的自我表现；爱情从浪漫到实际，是一个丢弃幻想、走向成熟的过程。但爱情的小舟有时也会遇到汹涌的波涛，甚至有倾覆的可能。因此，当恋爱中出现一些异常情况时，要勇于驾驭，善于化解，努力闯过感情的难关，从而赢得真正的幸福。

"执子之手，与子偕老"。可以想像，在这个世界上，人类很难有一种情感能像爱情那样深植人心、沁人心脾了。如果你遇上了一生的真爱时，一定要将它牢牢抓住，千万不要轻易放手，不要让爱情溜走，拥有爱情之后也不能忘记呵护它，更不能因为生活琐事而忘记了爱情的特殊。佛语说，前世一千次的回眸才换来今生的相遇。所以，当爱情来临时，一定要珍惜这来之不易的情感。

◎ 绕过婚姻的“暗礁”

俗话说，相爱容易相处难。男女结婚以后，就开始走上了一条漫长的“相伴旅行”之路。如果说恋爱是婚姻的序幕，那么婚姻才是人生的主题。它比恋爱更深刻、更具体，也更加现实。婚姻带给人希望，更带给人温暖；婚姻是停靠疲惫心灵的避风港湾，更是抵抗狂风暴雨的坚强堡垒。

在人生的“变数”中，我们无法选择自己的父母、家庭、出身这个前半生，但完全可以选择自己的后半生——婚姻的幸福，这就需要你去经营、去培植。可以说，婚姻就是我们的第二次生命，选择了婚姻就选择了一种生活方式，同时也选择了自己的人生命运。如果把人生比作一部书，书中最重要的章节莫过于婚姻了；如果事业是“前线”的话，那么婚姻就是坚实的“后方”。

古人云：“夫妇合而后家道成。”每一对走向结婚殿堂的男女，最初无一不是希望爱情永驻、白头偕老的。然而，随着时间的推移和夫妻生活中实质性问题的接踵而来，越来越多的夫妻发现，要实现这一目标是多么困难的事情。

有这么一个令人哭笑不得的真实故事：一对情侣用了几年的时间，才克服了空间距离以及种种现实障碍走到一起结成夫妻，谁知结婚才三个月就已经过不下去，快速办了离婚手续，成了陌路人。

离婚的理由很简单：本来小夫妻都在异地工作且与双方父母不在同一个城市生活，婚后为了遵循孝道打算回男方所在的城市发展。谁知一回家，男方的母亲就马上给新媳妇来了个下马威，摔出嫁入某家就是某家人，从此要服从家规等话出来……如今80后的新媳妇又怎堪承受这等重言和管教，结果婆媳之间闹了个不欢而散，丈夫夹在中间，感到左右为难，结果小夫妻俩又吵了一架。

本来这在家庭相处中也属常事，偏偏女的是家中的独生女，自小在父母宠爱中长大，自感凄凉无比，再加上在接下来的婆媳相处中一直无法适应，不久就草率提出离婚，男方也疲惫不堪，一段婚姻就这样划上了句号。

从这对年轻夫妻的婚变史中可以看出，幸福婚姻的建立需要夫妻双方的共同努力，光有美好的愿望是不行的。因为婚姻不是背靠背，也不是面对面，而是夫妻要手牵手地向前走。但现实生活中，却有不少人把婚姻想像得如天堂，一旦他们面对现实生活中的烦恼，就如梦初醒，就会痛苦失望，甚至还由此引发出“婚姻是围城”、“婚姻是爱情的坟墓”等感慨。究其原因，在于他们在选择人生伴侣之前，总是把对方想像得十分完美，因而一旦发现对方稍有缺点，就会感到失望。但他们往往忽略了最重要的一点，那就是这个世界上并没有十全十美的人。

婚姻不是牢笼，不是樊篱，也不是坟墓。有人害怕婚姻，害怕锅碗瓢盆的聒噪会扰了爱情的宁静，害怕柴米油盐的烦琐会磨了爱情的光环，害怕酸甜苦辣的混杂会乱了爱情的芬芳。的确，在婚姻旅途中，有时会出现一些婚前不可预见的问题，其中还潜伏着无数的暗礁、险滩，而处理好这些问题要比谈恋爱、结婚、生孩子困难得多。那么，如何驾驶婚姻这叶扁舟，绕过航程中的暗礁？这也许是自古以来人们共同关注的一个重要话题。

对多数人来说，爱情不会象瀑布一样永远惊涛拍岸，当经过一段暂短的激情后就会复归到平平淡淡的日子里，爱情在凡俗而不生动的婚姻中只是一条细细的支流。许多时候，现实中的失败婚姻，不是败于没有一份象样的工作、没有闪亮亮的铂金项链、没有宽敞明亮的房子、没有一顶实惠的官帽，而是败于终成眷属后在平庸生活中一方对另一方产生的厌倦。当爱情被抛弃时，无论以哪种寻死觅活的方式试图去挽留那变味了的爱情，都是留不住的。由此看来，美满的婚姻是与忠诚、宽容、沟通等美德紧密相连的。

婚姻需要忠诚信任。在美满和谐的婚姻中，忠诚和信任从来都是被放在第一位的。婚姻中的男女感情，是绝对的私人物品。男女从相识、相恋，到走进婚姻，直至走完一生的秘密武器就是忠诚信任。夫妻间要想保持婚姻的持久美丽，时刻不能忘记的就是对配偶情不外骛、忠诚可靠。夫妻间的忠诚，一是体现在经济上的忠实；二是体现在语言上的真诚。“言为心声”，语言是表达爱意和相互沟通的重要工具。不真诚的语言如果被妻子发现，第一反应就是：“你为什么要骗我，如果不是做了对不起我的事情，你为什么要说谎?”三是体现在行为上的忠诚。行甚于言。行为的出轨是导致配偶与你离心离德、最终劳燕分飞的直接原因。因此，夫妻间都要坚守住思想防线，把握住自己的行为，不让行为上有出轨迹象。这不仅是对家庭、对配偶的负责和忠诚，也是法纪道德的基本要求。

在忠诚的基础上，夫妻双方在思想、感情和行为上应当相互信任，不能胡乱猜疑，捕风捉影。在这方面，西汉文学家司马相如就提出了“长相知，勿相疑”作为夫妻间的行为准则，一直广为流传到今天。无独有偶，伟大革命导师列宁与妻子克鲁普斯卡娅也专门订了“条约”：互不盘问，绝不隐瞒。夫妻在婚后的生活中，不能听见风就是雨，因为一点小事，就闹得鸡犬不宁。夫妻双方首先要相互信任，长相知才能不相疑，不相疑才能长相知。

婚姻需要精心浇灌。爱情像是一株稚嫩的花朵，是需要养护、需要滋润、需要施肥、需要精心呵护的，否则等待它的只有枯萎凋谢。一位悲伤的少女求见莎士比亚，问：“先生，您曾写出了人世间那么多美丽动人的爱情故事，现在，我有件关于爱情方面的事请教您，希望您能帮助我。”“喔，可怜的孩子，请说吧。”莎士比亚说。少女停顿了一下，说：“我爱他，可是，我马上就要失去他了。”“孩子，请慢慢从头说吧，怎么回事？”莎翁慈祥地问。“我与他深深相爱着。他以他的热情，日复一日地用鲜花表达着对我的爱。每天早上，他都会送我一束迷人的鲜花；每天晚上，他都要为我唱一首动听的情歌。”“这不是很好么？”莎士比亚说。“可是，最近一个月来，他有时几天才送一束花，有时根本就不为我唱歌了，放下花就匆匆离去了。”“问题出在哪儿呢？你对他的爱有回应么？”“我从心底深深地爱着他，但我从来没有表露过我对他的爱，我只能以冰冷掩饰内心的热情。现在他对我的热情也在慢慢地逝去，我真怕，害怕有一天我会失去他。先生，请告诉我，我该怎么办？”

莎士比亚听完少女的诉说，就从屋里取出一盏油灯，沾了一点儿油，点燃了它。“要它做什么？”“别说话，让我们看着它燃烧吧。”莎士比亚示意少女安静。灯芯嘶嘶地燃烧着，冒出的火苗欢快而明亮，它的光亮几乎映亮了整个屋子。然而灯油越烧越少，灯芯的火焰也越来越小，光线变弱了。“呀！该添油了！”少女急切地喊道。可是莎士比亚示意少女不要动，任凭灯芯把灯油烧干，最后，连灯芯也烧焦了，火焰终于熄灭了，只留下一缕青烟在屋中飘绕。少女看着一缕青烟迷惑不解。“爱情也像这油灯，当灯芯烧焦之后，火焰自然就会熄灭了。你现在该知道怎么去做了吧。”莎士比亚说。少女很快就明白了过来：“我要去向他表白，我爱他，不能失去他。我要为我的爱情之灯加油去。”于是，少女谢过莎上比亚，匆匆地走了。

这个故事启示人们：爱的付出是相互的，爱情仅仅靠一个人是难以维持的。常常向对方表述自己对他（她）的爱慕和关心，常常为你爱情的灯注入新的灯油，它才会一直闪烁着欢快而明亮的火花。

婚姻需要沟通交流。婚姻是男女双方的结合，但结合更要融合。男女的结合是形式，融合才是内容。有结合而无融合的婚姻，往往是一场误会，一场悲哀；只有既结合又融合的夫妻，才是一道风景，才会一生和谐。“问渠哪得清如许，为有源头活水来”。家庭要想保持和谐，夫妻间始终保持相爱如初，关键在于感情上要不断沟通，从而达到生活中的真正理解。当发生矛盾和纠纷的时候，应谦让对方，克制自己，要多作些换位思考，多理解一下对方的苦衷。在现代家庭中，夫妻间通畅有效的沟通交流显得尤为重要。据了解，多数离婚者讲出来的理由都是感情不合，沟通太少，貌合神离，导致隔阂越来越大。因此，夫妻间有了疙瘩，就应及时消解，特别是做丈夫的更要大度一些。有这样一句话讲得好："要让爱情长久，当你错了就承认，当你对了就闭嘴。"夫妻沟通当中，责怪的话、脏话、谎话、绝情话和揭短话是不能随便去说的，那样只能使双方的好感渐渐衰退，使婚姻逐渐走向消亡。

沟通交流看上去非常简单，实践起来恐怕要费一番力气。你要与对方分享真实的自我，分享思想，分担恐惧与忧虑；不带有一丝一毫的轻视或一点一滴的厌烦去倾听领会，与他讨论、争辩甚至争吵。伴侣的感受、学识和对事物的看法，你都要用心倾听，用心感受。心不在焉是对他的不尊重，也说明你拒绝分享他的一切。随着年龄的增长，在婚姻生活中，其它活动或许会有所减少，但这恰恰会使善与伴侣交谈愈发变得重要起来。

当然，肢体上的交流也是必不可少的，这表明他为你着迷，需要你。对爱抚的期待、对欲望以及自身欲望的认知都是让婚姻花园繁盛的养料。在理想状态下，这种激情不仅出现在性生活中，还会默默地流淌在平日的婚姻生活中。没有了肉体上的接触，婚姻就像是一片荒漠，虽有生命，却十分贫瘠。有趣的是，在美满的婚姻之中，和谐的性关系可能只占 10%，但当性关系不协调时，它又会在婚姻关系中占到70%的比例。这也意味着如果没有肉体的接触或亲热，婚姻最终会陷入困境。

婚姻需要相互宽容。某乡村有一对清贫老夫妇，有一天，他们想把家中唯一值钱的一匹马拉到市场上去换点更有用的东西。老头牵着马去赶集，他先与人换得一头母牛，后又用母牛换了一只羊，再用羊换来一只肥鹅，不久又把鹅换成了母鸡，然后用母鸡换了别人的一大袋烂苹果。在每次交换中，他都想着要给老伴一个惊喜。当他扛着大袋子来到一家小酒店歇息时，遇上两个英国人。闲聊中他谈了自己赶集的经过，两个英国人听后哈哈大笑，说他回去准得挨老婆一顿揍。老头称绝对不会。英国人就用一袋金子打赌，三人于是一起回到这个老头的家中。

老太婆见老头回来了，非常高兴，听老头讲赶集的经过。他毫不隐瞒，把全过程一一道来。每听老头讲到不断用一种东西换另一种东西时，她都十分激动地予以肯定："哦，我们有牛奶了！""羊奶也同样好喝。""哦，鹅毛多漂亮！""哦，我们有鸡蛋吃了！"诸如此类，最后听到老头背回一袋已开始腐烂的苹果时，她同样不愠不恼，大声说："我们今晚就可以吃到苹果馅饼了！"结果不用说，英国人为此输掉了一袋金币。

一位老妇人在她金婚纪念日那天，向来宾道出了她保持婚姻幸福的秘诀。她说："从结婚那天起，我就准备列出丈夫的十条缺点，为了婚姻的幸福，我向自己承诺，每当他犯了因这十个缺点造成错误的时候，我都愿意去原谅去宽容。”有人好奇地问：“那这十个缺点到底是什么呢？”她笑笑说：“老实说，50年来，我始终没有把这十条缺点具体地列出来。每当我丈夫做错了事让我气得快暴跳如雷时，我就马上提醒自己：算他运气好吧，他犯的是我可以宽容的那十个错误中的一个。”所有来宾无不鼓掌叹服。这位老妇人有一把打开幸福婚姻的金钥匙，那就是宽容。

宽容是善待婚姻的最好方式，充分理解对方的行事做法，不苛求不责备，这样必然给对方以爱的源泉，婚姻一定会像童话般妙趣横生，和美幸福。其实，没有谁有义务爱你一辈子，除了你自己。感情是相互的，他人的感情要靠自己去争取；夫妻间的感情同样也要靠双方去经营。要不断地向这份情感注入资本，而不能靠原始积累，靠当初那份涨满的恋情，任性地让婚姻透支。想想看，大千世界，两个人能走到一起相亲相爱，是多大的缘分，为什么偏偏要跟自己以及与自己相爱的人过不去呢？

在婚姻生活中，有一种感动叫相亲相爱，有一种感动叫相濡以沫，还有一种感动叫理解包容。婚姻犹如行驶在大海中的一帆小船，有时风平浪静，一帆风顺；有时则有风暴，有暗礁，只有划动包容的桨，挂起理解的帆，同心协力才能到达幸福的彼岸。

◎ 构筑家庭的“爱巢”

家是什么？有人说，家是一个随时可以避风的港湾，一个可以拥有温暖的火炉，一个能够给人温馨的摇篮。也有人说，家是夫妻之间倾诉感情、得到温馨与抚慰的爱巢，是生育、扶养、培育子女的学校，是老年人得到孝敬、安度晚年的乐园。还有人说，家是爱的发源地和社会关系的重要组成部分，又是个人事业发展的坚强后盾。如此种种，不一而足。如果没有爱，人类一天也不能存在。一个人，即使有辉煌的事业，但家庭生活却一败涂地，其人生能算是成功的吗？何况，家庭生活是否稳定、幸福，又直接影响到一个人的情绪、健康，最终也会影响到事业。

因此可以说，人的一生中，没有任何成功能够替代婚姻家庭的成功，也没有任何成功能够弥补婚姻家庭的失败。而且，事业的辉煌只是一阵子，婚姻家庭的成功却是一辈子。决定家庭生活幸福与否的核心要素，那就是爱。这种爱既有子女之爱、朋辈之爱，又有夫妻之爱、父母之爱。一个人在家庭中诞生、成长，家庭是培育最强烈的、最真实的、最不可摧毁的真爱的场所。所以有人说：家是温馨的港湾、家是向往的爱巢、家是幸福的乐园。如果人人拥有一个健康、文明、幸福的家，我们的社会就会到处充满阳光、仁爱与和谐。

如果拥有一个家，你就会拥有一种幸福快乐的依恋和情丝。美国哲学家威廉·詹姆斯在外漂泊多年，但再高的荣誉也替代不了他对家乡的思念。有人问他："你怎么不知道回家呢?"他感慨道："家在哪儿?我有漂亮的房子，可房子是家吗?"是啊，房子是家吗?家是什么?在一般人的心目中，家的外在形式是：一个房子里，住着几口人；而家的内在实质却是：一个房子里，住着几口相亲相爱的人，这就是婚姻生活。

两个人既然组成了一个家庭银行，就需要好好经营，何况这个家庭里还有老人和孩子。经营爱情的秘诀在于不断储蓄。无论是达官贵人，还是工薪阶层，或是下岗待业者；无论是新婚燕尔，还是老夫老妻，都不可小觑对爱情的储蓄。即使是结婚时互不了解，只要多存入少支取，也能积累出一笔财富；即使是结婚时如漆似胶、轰轰烈烈，如果入不敷出，也会被坐吃山空。

然而世界纷繁多姿，每天都有无数的精彩在诱惑着人们，一些人的家庭观念在下降，恋爱不迟、结婚不早、生育不急似乎成了新一代家庭共同的特点。对此，每个人都应把建设一个和睦、幸福、温馨的家庭，作为自己创业的大后方，共同担当起建设和谐家庭的责任。

画好人生完美圆。家庭与事业是一个完整的圆，两者紧密结合构成了完美的人生。事业，像面包、像米饭，是主食，一天也离不开。事业就像一座高大而险峻的山峰，需要人们不断地攀登，也只有那些不畏艰难、不断攀登的人，才可以到达那壮观的顶峰。

人们常讲要成家立业，它通俗地说明了婚姻、家庭与事业既紧密相连，又互相影响。一味追求婚姻家庭生活而忽视了事业，往往会使生命之火缺乏燃料；一味追求事业而忽视了婚姻家庭生活，那又是人生的一大缺陷。这恰如钢琴演奏家，一只手或许也能弹出流畅的旋律，但未免显得单调；只有双手协调一致才能奏出丰富多彩、韵味无穷的人生乐章。

恩格斯曾这样谈过马克思的妻子燕妮："这位品德崇高的女性……她不仅和丈夫共患难、同辛劳、同斗争，而且以高度的自觉和炽烈的热情积极投身其中……如果有一位女性把别人幸福视为自己的幸福，那么这位女性就是她。正是马克思和燕妮的纯洁爱情，给马克思以鼓舞和力量，使他战胜种种困难，完成一部部伟大的著作，领导了世界共产主义运动，成为全世界无产阶级的伟大革命导师。马克思和燕妮的结合，就是以崇高的事业作基石，正如马克思抄给燕妮的一首民歌中说的："我们的爱情结合得十分紧密，它坚实得赛过任何钢铁。"可见，正确对待和处理爱情与事业的关系，使爱情和事业紧密地结合在一起，爱情之花就会越开越鲜艳，事业之树就能结出丰硕的果实。

一位婚姻心理学家分析美满幸福婚姻“五要素”时，把“事业的成功”排在了首位，是很有道理的。试想，一个工作吊儿郎当、事业一事无成的人，老人能不伤心，家人能不失望吗。只有用事业滋养婚姻，链接家庭，实现事业与婚姻家庭的统一，人生才会充实，才会完美。

当然，建造事业型家庭，并非只要事业不要家庭，而是事业与家庭二者之间要保持一种适度的平衡。如果只要事业不要家庭，必然导致“后院起火”，影响事业的发展。反之，如果过分贪恋家庭生活，工作得过且过，最终一事无成，也必然会影响家庭生活的质量。夫妻双方应当自觉把事业放在第一位，以建功立业的实际行动，回报家庭、亲人的支持，同时也要尽可能地照顾好家庭。理解爱人照料家庭的艰辛，支持爱人的学习工作，关心子女的成长进步，积极采取多种方式，表达自己对家庭和亲人的关爱，努力营造温馨幸福的家庭氛围。

营造学习型家庭。要树立“以知识立家、靠知识兴家、用知识富家”的兴家理念。只有努力提高家庭成员的文化素质，才能在激烈的社会竞争中站稳脚跟、有所作为，才能实现发家致富、建立幸福家庭的美好愿望。要注重学习的互动性。夫妻之间对各自确定的学习目标，要互相支持；在学习中遇到困难和挫折，要互相帮助、鼓励；在平时的生活中，要积极交流学习情况，达到互相促进、共同提高的目的。要注意协调好学习中遇到的矛盾。在家中学习，常常会与做家务发生矛盾，如果处理不好，就可能造成家庭纠纷，影响夫妻和睦。因此，必须学会妥善处理学习与处理家庭事务的关系，使夫妻感情在学习中得到升华，家庭生活质量在学习中得到提高。

培养良好家庭道德。讲究家庭道德，是保证家庭和睦、稳定的基本要求。夫妻之间要相互忠诚。无论贫贱与富贵，夫妻之间都要相互忠诚、始终如一，决不能因为社会地位、经济条件的变化而朝三暮四，更不能追求低级趣味，搞婚外恋、婚外情、包二奶等违反社会道德的事情。夫妻之间要牢记模范夫妻周恩来和邓颖超提出来的“互敬、互爱、互信、互勉、互助、互让、互谅、互慰”八大原则，建设更加稳固的家庭。要弘扬尊老爱幼的传统美德。赡养老人、哺育子女是法律赋予的义务。一个人成家立业之后，必须时刻牢记父母抚育儿女之苦，努力报答长辈的养育之恩，决不能做忘恩负义的不孝之子。要以对家庭、对社会负责的态度，尽好孝敬老人、抚育子女的义务。要坚决摒弃不良的生活习惯，做到不涉毒、不沾赌、不酗酒、不乱交友、不去不健康场所，严于律己，洁身自好，树立自身的良好形象。

其实，成家以后，柴米油盐酱醋这些看似芝麻大的小事往往会成为日常家庭生活的主旋律；公公婆婆、岳父岳母、七姨八姑好像也成了“两人世界”中的“第三者”。夫妻中的任何一方，谁都无法回避，也不可能回避这些。如果能够把做家务当成一种享受，把关注对方、理解对方、宽容对方、帮助对方当成自己应尽的一份责任，把经营爱情、记住对方的生日、偶尔送一束鲜花、写写婚姻日记当成一种日常生活，想方设法给婚姻生活添加一些浪漫、增添一些关怀，那么婚姻生活就会增色不少。

人的一生，实际上是一个寻找爱和拥有爱的过程。因为有了爱，就有了一桩婚姻、有了一个家，就有了一份牵挂、有了一串期待。因为有了爱，才有了病榻前细心的呵护，才有了儿女温情的呼唤，才有了无穷无尽的依恋，才有了在岁月的轮回里漫看云卷云舒、笑对沧海桑田的坦然。

第十九讲

修身　养生　健康

修身　养生　健康

XIU SHEN　YANG SHENG　JIAN KANG

养生、健康，是从古到今每个人的追求，上到帝王将相，下至市井百姓，都期望延年益寿，都期望有生之年健康无病。问题看似简单，其实道理十分深刻，不仅是技术问题，更是一个哲学问题。一个人要想成就一番事业，有赖于健全的精神，而健全的精神又寓于正确的养生和良好的修身中。所以，从一定意义上说，健康不仅是一个人一生事业的基石，更是人生资本中最基础的资本。

◎ 常常修剪心灵的花园

追求美的东西，一直是人们所向往的。人世间存在各式各样的美，但真正值得歌颂和赞美的应该是心灵的花园。因为人的身体是由大脑统一控制的，身体健康，离不开大脑的支配，大脑的健康是身体健康第一标准。所以，最美的花园是心灵。

心灵的阳光，能映出无边无际的美丽；心灵的雨露，能滋润出无穷无尽的神奇；心灵的波涛，能激起大浪滔天的雄姿；心灵的感应，能放射出无比灿烂的光彩。每个人要想创造完美的人生，就要时刻拿起“修身”的锄头，辛勤耕耘好心灵的花园，努力让思想的种子播进心灵的沃土，让生命的花朵散发出醉人的清香，让人生旅途始终一路凯歌、一路欢庆。修身，对每个人来讲，是一种善良的心愿，是一个友善的态度，是一种高尚情操和道德修养，是一种集智慧、气度和风范于一身的综合素质反映，是一种涵养达到高层次的心理平衡，也是人们为人做事必备的崇高品德。

坚持修身，经常剖析自我，是加强修养的可行办法。修身应着重做到“五个字”：

坚持一个“醒”字。即时刻保持头脑清醒，不被浮云遮望眼。修身的过程，实质上是每个人正确认识自我、不断增强品性觉悟的过程。如果能经常修身，就能及早发现自己的过失，不至于铸成大错。如果夜郎自大不肯修身，就不能及时发现自己的缺点错误，陶醉于自我满足、自我欣赏之中。这样发展下去，容易错过改正缺点错误的时机，甚至会病入膏肓，积重难返。一个人要有所作为、有所成就，不断提高自身的品质和能力，使自己的德行臻于完善，就必须在“修身”二字上下功夫。

一般说来，人们听到对自己的表扬和赞美时心里往往是美滋滋的，听到对自己的批评和指责时就不那么高兴。这是人与生俱来的一个弱点，是人们在认识自己时不能完全克服的一种片面性。人在认识外部世界的同时，也须不断增强对内部世界的了解。

在古希腊的一个智慧神庙——阿波罗神殿的大门上，写着这样一句箴言：“认识你自己!”这就是闻名遐迩的“阿波罗格言”。正确认识自己的精神面貌、道德品质、智慧才干、优点缺点以及自己的过去与现状、脾气性格等，确实是一件十分重要而且非常困难的事情。

生活中，人们往往勤于、敏于察看别人，对于自己却不肯仔细察看，因而往往不能规范好自己。古代程颐说过：“外事之不知，非患也；人患不能自见耳。”意思说，身外的事不知道，这没有什么可忧虑的；人所忧虑的，是自己不能正确认识和把握自己。

老子曾说过：“知人者智，自知者明。”意思是说，能认识他人是智慧的表现，能认识自己是真正的聪明。如果过高地看待自己，对自己的缺点、弱点和错误毫无认识、遮遮掩掩，就会骄傲自满，走下坡路，甚至会铸成大错。如果遇到挫折和困难，过低地看待自己，怀疑自己，也容易知难而退。当年鲁迅先生曾经讲过有个患浮肿的病人，怨别人糊涂，误认为他是肥胖；当有人认真地指明他不是肥胖而是浮肿时，他便含羞、恼怒、骂人、吓人，希望别人细寻佳处，当别人改口说这的确是肥胖时，于是他得到安慰，放心的浮肿。

他人是一面镜子。实际上，人是在与别人的交往中反衬认识自我的。一个人要正确认识自己，就不能与世隔绝、孤芳自赏、刚愎自用，而应处理好自我与他人的关系，与周围人融洽相处，自觉将他人的评价作为自我评价的主要依据，在与他人的比较中正视他人的长处，找出自己的差距，并且善于取人之长补己之短，主动争取同事、朋友的帮助。许多人赞赏梅花和雪的独特之美，然而它们也有各自的不足：梅花不如雪那样白，而雪不如梅花那么香。作为万物之灵的人也应当有自知之明，只有“以人之长续其短，以人之厚补其薄”，才能不断进步，成就事业。

坚持一个“恒”字。即持之以恒，一修到底。思想的稳定，是各项生理指标稳定的基础。修身是一个长期的过程，而且是时时、处处都不能放松的实践，如同人必须天天洗脸一样，以洗去灰尘等不洁物，使精神面貌永远处于洁净而清新的状态。人的眼睛因为看不到自己的面容，所以必须借助镜子。韩非子有句名言：“日失镜则无以正须眉，身失道则无以知迷惑。”黎巴嫩有句格言：“聪明人时常照镜子，有好处。假若容貌不美，让他至少不做丑事，往自己脸上抹灰；假若面目俊秀，让这人不以可憎的行为来损毁它。”高尔基说：“反省是一面莹澈的镜子，它可以照见心灵上的污点。”苏格拉底也说：“没有自省、检讨的人生，是没有价值的。”这些都说明了修身的极端重要性。

人生是复杂的，因为人的天性是复杂的。培根说过：“天性好比种子，它既能长成香花，也可能长成毒草，所以人应当时时检查自己，以培养前者，而拔出后者。”波斯萨迪说：“如果你能时常反省自己，就不致受到别人的非难。”孔子说：“君子求诸己，小人求诸人。”意思是，君子总是严格要求自己，而不去责备别人；而小人总是严格要求别人，而放纵自己。“为人谋而不忠乎？与朋友交而不信乎？传不习乎？”这是曾参进行自我反省的三个问题。意思是说，为别人操心办事，自己是否尽心竭力？与朋友交往，自己是否诚实守信？老师传授的知识，自己是否认真复习？他主张人要以修身为本，修身要达到“慎独”。

应在顺境时注意解剖自己，在遇到诱惑、苦闷、冷言、挫折、矛盾时也能勇于解剖自己，打扫自己思想灵魂深处的污垢尘埃，净化自己的精神境界。明朝吕坤说，喜事来临的时候、怒气发作的时候、懒惰怠慢的时候、放肆的时候，都要检查一下自己的言行，这就是反省自我的基本条款。人在这些时候容易不加思考，无所顾忌，一步错了，就后悔莫及。宋代朱熹倡导人们要“日省其身，有则改之，无则加勉”。他还说：“见人之善而寻己之善，见人之恶而寻己之恶。”

修身，有时候是一件痛苦的事。人都有自尊心、自信心，但往往因为自尊自信而忽略了自省，尤其是在取得一点成就、受到别人称赞的时候，就容易飘飘然，有意无意地放大自己的优点和成绩，自命不凡，刚愎自用，疏于对内心世界的审视和剖析。正因为要做到自省很难，所以前人和今人都很重视在这方面下功夫。三国的徐翰说：“明莫大于自见，聪莫大于自闻。”能够自见、自闻，即能够反省自己，便是最大的聪明。

一个清醒的人，应该常揣一个“愧”字在心间，看自己做没做有愧的事。自觉地把“愧”字作为尺子，来衡量、检查自己言行的人，就不会满足已有的成绩，从而不辱使命。唐代的韦应物在战乱中接触下层生活，关心民间疾苦，看到自己管辖的地区内有百姓流离，引咎自责，扪心感愧：“自惭居处崇，未睹斯民康。”“身多疾病思田里，邑有流亡愧俸钱。”陈毅同志在《六十三岁生日述怀》一诗中直言己过：“几次左与右，细节不必陈。中夜长自省，悔愧难自文。还是鼓勇气，改正再前行……念我数十年，庸碌愧声闻。今后几时期，正路再遵循。”他们这种自省精神，跃然纸上。

对于自身的弱点，既要敢于自知，又不能自欺自馁。要像曾子那样，做到每日“三省”，长期坚持下去，自己的弱点就能逐渐减少、得到克服。韩非子在解释这句名言时说：“志之难也，不在胜人，在自胜也。故曰：‘自胜之谓强’。”这就是说，一个人要立志并不容易，难就难在战胜自己无大志的弱点、缺点和庸人习性。这种自胜的意志本身就是很强的意志，所以自胜之谓强。正如俄国安德列耶夫所说：“人最伟大的胜利，就是战胜自己。”也正如清代龚自珍所言：“不能胜寸心，安能胜苍穹?”

然而现实中有这样一种现象，有的在工作实践和人际交往中，即使动之以情、晓之以理，对方仍然不满意。其原因有可能是对方对你有成见，也可能是你自己做得还不够好。《从政史鉴》记述了三国时的王昶给子侄们的一封书戒，强调立身处世在于知足轻欲，在于刻苦自修。当人家说自己不好时，首先应该检查自己，做到“当则无怨于彼，妄则无害于身”。要想杜绝别人的毁谤，最好的办法莫过于加强自我修养。他谆谆告诫子侄们不应去追逐那过眼云烟似的名利，而要洁身自好，保持高尚的情操。他说：“朝华之草，夕而零落；松柏之茂，隆寒不衰。”

经常审视和剖析自己的不足和过失，可以及时调整自己的心态，净化自己的心灵，保持崇高的德行。古语云：

“内省不疚，夫何忧何惧?”意思是说，经过自省之后，问心无愧，有什么忧愁和害怕的呢? 正如法国梅叶所言：“人世间找不到任何事物，能像宁静、善良、正义、真理和大公无私那样使人愉快、动心、可爱和合乎希望；如果人们在自己身上珍惜地保存如此可爱的德行，那么这些德行应当是幸福的无穷无尽的源泉。”

经常不断地自我反省，有了毛病及时得到清醒地认识和改正，不仅能够使自己的心情愉快，而且还能够培养一种乐观、进取、向上的精神和高尚的人格。作家黄野在《修炼人生 108 忌》中说：“一个人有短处并不可怕，只要能乐于反省，就会身心康泰。一个善于改正缺点或错误的人，往往会得到意想不到的收益，化灾殃为喜乐，功德圆满。反之，结果就会大相径庭。”古代的蔡桓公因为不愿承认他的病，一味遮掩，结果一命呜呼，死得不值。而唐太宗虚心纳谏，闻过则喜，使得天下大治。

勤于自我反省的修身方法，应当坚持一生不间断。从古到今，劝人自省，已成为人生修养的信条。只有勤于自省的人，才是一个清醒的人；常常看到自己不足的人，才能有向上的动力。

坚持一个“改”字。即日省吾身，改过自新。有句民谚说得好：“百年养德不足，一日丧德有余。”生活的事实告诫我们，“利禄驱人万火牛，江湖浪迹一沙鸥”。生活在物欲横流的社会里，必须经常反省自己，对功名利禄、金钱财物这类身外之物，看得越淡泊、越透彻越好，时时筑牢自己的思想道德堤坝。如果不加以自制，发展下去对己对人均无益处，甚至会纵恶成灾。

刘少奇同志曾讲过一段语重心长的话：“……我们党员，不要有对党隐瞒的不光明的事。过去做过的，自己讲出来好了，我们的党是注意将来，较少追究同志的既往过错的。讲出不要紧，不讲就不好。我们党员应该有‘生平所作，无事不可对人言’的坦白。”

鲁迅先生年轻的时候，三弟躲在房子里扎风筝，被他发现，不由分说，便把风筝给毁掉了。虽然这事在三弟脑海中并没有留下记忆的痕迹，但弟弟当时惊讶而不知所措的表情，几十年来一直出现在鲁迅眼前，使他感到深深的内疚。后来，他在不同的文章中多次深刻剖析自己，为此事“自责”了一辈子。一件儿时的“区区过失”，鲁迅竟然记了几十年，毫不客气地“自责”了几十年。鲁迅说：“我自己总觉得我的灵魂里有毒气和鬼气，我极憎恶他，想除去他。”因此他每天都要给自己安排一段“冥想”的时间，来自觉地反省自己。他在1923年给一位朋友的信里，很称赞“布袋和尚”的做法，因为“布袋和尚”能主动把布袋里的东西都亮出来，并对大家说：“看看，看看。”“布袋和尚”的这种举动，每个人都是可以效仿的。

法国伟大作家卢梭的成名作《忏悔录》，通篇都是在不断地反省和自责中，他把自己的一生过错全部写出来，交给世人去评判，并作为“人”的标准，供后人进行深入研究。所有这些“批判”、“解剖”，都是很痛苦的事情。许多人都有缺点、毛病，甚至有“阴暗面”，有一些不太好见人的意识，都有面子，能够自己去正视它、揭露它、讲出去，确实需要勇气，需要不怕触打痛处，有那么一点“毒蛇噬臂、壮士断腕”的决心，敢于向自己开刀。因此，一旦有不健康的、错误的、邪恶的东西在自己头脑闪现时，就应意识到其错误和危害，自觉抑制之，不使其酿成不良动机和不轨行为。

谢觉哉同志一生坚守“三自”修身法则，对自己的过失毫不留情，自己既当“被告”，又当“律师”，也当“法官”，自己跟自己“打官司”，进行深刻的自我反省、解剖，达到了“毕生自修无尽期”。他曾在一首《检查身体杂咏》诗中写道：“经砺万里身犹健，历尽千艰胆未寒。可有尘瑕须拂拭，敞开心扉让人看。”

如果每一个人想把自己的过失减少到最低限度，就应当经常自省自问：是否看自己的长处、成绩多了，掩弃人之功，夸大人之过，宽容自己，迁就自己，是否常常进行“换位思考”；自己是否对得起组织的培养和帮助，是否有愧于领导的信任和群众的嘱托，是否用好了自己手中的权力？每个人要像谢觉哉那样，在自己的心灵深处开设一个无形胜有形的“道德法庭”，敢于与自己“过不去”，善于与自己“打官司”。通过经常审视自己的思想，检查自己的动机，反省自己的行为，从而“择其不善者而改之”，不断净化自己的心灵，做到在金钱物欲面前不乱分寸，在歪风邪气面前站得住脚跟，努力使自己的主观世界不断得到升华。

坚持一个“平”字。即放平心态，和气养神。近年来报纸、电台关于凶杀、自杀和少年犯罪等恶性案件的报道越来越多，越来越恶劣，其中不少是为了区区小事。深究起来，其实质是犯罪人的心理问题。这也说明当今社会的心理疾病已发展到了非重视不可的地步。

古语云：“平则成。”说的是世界上万事万物只有“平”了，事才能成功，人才能健康，社会才能发展。中医典籍《内经》中说：“阴平阳秘，精神乃治。”意思是说，只有人体的一切系统、阴阳、气血相互得到平衡，才有利于健康长寿。只有“心平”了，“气”才能“和”，人的一切生理功能和谐了才有利于健康长寿。在一切的修身之道中，保持心理平衡是最重要的。中国古代养生理论的经典著作《内经》中说：“心为君主之官。”意思是心主宰着全身。只有心理平衡，心理健康，才能有利于人体各个系统、各种生理机能的健康。人们常说的“心好，一切都好”，也是这个道理。在这方面，人们要好好学习一些专家学者保持心态平衡的好做法。行医 40 多年的夏翔教授，一生非常注意保持心态平衡，提倡“不饥不饱”、“劳逸结合”、“动静结合”和“适量社交”，如今 68 岁还健步如飞，思维敏捷，谈吐自如。

著名的相声演员姜昆对保持心态平衡有独创，提出了“一二三四五”的养心法：“一”即“一个中心”，要以身体健康为中心；“二”即“两个一点”，要糊涂一点、潇洒一点；“三”即“三个忘记”，要忘记自己的年龄、忘记自己的疾病和忘记自己的恩怨；“四”即不忘四个“老”，要不忘老窝、不忘老伴、不忘老友、不忘老底；“五”是经常做到“五个字”，要笑、俏、唠、跳、掉。这个养心法，既简单，又贴合实际，人人皆可为。

著名的影视剧三栖名家韩善续则强调要有童心，好动好奇，无忧无虑，不烦不愁，这是一种简单易学的心态平衡法。因为人想的问题多，考虑问题时就会瞻前顾后。人若有童心，就会保持乐观开朗、天真无邪。

在鲁迅的著名小说《阿 Q 正传》中，主人公阿 Q 是一个精神胜利法的典型。他受了侮辱不敢反抗，却想办法自我安慰。后来大家就把这种失败后无可奈何，不肯面对现实，一味在精神上自我安慰的处事态度称为“阿 Q 精神”。在这篇小说里，鲁迅是把阿 Q 精神作为国民的劣根性鞭挞和批判的。实际上，如果我们把阿 Q 的这种自我安慰法，用在日常生活中和得失进退上，又何尝不是修身之法呢？它能避免自己跟自己过不去的心理争斗。实际生活中有时也确实需要一点阿 Q 精神。

◎ 养生之道重在己

古希腊名医希波克拉底曾指出："患者的本能就是患者的医生，医生是帮助本能的。"意思是说，患者自己最了解自己，只要自己能够保持好的状态，人体自身就能产生强大的能力，增强自己的免疫力，抵制各种疾病。因此，治病健体只靠高科技、高医术和好药物是不行的，它只能治表，最好的医生是自己。

科学实践也证明，一个人要健康快乐到 100 岁，医药只占健康因素的 8%，关爱自己、有健康的生活方式占 60%。这并不是说让人们有病不去医院看医生，而是想告诫大家，在生病的时候应该去找医生。但更重要的是，在生病的时候，如何掌握自己的身体状况，调整自己的身心健康，关爱自己，做自己的医生，才能更好地把病治好。这就是目前社会上比较流行的说法，叫"养生"。

养生的要义有二：一个是保养身体；另一个是奉养父母、尊长。《礼记·礼运》中就说："治其丝麻，以为布帛，以养生送死。”养生，又称摄生、道生、养性、卫生、保生、寿世等。所谓生，就是生命、生存、生长；所谓养，即保养、调养、补养。总之，养生就是根据生命的发展规律，达到保养生命、健康精神、增进智慧、延长寿命目的的科学理论和方法。

洪昭光教授在中南海给党和国家领导人作的《生活方式与身心健康》的保健知识报告，曾一度轰动全国，其“手抄本”也在民间流传，被誉为当代的“健康圣经”。一位老将军在谈及自己的退休生活时，提倡要交一个好朋友，能够经常在一起谈吐；坚持一项好运动，每天打扑克牌和下象棋；养成一个好习惯，每天早睡早起早跑步；保持一个好心情，做到天天想好事不想坏事，保持笑口常开。乍听起来，这是一种丰富的退休生活。但细细一想，其实是一个非常朴实的“养生”之道。

现在，随着人们生活水平的不断提高，人们对生命的长寿渴求越来越强烈，养生已成为人们的“口头禅”。在这方面，有不少专家学者进行了深入研讨。比如，《养生长寿宝鉴》、《心理健康丛书》、《健康教育》、《谁偷走了你的健康》和《大健康保证》等诸多养生类著作，不仅登上了图书馆、阅览室、书店诸多大雅之堂，而且还排上了显著位置，琳琅满目，令人目不暇接。细读这些书籍，思索养生的奥秘，可以归纳为“四句话”，即：合理膳食，适量运动，戒烟限酒，心理平衡。这四句话看上去不仅简洁、平常，而且要求明确，条理清楚，富有哲理，但要真正做到做好比较难。但只要重视健康，持之以恒，相信每一个人都可以做得到。

民以食为天，合理的膳食很重要。不胖也不瘦，胆固醇不高也不低，血黏度不黏也不稀，很重要的前提是合理的膳食。按照洪昭光教授的经验，要每天喝一袋牛奶、吃250克至400克碳水化合物、3份高蛋白、吃500克蔬菜和水果，做到“有精有细、不甜不咸、三四五顿、七八分饱”。要多吃“红、黄、绿、白、黑”的食物。“红”，就是每天要吃一个西红柿；“黄”，就是每天要吃胡萝卜、西瓜、红薯、老玉米、红辣椒等富含维生素A的物质；“绿”，就是每天要喝绿茶；“白”，就是每天要吃燕麦粉或燕麦片；“黑”，就是每天要吃黑木耳。

从洪教授的总结概括看，要求比较苛刻，也比较难做到，但也是比较科学合理，比较权威，备受广大养生者的推崇。年逾八旬的吴阶平教授则强调饮食保健，注重合理的营养。他认为营养是健康的重要因素，但长期吃过剩的精粮、高脂、高盐、高糖会引起一些心血管病症，因此，他长期坚持粗细粮皆吃，荤素搭配。

经研究发现，西方人为什么比中国人高大、健康的一个重要原因，就是因为他们喝牛奶喝得多。现在的同龄中小学生，日本孩子比中国孩子要高一些。主要是因为二次大战后，日本政府每天中午给小学生免费供应一袋牛奶。就这么一袋牛奶，日本人一代比一代高，现在超过了中国人，所以日本有句话："一袋牛奶振兴一个民族。"英国孤儿院做过专门研究，把孤儿分为甲、乙两级，吃的东西基本一样，只是甲组每天加一袋牛奶，乙组不喝奶。到了15岁，都要离开孤儿院，进行工作前的培训，结果一看，一天喝一袋牛奶这组小孩身高比那组不喝牛奶的小孩子平均高2.8厘米。

适量运动也是养生的一大秘诀。人体犹如一台机械设备，如果长期放置不用，就可能出毛病。医学之父希波克拉底有句名言："阳光、空气、水和运动，是生命和健康的源泉。"他把运动与阳光、空气、水摆在了同等重要的位置。在古希腊山岩石上，刻了这样的字："你想变得健康吗？你就跑步吧；你想变得聪明吗？你就跑步吧；你想变得美丽吗？你就跑步吧。"这就是说，跑步能使人健康。中医大师王为兰强调"行不过富"，认为只要身体健康允许，就尽量以步代车为好。

许多著名人物都有运动健康的好习惯。马克思、居里夫人、爱因斯坦、孙中山、邓小平、徐特立都有散步的好习惯。吴阶平喜欢骑自行车锻炼。谢灵运、徐霞客、徐特立、毛泽东、朱德、彭德怀、邓小平等喜欢登山。乾隆皇帝喜欢骑射。各国人民也有不同的运动爱好。日本人喜欢朗诵、阅读。美国人喜欢打篮球。中国人喜欢练太极拳、打乒乓球、羽毛球。欧洲人喜欢郊游和钓鱼。西方人喜欢打高尔夫球。还有养花、听音乐、练书画、放风筝等诸多行之有效的养生手段。

美国心理学博士雷米曾作过一项研究，发现世界上最忙碌最紧张的名人通常要比普通人的寿命高出 29%，这是因为勤奋工作可排除人们的孤独感和忧虑感，并使人获得满足感，从而在内心产生一种难以言喻的喜悦、欣慰和满足，增强进取心与自豪感，促进身心健康。现在我们有些人总感到工作忙，总是为工作多而揪心。实际上没有必要。工作忙点只要不影响到生活和身体就没有什么坏处，可以积累经验，开阔视野，锤炼思想，促进身心健康。

谈到戒烟限酒是养生的一大方法，许多人并不会反对。因为香烟作为一种奇妙的食品，数百年来人们总是对他爱恨交加、争议不断。烟是 15 世纪哥伦布发现美洲新大陆后带回欧洲的，制烟的行业只有 200 余年的历史。然而，烟却是百害而无一利。英国著名流行病专家皮托博士指出，中国现有 25 岁以下人口 5 亿，按现在的吸烟率将有 2 亿人成为烟民，其中 5000 万将提早死于吸烟导致的疾病，这个数字接近两次世界大战死亡人数的总和，令人触目惊心。经专门研究，发现抽烟量多 1 倍，危害达 4

倍；吸烟量大 2 倍，危害达 9 倍。从经济上计算，每人每天 1 包烟按 10 元计算，一年就近 4000 元。经过调查显示，许多人一辈子的吸烟费加医疗费超过在广州市购买一套中等标准的住房。

酒，演绎了人类的多少悲欢离合。人类喝酒已经有一个非常漫长的历史。在文字出现以前远古的岩画上就已有酒具的图案。从地域上看，世界各国各民族都有自己传统的米酒、果酒、白酒，各具特色，五彩缤纷。从文化上看，酒在各国都有丰富的文化色彩、引人入胜的人文内涵。从帝王将相、才子佳人、风花雪月到爱恨情仇，都有酒的故事。但酒同时也是一把“双刃剑”，大凡人遇到种种郁闷忧伤、思念惆怅或亲人相遇时，都要接风饯行。此时酒作为一种精神载体，其强劲功能是其它东西无法替代的。但酒一旦饮用过量，就会引发各种问题。从生理上讲，酒促使动脉容易硬化，造成心肌梗塞或猝死。从心理上看，容易造成上瘾依赖。从伦理上看，容易伦丧道德，造成犯罪。据统计，50％的犯罪、49％的交通事故和25％的疾病均与喝酒有关。因此，抽烟喝酒，一定要坚持少量为佳、越少越好的原则，努力做到戒烟限酒。

养生的另一个重要方面，就是要讲究心理平衡。一旦心理失去平衡，一切都会发生变化。人体的平衡，是心理学、生理学的平衡。从医学角度讲，是因为我们平常讲的动脉硬化、冠心病、脑卒中，是个慢性过程，少则几年、十几年，多则几十年。但只要人生气着急，一分钟动脉可能狭窄 100%，当场就会死亡。这就说明，人的心理状态很重要。

稳定的心理对养生非常重要。现实中，有的人不容易得病，有的人却容易得病，这与心理状态关系极大。因此，一方面要保持心理稳定，正确对待自己，定准人生坐标，不要越位也不要自卑；另一方面要正确对待他人，正确对待社会，常存感激之心，这样好多事就比较好解决。每个人都要永远用乐观的、积极的态度看待世界，这样你才会感到世界多么美好。现在改革开放，很多利益在调整，不稳定的、不平衡的事太多，如果一个人整天悲观看世界，时时都在生气，从早到晚，每一件事都能活活把人气死。一位哲学家曾讲过，“生活像镜子，你笑他也笑，你哭他也哭”。

任何物质不可能一成不变。养生也是一样，没有千古不变的定律，每个人都有自己的理解和领悟。毛泽东主席一生粗茶淡饭，睡硬板床，穿粗布衣，生活极为简朴，一件睡衣竟然补了 73 次，穿了 20 年。经济困难时期，他自己主动减薪，降低生活标准，不吃鱼肉、水果。上世纪 60 年代，有一次他召开会议，到中午还没有结束，他留人家吃午饭，餐桌上一大盆肉丸煮白菜、几个小碟咸菜，主食是烧饼。一代伟人不仅在勤俭节约上作出了表率，也在养生方面树立了榜样。著名的军事文学家魏巍在 84 岁高龄时，仍满面春风，鹤发童颜，思维敏捷，步履稳健。他长期坚持散步，起居有节，饮食不讲究，做事爱亲自动手，还很有创新精神。2000 年 5 月，他还坚持每天写作，并整理出版了《魏巍文集》，共 10 卷本 400 余万字。中医大师王为兰专家的“养生长寿之道”，是信守自己“十不过”的生活习惯：即衣不过暖、食不过饱、住不过奢、行不过富、劳不过累、逸不过安、喜不过欢、怒不过暴、名不过求、利不过贪。这些“养生”的典范和做法，值得人们认真效仿。

◎ 健康胜小康

通常，有不少人把金钱、地位、官职等外在之物作为人生的追求，却往往忽视了人生还有健康这笔最宝贵、最基本的财富。人没有了健康，就没有了一切。健康，是指人体各器官系统发育良好，功能正常，体质健壮，精力充沛，并且有健全的身心和社会适应能力的状态，它通常用人体测量、体格检查，各种生理心理指标来衡量。从社会和家庭意义上讲，健康是一种最大的财富。有则电视广告说，老人的健康是儿女的存折。说的是老人身体健康了，就不用经常去看病、吃药和住院，就自然而然的为儿女节约了开支，子女就会有更多的钱存进银行。据统计，2001年我国卫生资源总消耗为6140亿元人民币，占当年GDP的6.4%。因病、因伤残、因早逝损失7800亿元，占GDP的8.2%。两项合计14000亿元，占GDP的14.6%。让我们来进行一下对比：长江三峡工程15年总投资共2000亿元，南水北调工程50年总投资共5000亿元，而健康问题一年损失上万亿元财富，确实让人吃惊。更为严重的是，健康问题带来了因病致贫、因病返贫以及无法估量的肉体和精神痛苦等社会问题。

人的生老病死正如花开花落一样，是大自然的循环，但人要活得健康。现在不少人是病理死亡，即过早死亡。有的中年得病，肉体痛苦，精神折磨，身心煎熬，人财两空。美国的研究表明，高超的医疗技术可以减少10%的过早死亡，而健康生活方式不用花多少钱可以减少20%的过早死亡。也就是说，多数人可以通过自我保健达到健康长寿。

“小康不小康，关键看健康”，这句话告诉人们健康胜小康的道理。世界卫生组织专家曾有一个十分形象的比喻：人的“健康”好比一串数字中最前面的“1”，而人的其它东西就像“1”后面的“0”。当“1”还在的时候，后面的“0”越多越好；而如果失去了前面那个代表“健康”的“1”，后面的“0”再多也是毫无价值的“0”了。

理论上“健康第一”的观点在我国由来已久，但现实中真正能够注意并坚持做到的人不多，从而引发出一系列“亚健康问题”。目前有不少人，看似健康其实问题很多，离病态仅一步之遥。根据世界卫生组织进行的全球性调查显示：全世界上班族处于“亚健康”状态的达到75%。而处于“疾病状态”的占20%，真正可以称得上健康状态的只有5%，这组数字引起了各国有识之士的特别关注。从总的趋势来分析，人总是要衰老的，从“健康”变成“不健康”是迟早要发生的事，但具体到每个人来说，是可以加以改善甚至逆转的。有些年轻人按理应时常处于“健康”的状态，但由于自己不注意养生保健而进入“亚健康”状态。如果发现得早并努力加强自我保健，就完全有可能恢复到“健康”状态，甚至维持很久。按常理，中青年的“健康指数”应比老年人高得多。而现在广大中老年人的健康指数却超过了中青年群体，值得引起人们的深思。

世界卫生组织曾发过一个公告说：健康长寿，遗传因素占15%，社会因素占10%，医疗条件占8%，气候条件占7%，生活方式占60%。拿前面4个因素来比较，中青年与老年退休人员差不多处于同一水平线上，而在“生活方式”上恰恰是中老年占了很大的优势。生活方式长年累月，伴随人身。这就成了现代中老年人的“健康指数”反超中青年的奇特现象。按照生理因素来看，男性30岁—50岁，女性40岁—60岁，是工作压力和生活压力最大的20年；也是人体健康的易损期，是各种慢性病的高发期，是体质、体能、五脏六腑的功能逐年下降的关键20年，现在70岁—80岁的老年人，由于当年吃的是“大锅饭”，过得是艰苦朴素的生活，社会应酬少，自由发挥的机会也少，既没有营养过剩的现象，也没有过重的心理负担，平常和平衡的自然生活使他们能够健康长寿。而正在生活中拼搏的中青年人，由于工作、生活等诸方面竞争异常激烈，容易使人失去心理平衡。成功者因劳累而失衡，失败者因懊丧而失平。加上现代社会中的人际交往也远比上一代复杂，还有不利健康的生活方式影响，等等。这些都是造成亚健康人群比例过高的原因。2005年9月，深圳市相关部门对全市18岁以上常住居民进行了历时半年的精神病抽样调查。结果表明，各类精神疾病终生患病率为21.9%，说明成年人患心理疾病比达到5：1。与1996年深圳市对户籍人口精神疾病摸底调查结果相比，精神疾病总患病率增加了3.48倍，神经症总患病率增加了2.73倍，重性精神病总患病率增加了2倍。其原因是多方面的，但主要是因为生活工作节奏快、人们心理压力大造成的。

现在人们普遍有一个误区，自己怎么活，自己说了不算数。要认识到，虽然遗传因素、社会因素、医疗条件、气候条件等由不得自己做主，但“生活方式”的主动权基本掌握在自己的手中。有人把吸烟、酗酒、夜生活等都说成是不可改变的习惯，还一再辩解说，人在江湖，身不由己！实际上并非如此。国内外有许多成功者并没有吸烟喝酒的嗜好，而且越是高层次的人士越是注意自己的社交形象。说明烟酒不分家的社交方式不是一种时尚，而是一种应该淘汰的不良生活方式。有些抽烟、喝酒比较多的人，平时不肯戒烟酒，可一旦生病住院，几乎百分之百听医生的话戒烟酒，说明他们不是“只要烟酒不要命”的人，问题在于不生病的时候对于烟酒的危害性认识不足。这种不到亡羊不补牢、不见棺材不流泪的侥幸心理，正是人类普遍存在而有待努力克服的“生理性弱点”。

健康防“超载”。从医学角度看，健康到亚健康，到不健康乃至“死亡”，也许是一条漫长的路。但也许只有一步之遥，许多“猝死者”往往是身体内部早已被掏空了。鲁迅的杂文《论雷峰塔的倒掉》记载有这样一段文字："白蛇娘娘终于中了法海的计策，被装在一个小小的钵盂里了。钵盂埋在地里，上面还造了一座镇压的塔来，这就是雷峰塔，现在他居然倒掉了……"雷峰塔是公元977年吴越国王钱椒为了庆祝宠妃黄氏得子而建造的。塔内曾藏有佛经、佛像，此塔于1924年9月25日倒掉。至于旧雷峰塔倒塌的原因，不是因为年久失修，而是毁于愚民。革命作家胡也频曾写过《雷峰塔倒掉的原因》的文章，说："我们那里乡下差不多都有这样的迷信，说是能够把雷峰塔的砖拿一块放在家里必定平安、如意，无论什么凶事都能够化吉，所以一到雷峰塔去观瞻的乡下人，都会偷偷地把塔砖挖一块带回家去，我的表兄曾这样做过的，您想，一人一块，久而久之，那雷峰塔里的砖都给大家掏空了，掏空了哪有不倒的道理？"

现在社会上风风火火的年轻人和叱咤风云的中年人，给人们留下的外表印象往往就像过去那座巍然挺立在西湖边上的"雷峰塔"，如果不了解其中内部掏空的内情，就想象不出会在某个暴风雨之夜中轰然倒掉的原因。近年来，人们在报刊上经常看到某某名人"猝死"的报道。既然是"猝死"，其实就意味着那人平时给人的印象是很健康的，是个很有活力的人，而不是卧床多年的老病人，怎么一下子就突然死去呢？原因就在于他平时不注意养生，不注重健康。

其实，人的生命有时是十分脆弱的。一位矿工因工厂倒塌，被困在井下七天七夜获救了，所有饥饿、寒冷、黑暗乃至严重缺氧等可能导致死亡的原因都没有使他倒下。而那些猝死的人则原因各异。有位在上海市政府工作的领导，白天的工作已超负荷，晚上还在继续工作，深夜还在网上查资料。他自己认为撑得住，可就在某天深夜里，把头伏在电脑上后就再也没有醒过来。有位著名画家，为了证明自己有很大的能耐，充分展示自身的价值，除了画画，还兼做各种生意和当电影制片人，可他不仅精力不济，而且肝功能已坏到要换肝的地步，医生多次劝他要休息养病，可他忽视忠告，不料因为脑部大出血不治死亡，终于为不听医生的警告而付出了生命的代价。细胞学上说，人体是由 60 兆（1 兆＝1 万亿）个生命细胞组成的，其寿命有长有短。寿命最长的是脑细胞，与人同寿；最短的是生命细胞，8 小时后就死亡；其余的细胞寿命介于两者之间，旧的生命细胞死了不要紧，将有新的生命细胞来接替。只要有正常的新陈代谢，生命就可延续，但如果不给新的生命细胞有延生的机会，硬要自己从内部掏空自己的话，还能活多久是可想而知的。

人，既是一种动物，有时也像一部精密的机器，如何驾驭这部机器，体现出一个人深层的智慧。修身、养生不妨是一个明智的选择，只要我们始终保持积极快乐的状态去工作，去生活，健康就会因此而永存，人生就会因此而灿烂，事业就会因此而精彩。

第二十讲

文学 艺术 人生

文学　艺术　人生

WEN XUE　YI SHU　REN SHENG

当人类第一次在自己制作的陶器上刻上各种纹样时，就表明人类劳动的成果是用来满足自身的两种需要：一种是物质的功能需要，一种是精神的审美需要。人们从劳动产品中观照到自己的智慧和力量，肯定自己，从中感到幸福喜悦，这就是对审美的需求。对美的需要和追求是人类社会发展的一种伟大的原动力。那仪态万千、洋溢着勃勃生机的自然美；那五彩缤纷，闪耀着迷人魅力的艺术美；那在美好理想的感召下，对于生活美的追求，都使人们的内在精神世界得到了陶冶、净化、充实和升华。而其中，文学、艺术美是独特的，是最撼人心魄、炫人眼目的。

◎ 发现美、鉴赏美、创造美

鲁迅先生有一句名言，世间并不缺少美，缺少的是发现美的眼睛。然而怎样才能有一双发现美的眼睛呢？那就是读书学习，提高自己的审美判断，并进而在鉴赏中提高自己，在创造中享受精神的愉悦。

说到鉴赏，首先是文学。什么是文学？文学是语言文字的艺术，往往是文化的重要组成。它以不同的形式表现内心和再现一定时期、一定地域的社会生活。文学的体裁有诗歌、散文、小说、报告文学等。它可以通过语言开拓出一种无言之境，使人的精神生活得到愉悦。

人类丰富的知识从哪里来？一是书本，二是实践。许多人都有过这样的体验：夜阑人静，斗室孤灯，走进书里，低吟一首小诗，欣赏一篇文章，从中可以体验到坐在青松明月下抚琴长歌的飘逸、站在黄河边倾听激越涛声的壮美和倚在烟雨中欣赏江南杏花飘乡的洒脱。你在忙碌的生活中走倦了，文学是你最好的修养胜地；你在人生中感到迷茫无助，文学将给予你最好的养料；你的梦想追求实现了，文学将记录下你最真实的感受。

其实，人生就是文学，我们每个人都是人生的记录者，都是文学舞台上的演员。

什么是艺术?《辞海》中对“艺术”的定义为：一种才能、技艺。它是指作者通过塑造形象能动地反映社会生活，表现作者思想感情的一种社会意识形态。广义上的艺术包括文学。它是用形象来反映现实但比现实更具有典型性的社会意识形态。除了文学之外，艺术通常分为表演艺术、造型艺术、语言艺术和综合艺术。表演艺术主要指音乐、舞蹈；造型艺术主要是指绘画、雕塑；语言艺术主要指文学，如诗歌、散文、小说等；综合艺术则主要指综合了多种艺术在内的戏剧、戏曲、电影，以及今天大众十分喜爱和普及的电视艺术，等等。

对于艺术，可以从三个层面来认识：从精神层面看，艺术是文化的一个领域或文化价值的一种形态，把它与宗教、哲学、伦理等并列。从活动过程的层面看，艺术其实就是艺术家的自我表现、创造活动，或对现实的模仿活动。从活动结果层面看，艺术就是艺术品，是一种客观存在，并最终以艺术品的形式出现。这种艺术品既有艺术家对客观世界的认识和反映，也有艺术家本人的情感、理想和价值观等主体性因素，它也是一种精神产品。

艺术与其它意识形态的区别在于它的审美价值，这是它的最主要、最基本的特征。艺术家通过艺术创作来表现和传达自己的审美感受和审美理想，欣赏者通过艺术欣赏来获得美感，并满足自己的审美需要。

除审美价值外，艺术还具有其它社会功能，如认识功能、教育陶冶功能和娱乐功能等。艺术的社会功能是指人们通过艺术活动而认识自然、认识社会、认识历史、了解人生，它不同于科学的认识功能。艺术的教育功能是指人们通过艺术活动，受到真、善、美的熏陶和感染，从而潜移默化地引起思想感情、人生态度、价值观念等的深刻变化，它不同于道德教育。艺术的娱乐功能是指人们通过艺术活动而满足审美需要，获得精神享受和审美愉悦，它不同于生理快感。

从古至今，艺术都是人们的精神渴求，是人类的精神支柱。艺术来源于人类活动的本身，是与人的生产生活、娱乐休闲、情感表现所分不开的，是人类自身创造了艺术。一方面，文学、艺术和人的一生息息相关，我们每个人都或多或少地会记得小时候背诵的第一首唐诗、练习的第一个毛笔字、听过的第一首优美歌曲等。另一方面，人的一生或曲曲折折，或波澜壮阔，或恬淡宁静，这些又为文学和艺术提供了丰厚的土壤和展现的空间。

可以说，正是因为文学、艺术反映了人生而变得更加丰富，人生也因为有了文学、艺术而变得更加精彩。列宁曾沉醉于贝多芬的奏鸣曲，赞叹人间竟有如此美妙的声音；高尔基曾翻着福楼拜的小说，惊异它的魔力从何而来。孔子在两千多年前就被韶乐所陶醉，感叹“三月不知肉味”。西方哲人曾说过这样一句话，“艺术即天堂”，徜徉于艺术的圣殿，就如同生活在天堂。有一位骑在马背上的将军说，我现在从事军事、政治，就是为了让我的儿子当哲学家、让我的孙子去当艺术家。从事艺术，竟是一位军事家的理想。

我一直认为，一个人完美的人生应该由两部分组成，一部分是物质生活，另一部分是精神生活。

大哲学家黑格尔在他的哲学著作中就这样说过：“理想的人物不仅要在物质需要的满足上，还要在精神情趣的满足上得到表现。”大文豪列夫·托尔斯泰说过：“人生的价值，并不是用时间，而是用深度去衡量的。”奥斯特洛夫斯基也说：“人的一生可能燃烧也可能腐朽，我不能腐朽，我愿意燃烧起来！”人类精神生活的满足离不开文学、艺术。胡锦涛总书记曾经指出：“文艺历来是陶冶人们道德情操、抒发人类美好理想、丰富人们艺术享受、推动社会发展进步的一个重要领域。”在建设社会主义和谐社会的伟大实践中，要把加强思想文化道德建设作为一个重要方面，在弘扬以爱国主义为核心的民族精神和以改革创新为核心的时代精神的同时，在全社会形成符合传统美德和时代精神的道德规范和行为规范。

相比较而言，文艺在构建社会主义核心价值体系的道德基础方面，发挥着其他社会意识形态不可替代的特殊作用。文艺作品在生动感性的形式中扬善惩恶、寓教于乐，比那些抽象、理性以至教条化的道德劝诫与理论说教更易于为读者和观众所接受，更易于收到春风化雨、润物无声的效果。

当然，只有那些顺应时代需求、感悟人生真谛、勇于道德担当的文艺，以及那些直面社会、关爱人生、充满深爱与大恨的文艺，才能具有抚慰人心乃至直刺人心的艺术效力，才有可能登顶于伟大而崇高的伦理境界和精神高度，并历经岁月检验最终成为流芳千古的传世经典。

◎ 掌握好开启你智慧的那把钥匙

法国19世纪著名的作家雨果在他的《光与影》诗集的序言中写道："开启人类智慧有三把钥匙，一把是文学，一把是数字，一把是音符。"而鲁迅则说："文艺是国民精神所发的火光，同时也是引导国民精神的前途的灯火。"众所周知，伦理道德是人猿相别的分水岭，也是人类生成和谐有序的人际关系、养成积极健康的人生规范的重要基础。在伦理关系、道德意识和道德规范中所体现出来的对于善的追求，既是人类生活中与其和美并重的终极价值追求，也是文艺价值的内在规定之一。

无论中外，有社会责任感的作家和评论家从来都是把是否符合道德伦理，是否有利于推动人类道德意识和道德关系的提升和发展作为衡量文艺价值、开展文艺批评的重要标准之一。早在中国的先秦时代，《左氏春秋》里就提出了“文物昭德”、“乐以安德”的文艺主张，孔子更是在自己的文艺批评和文艺欣赏实践中把文质统一、尽善尽美作为最高的艺术准则。从中国美文学的开山《诗经》、《楚辞》开始，历代优秀的文艺作品，无不以其对现实人生的道德介入，润泽或激荡着接受者的心灵，从而发挥着通政经国、移风化俗的社会作用。由此可见，文学、艺术与人类精神生活是密不可分的。

文学、艺术是人生的寄托。

从表面来看，文学、艺术似乎只是那些呆在书斋里的知识分子的专利，与一般人相距甚远，因而有不少人认为文学、艺术与人生没有多大的关系。特别是在当今商品经济社会，人们一提起文学、艺术就感到离自己很远。其实这是认识上的一个误区。文学、艺术从它出现的那天起就没有脱离过人生，它们是互依互存，辩证统一的。而且随着人类社会的不断发展，文学、艺术与人生的关系将更加密切。因为人生离开文学、艺术将会暗淡无光，文学、艺术会使人生更加充实完美。可以说，文学、艺术是人生的升华，拥有了文学、艺术的人生，一定是一个充满美好和希望的人生。

还有很多人认为，文学、艺术于人生有一个重要的意义：那就是娱乐身心。德国哲学家谢林曾说，脱离世俗的现实，只有两条出路：诗歌提升我们到理想世界，哲学使这个现实世界完全消失。荷兰画家凡·高则坦言：“我相信，希望自己成功的欲望已经消失了；我画画只是由于我必须画，使自己精神上不致太痛苦而已。”“我在绘画中所追求的是一条逃避生活的道路。”他又说，“恰巧就在艺术生活中的这些时候，我几乎感到了我在真实的生活中所能够感到的快乐。”事实正是如此，文学、艺术逃避现实痛苦和娱乐身心的作用经常是交织在一起的。

中国士大夫文人对于山水田园的喜好，是与他们陶醉于山水田园、江湖林泉，而获得精神上的安闲和舒适分不开的。因此，对于他们来讲，绘画创作也便成为精神娱乐的一种重要方式。

不仅是绘画艺术如此，书法艺术同样是中国人精神娱乐的重要途径。欧阳修在《试笔·学书为乐》中说：“苏子美尝言，明窗净几，笔砚纸墨皆极精良，亦自是人生一乐。然能得此乐者甚稀，其不为外物移其好者，又特稀也。余晚知此趣，恨字体不工，不能到古人佳处，若以为乐，则自是有余。”从这番话语中可以看出，欧阳修是把书法当作一种娱情遣性、满足精神生活的方式，从而当作“人生一乐”的。

无论是祈求不朽也好，还是作为人生的记录、生命的自我实现也好，文学、艺术其实都指向生命活动的存续和延长。人们希望，在有限的生命终结之后，文学、艺术作为生命的结晶，像佛祖的舍利子一样永存于世。

在与文学界的几个朋友聊天时，著名作家莫言曾说过："文学就是头发。"我们可以这样理解，它是美丽的，它是飘逸的，它又是长久的。从这个意义上说，文学、艺术已不是生命的一种装饰，而应该说是生命的一种形式，一种凝固而恒久的形式，它无形中延长了我们的人生。所以欧阳修在《河南府司录张君墓表》写道："唯为善者能有后，而托于文字者可以无穷。"最著名的当数俄国大文豪高尔基了，他只有小学文化，曾经做过学徒、面包师、码头工人，如果他甘于平庸，那么他一辈子可能仍会不停地换工作而不会有大的出息，但他坚定地选择了文学作为他终身从事的职业，并且通过努力奋斗终获成功。泰国文坛的吴继岳从事文学已有60多年，但他只上过五六年学。他曾当过权贵人物的座上客，也曾做过阶下囚，不管在何种环境下，他始终没有抛弃文学这个信仰。他说："我认为只要我们能和年轻的打成一片，我们就是永远年轻，永远不会失去春天的。"文学的力量是巨大的，它使一个老人强烈地感到了春天的存在。爱尔兰诗人、作家斯蒂·布朗生下来就全身瘫痪，头、身体、四肢不能动弹，不会说话，五岁多还不会走路，后来学会了 26 个字母，他就用左脚打字，写出了他的自传体小说《生不逢辰》，感染了许多人。这些事例都充分说明，文学、艺术的信念力量是任何物质都难以比拟的，它像一盏明灯照亮迷航的人生，也给予人们生活的勇气。

文学、艺术里蕴涵着人生的真义。

人们在日常生活中，总会对一些事物有着自己独特的看法。人类有思想的本质决定了他需要表达，这些东西用文字等记载下来就是文学、艺术的雏形。文学是一种对生活、对人生的感悟。在文字没有产生前，人类用语言表达自己的思想，在语言没有产生前，人类用动作表达自己的思想。这些从本质上说都是文学、艺术的一种形式。

大诗人陶渊明不肯为五斗米向乡里小儿折腰，宁愿过着“采菊东篱下，悠然见南山”的生活，人格的高洁与情趣的高雅使他的生命成为一幅美丽的图画。

大诗人苏轼，也是在文学、艺术中探讨着人生的真义。苏轼在遭贬南方后的六年间，他的人生思想发生了巨变，开始对自己“一生凡九迁”进行全面反思。他说：“一念失垢污，身心洞清静。浩然天地间，惟我独也正。今日岭上行，身世永相忘。仙人拊我顶，结发授长生。”他为站在这清静辽阔的“浩然天地间”，有自己正大光明形象的存在而感到自豪，从此树立起了以天地精神自由衡量人生价值和处世态度的准绳。

其实，吟咏人生，对人生的目的、意义和价值进行探询，苏轼早在他出仕前后就已经开始了，他在诗中写道："人生到处知何似？恰似飞鸿踏雪泥。泥上偶然留指爪，鸿飞哪复计东西。"这是他在刚出任凤翔府节度判官时写的。但那时他还涉世较浅，诗中主要是感叹人生的短暂，抒发人生的忧患感。后来被贬到海南的儋州后，他才实现了人生境界的飞跃。在《与侄书》中，苏轼这样阐述："凡文字，少小时须令气象峥嵘，彩色绚灿；渐老渐熟，乃造平淡。其实不是平淡，绚灿之极也。"这是一种对生命更高一级的领会，一种于平淡中透视人生的境界，一种内敛的、返朴归真的自然呼应。它少了少年轻狂的张扬，少了青春特有的焦躁，也淘尽了仕途颠簸的失意，从气象峥嵘、色彩绚灿的表面激情中，返回自然道的轨迹，回归平静清澈、生气灵动的内在世界。而这样一种境界，体现在日常生活、起居吟唱之间的悠闲、惬意与忘我中。

大美学家朱光潜曾提出过"人生的艺术化"这个命题，旨在说明文学、艺术和人生的关系。他认为，人生是多方面统一的和谐整体，完满的人生是实用活动、科学活动与美感活动的平均发展。实际人生只是整个人生之中的一个片断，所以美感活动或艺术活动与实际人生有着距离。但是，文学、艺术与整个人生并无隔阂。"因为艺术是情趣的表现，而情趣的根源就在人生”。

在《谈美谈文学》这部著作里，朱光潜说，离开人生便无所谓艺术，离开艺术也无所谓人生。从这个意义上讲，“人生本来就是一种较广义的艺术。每个人的生命史就是他自己的作品。”朱光潜认为，完美的人生有一种生生不息的情趣，这是生命的造化，它流露于言行风采之中，构成美满的生命史。

这种理解，在他的《文学与人生》篇中也有明确的说明：“健全的人生理想是人性的多方面的谐和的发展，没有残废也没有臃肿……情感思想便是人的生机……有情感思想而不能表现，生机便遭窒塞残损，好比一株发育不全而呈病态的花草。”超越名利，不做作、不虚伪、恬淡自然、清静无为的人生，在他看来，才是真正的人生真义。

文学、艺术之所以打动人心，还因为它里面蕴涵着人生的生与死、悲与欢。

自从远古时代人类产生了死亡意识以后，人类对于死亡的恐惧就成了最大焦虑。生命使人们不能认识到那出于虚无的最初本源，而短暂的人生也使人们看不到永恒，因而人们竭力要找到一个安身立命的坚实的基础。然而，古代诗哲们早就看到，人不能从理智方面寻找到安身立命之所，于是人类就依赖宗教和文学艺术，让自己漂泊流浪的精神，可以在其中得到暂时的栖息。

对一般人而言，立德、立功其实是不存在可能性的。真正具有可能性的不朽之途，真正留给一般人的，也只有立言一途而已。

大家都看过著名的《兰亭集序》。它因为王羲之的书法而享誉千载。《兰亭集序》描写了宴饮之乐、风景之丽后，抒发了对人生无常所怀的深切悲哀："古人云：'死生亦大矣'，岂不痛哉。每览昔人兴感之由，若合一契，未尝不临文磋悼，不能喻之于怀。固知一死生为虚诞，齐彭殇为妄作。后之视今，亦犹今之视音。悲夫！故列叙时人，录其所述。虽世殊事异，所以兴怀，其致一也。后之览者，亦将有感于斯文。"

在王羲之这段传诵千古、感人至深的文字中，特别值得注意的是，他的深切悲哀是因"每览昔人兴感之由，若合一契，未尝不临文嗟悼"而起，显然昔人引发今人兴感的是文章，而昔人又正是因此而可以不朽。同时"固知一死生为虚诞，齐彭殇为妄作"，与曹王一样，王羲之也认为神仙之说既为虚妄，则实在而可信的也就只有"文章"可以使人获得个人存在的永恒价值了。所以他要"故列叙时人，录其所述"，因为"所以兴怀，其致一也"，从而希冀"后之览者，亦将有感于斯文"。而也就是在这一代代的"有感于斯文"中，人们才能获得个人存在的永恒价值而不朽。

文学、艺术可以传递人间的真善美。

中国传统文化传承着诗以言志、文以载道、注重教化的观念。那些被称为名著、名画、名曲、名片的优秀文学艺术作品，总是传递着真善美的信息，都是真善美的高度统一。巴尔扎克的《人间喜剧》曾被恩格斯肯定为“汇集了法国社会的全部历史”。《红楼梦》被人们誉为“封建社会的百科全书”。毛泽东就曾指出，要了解中国的封建社会，不可不读《红楼梦》。

“真”是文艺的基础和生命，而“善”是文艺的方向和灵魂。那些优秀的艺术名片总是体现出高尚、正义、端庄的伦理道德观，体现出进步、健康、积极、向上的思想倾向和精神品格，激励人们与邪恶势力作斗争，从而陶冶净化人的心灵，唤起人的尊严感。

雨果说，他的《悲惨世界》是“为世界全体人民写的”，他说：“凡是男人愚昧无知、陷于绝望的地方，凡是女人为了一块面包而卖身，以及儿童因为没有学习的书籍和取暖的火炉而痛苦的地方，我的《悲惨世界》都会来敲门，说道：开门，我找你们来了。”他还说，“我在分担全人类的痛苦并试图减轻这些痛苦。”优秀的文艺作品不仅告诉人们生活是什么样子的，而且还告诉人们应当怎样生活、怎样做人。它们重墨描写的是人及人生，对人的精神世界的探索以及对现实人生哲理的把握。

《简·爱》之所以为无数女性所珍爱，就是因为简·爱作为来自社会下层的一名觉醒的新女性，那种不甘屈辱，为维护妇女的人格尊严而勇于抗争的精神，深深打动了人们的心。奥斯特洛夫斯基从伏尼契的《牛虻》中汲取了力量，而他的《钢铁是怎样炼成的》又激励了千千万万的人，我国的几代青年也都从保尔身上受到了鼓舞。优秀的文学艺术作品体现和肯定了人的本质力量，是人类美好情感的载体，情感的血液流注于形象之中，使形象获得生命，获得个性。

文学是这样，其他艺术形式也同样如此。艺术的美是人类智慧和情感的结晶，它源于对生活的感情和体验，是对生活的提炼和升华，表达的是人类共同的心声。因此，无论是绘画音乐还是戏剧影视艺术，只要我们用心去感受，总能从中找到自己的身影，找到与心灵共鸣的地方。当我们沉浸在贝多芬《命运》、《英雄》等交响曲那磅礴的气势中，胸中一定会激荡起搏击人生挑战命运的勇气和豪情。当我们倾听着《春江花月夜》、《梅花三弄》，那悠扬动人的乐曲，就仿佛一泓清泉，为我们洗去世俗的尘埃杂质，恢复灵魂的纯洁和恬淡。

林语堂在《中国人》一书中说："中国古典诗歌建造的意境所表现的人文关怀，它使人通过体验，将情感与理性融为一体，沉淀为信仰情怀，成为人们心中的一片绿洲，筑成躲避苦难风雨的精神家园。”

感受和体验艺术审美的快乐，不仅让人们拓宽了知识，陶冶了情操，塑造了品格，而且提升了人生境界，完善了人性和文化心理结构，使身心得到自由和谐全面的发展。

◎ 创造像文学艺术一样精彩的生活

实践表明，那些具有独特创造性的著名思想家、军事家和科学家的成功，往往与他们的文学艺术素养有着密切的联系。马克思、恩格斯在青年时代就形成了良好的艺术思维和感觉，从而极大地挖掘了他们的思维潜力。达尔文和爱因斯坦都喜欢音乐，据说爱因斯坦的“相对论”就是在琴声的启发和伴奏下产生的。艺术能为人们建立一个科学的合理的知识结构。爱因斯坦说：“物理给我知识，艺术给我想象力，知识是有限的，而艺术开放的想象力是无限的。”

艺术历来与军人有着不解之缘。三国时曹操在激战之前不仅注重修内政、练精兵，而且把天下最好的乐师招至麾下，打制乐器，编写歌词，要众将士唱和，以鼓士气、壮军威。我国古代的曹操、岳飞、陆游、辛弃疾、文天祥等等，都既是政治家、军事家，又是诗人。古往今来，不知多少人吟诵过军旅生涯的壮丽诗篇。在人民军队历史上那些激越嘹亮的进行曲，从《义勇军进行曲》、《新四军军歌》，到《中国人民解放军进行曲》、《黄河大合唱》等等，都反映出军人朝气蓬勃、勇往直前的精神气质，充满着强烈的爱国主义、集体主义和革命英雄主义精神，哺育了一代又一代军人，增强了军队的凝聚力和战斗力。

今天，面对纷繁多变的五彩世界，人们如何提高自己的文学艺术修养呢？其途径有许多，但首先是要多阅读、多欣赏。马克思曾赞扬恩格斯的知识渊博，说他好像"一部真正的百科全书"。对此恩格斯是当之无愧的。他精通哲学、政治经济学、历史、文学、语言学、军事学，还钻研了物理、化学、植物学、医学等，能用十几种语言文字会话、写作。恩格斯并没上过大学，高中也未曾毕业。十七岁时，他父亲强迫他去经商。在繁忙的工作之余，他抓紧晚上时间勤奋钻研哲学和自然科学，一学几小时，甚至彻夜不眠，数十年如一日。到了四十五岁时他开始学微分学，七十多岁又苦攻挪威文。1848 年德国大革命期间，他亲自参加并指挥了工人阶级的武装起义，在斗争中又钻研了军事知识。后来马克思写信称他是"被公认为伦敦的头号军事权威"。大革命失败后，他乘船到英国去，途中又抓紧时间记录和研究航海知识，每天记录太阳位置、风向、海潮变化……他每到一个地方，就深入了解社会、风土人情、历史变革、文学、语言，以此来丰富自己。恩格斯的博学多识，正是他在革命实践斗争中，点点滴滴，勤奋学习，刻苦钻研的结果。

人类创造了辉煌灿烂的文学、艺术，精美的文艺作品浩如烟海。多阅读、欣赏优秀作品，对德行修养具有不可估量的积极意义。现代的生活节奏很快，大家时间很紧张，但也要尽可能多地阅读和欣赏人类精神生活的精华，比如优秀的文学、艺术作品。提高艺术修养不是一日之功，需要广泛涉猎，多看看美术作品、书法作品，多听听优美的音乐。比如在文学名著方面，读《红楼梦》等中国古典名著非常好，并可以配合一些研究专著来读，比如周汝昌、王昆仑、俞平伯和刘心武的研究作品。散文方面，余秋雨的文化品味不错。《文化苦旅》和《山居笔记》都非常好，《千年一叹》也不错。诗歌也很重要，尤其是古典诗歌，《唐诗三百首》、《宋词三百首》这些书要多读。还有戏剧，中国古典戏剧写的都是柔肠百转的。人民文学出版社出过一本《中国古代戏剧选》，值得一看。在这里，只是给大家列一个简单的单子，自己可以根据兴趣去阅读和欣赏，相信坚持一年、两年，你就会觉得自己的品位提高了，精神充实了，生活精彩了。

其次是要多思考、多体会。人的阅读和欣赏，只是解决了表层的问题，而真正的目的在于进行人生的思考。欣赏任何一件艺术品，都可以引起人的思考。看雕塑《深思者》，人们可以对什么是知识、什么是信仰产生思考；看油画《父亲》，人们可以对中国农民的性格特质、前途命运产生思考；听歌剧《梁山伯与祝英台》，人们可以对人生的命运、爱情的悲欢产生思考。

“麦当劳”创始人雷·克洛在传记中写道：家境贫寒的他，曾因囊中羞涩上不起大学，后来做过急救车司机、钢琴演奏员和搅拌器推销员。刚在房地产方面打开局面，不料第二次世界大战烽烟四起，房价急转直下。就这样，几十年来低谷、逆境和失败一直伴随着雷·克洛，命运无情地捉弄他。1955 年，在外面闯荡了半辈子的雷·克洛回到老家佛罗里达州，卖掉家里少得可怜的一份产业做小生意。这时，他发现一家汉堡包店的生意十分红火。雷·克洛当时已经 52 岁了，对于不少人来说这正是准备退休的年龄。可他却决心从头做起，到这家店里打工，学做汉堡包。后来该店转让，雷·克洛毫不犹豫地借债 300 万美元将其买下，把招牌改为“麦当劳”。现在它在全世界已有 5637 个分店，年收入高达 4.3 亿美元。

我读过这本传记之后，产生了这样的思考：心态是真正的主人，你的心态决定了谁是坐骑，谁是骑师。积极的心态使你充满力量，去获得财富、成功、幸福和健康，攀登到人生的顶峰；而消极的心态却把一切让你的生活有意义的东西剥夺得一干二净，在人生的整个航程中处于“晕船”的状态，对将来总感到失望。在失败者中，几乎大多数人是自己放弃了成功的希望，并不是被打败的。可成功者正相反，因为总是充满乐观的精神和积极的思考，所以他能够战胜自我，超越自我，走向人生的辉煌。正是因为有了这样的思考，才使阅读变得更加有意义，更加有价值。

再次是要多磨练、多实践。文学、艺术既是人类的精神产品，同时也对人的精神产生重大的影响。中国古人常说，“有一等襟抱，才有一等真诗”，人必须把自己从文学、艺术中汲取的修养用于实践，才会产生积极的意义。韩愈曾提出“气盛言宜”的观点。这里的“气”，就是指人通过道德修养，使自己的人格境界达到一定高度后自发产生出来的一种精神力量。这种精神力量并不是抽象的道德观念，而是一种充沛的生命冲动，推动着人们去进行实践活动。陈毅元帅在领导南方几省进行游击战争时，曾被困梅山，于是写下了一首绝笔诗：“断头今日意如何？创业艰难百战多，此去泉台招旧部，旌旗十万斩阎罗。”这首诗表达了陈毅视死如归的革命豪情和百折不挠的钢铁意志，表达了其压倒一切敌人，压倒一切困难的革命英雄主义气概。这就告诉人们，一个人应该对工作、事业有美好的向往，并一直朝着它去奋斗、去努力。

人需要有追求，但要建立在快乐无忧、轻松自在上；人生本应幸福，过分的追求与不满足只会徒增烦恼。有时想想其实自己最想要的，不过是渴了同事递过来的一杯水，饿了父母准备的一顿美餐，伤心失落时朋友的一句鼓励与安慰，病了累了时家人的一份关怀与呵护。虽然极其平凡，但处处透着甜蜜和幸福。这才是人生——如水的人生，幸福悠长。平凡中绽放美丽才最令人心动与缅怀，这才是最真实，最永恒，最具魅力的人生。

有这样一个故事：一位颇有成就的书法家教学生练字。一次，一个经常用废旧报纸练字的学生恭恭敬敬地走到老师面前请教："老师，我跟您学书法已经很长时间了，但进步老是不快。您能告诉我是什么原因吗?"书法家不假思索地对他说："你改用最好的纸试试，你可能会写得更好。"那个学生按照老师的话去做了，果然没过多久，他的字进步很快。他奇怪地问书法家这是什么原因？书法家说："先前你用旧报纸练字的时候，总会感觉自己是在打草稿。反正旧报纸也不值钱，所以写好写坏你觉得无所谓，思想上不可能专心致志；而当你用最好的纸练字时，你因为心疼稿纸，就会全神贯注，唯恐写得不好把纸糟蹋了，因此，你会用心去写，当然你写的字就会取得大的进步。"

书法家教学生练字的这一席话，表面看来是回答学生为什么练字未能取得突破，但其中蕴含着深刻的人生哲理。一个人的人生历程，其实就如铺在练书法者面前的稿纸。是漫不经心、心不在焉、涂鸦似的书写，还是专心致志、一丝不苟、认认真真地书写，就会取得两种截然不同的结果。

其实，人生的稿纸可能是短暂的，也可能是漫长的。短暂的人生稿纸不一定没有耀眼的光华，漫长的人生稿纸也不一定就会光彩夺目。关键取决于书法者如何落笔。人生不是虚无飘渺的梦境，不是稍纵即逝的幻影，也不是自然现象折射的海市蜃楼。人生是实实在在的，由一日、一月、一年积累起来的历史。当你在不知不觉中打发着一分一秒的时候，你也在不知不觉中在人生的稿纸上描绘着自己的人生历程。

我们平常过日子，许许多多的人常常把平时看似平淡的每一天、每一个小时、每分每秒，都当作不值钱的“废旧报纸”来对待，即使涂抹坏了也不心疼，总以为来日方长，时间有的是，“废旧报纸”用完了还会有。殊不知，这样的心态常常会使我们生活的每一天都在与机会擦肩而过。

人生是一条一经迈出，再也没有回程的路；生命的过程没有预演，而是一场真刀真枪的实战。生活不允许、也不可能给人以打草稿的机会。人们所认为的草稿，其实就已经是人生无法更改的答案。我想，如果大家都把生命的每一天当作是那最好的一张纸，认认真真地描绘出最美的图画，那么这样的人生，才会像文学、艺术一样精彩，才会是最圆满、最有价值的人生。

文学艺术是生命乐章的修饰符，能够为我们的人生添加绚丽的色彩，更加丰富我们人生的底蕴。让我们一起步入艺术的殿堂，哪怕捧一本好书，听一段优雅的音乐，欣赏一部好电影，大胆地展开想象的翅膀，去领略古今中外最美好的、最优秀的文学艺术作品吧！这是一种享受，更是一种智慧。

后　记

经过一年多的努力和数易其稿，这本《讲坛随笔》终于完稿，可以排版印刷了。此时此刻，独立窗前，看着案头上这叠厚厚的讲稿，远眺白云山的美丽景色，感到如释重负、无比轻松，一股暖流立刻涌上心头……

回想四十多年的从军岁月，自己大部分心思和精力都用在了做思想政治工作上，其中既有不少辛酸苦累，又有许多甘甜乐趣，不免思绪万千、感触良多。为什么要编辑这本书呢？主要基于这样一些考虑：一则自己多年从事政治工作，在讲课问题上作了一些探索研究，希望能给人以启示；二则自己作为一名政治工作领导者，希望通过这种形式，与年轻政治干部进行有效地沟通和交流；三则自己在不同时代、不同单位和不同岗位上都工作过，对人生的基本问题有些认识和体会，希望能把自己的所见所闻、所感所思，同时也对我们的教育形式与方法作了些探讨，然后用文字的形式表达出来，不管是对政治干部，还是对普通读者，我想都可以提供一些参考性的东西。也希望能通过这样一种形式，给我们的思想政治教育带来一些启发思考性的东西，使我们的工作能探索出一套更管用更科学的办法来。

这些年来，我总在思考一个问题，我们的政治教育内容，体现的应该是最先进的科学理论，理应受到群众的欢迎。然而，在日常教育中，我们也发现另一个问题，那就是我们的政治教育效果却往往不尽如人意，甚至有时群众还有某种逆反心理，每逢教育课总会有人把它当作一种负担。为什么这些先进的理论文化在教育实施中会产生这样的结果呢？作为一名常年做思想政治工作的领导干部，我思来想去，试图寻找症结所在，同时在思考中也开始了我的调查研究。

广泛的基层调查证明，我们的政治教育有时效果不佳，不能怪群众觉悟不高，更不能说群众对政治课的排斥心理是一种正常现象，关键是我们的方法不对，比如，我们有些领导总喜欢那种从概念到概念的照本宣科，喜欢对上级文件不动脑筋的照转照抄，喜欢那些抽象的八股文风，喜欢用那些枯燥的概念、抽象的理论、空洞的说教向被教育者施教，而丝毫不去考虑他们的接受心理，这就难免使其产生厌烦心理。因为你讲授的内容和方法都离大家的生活实际太远。我想，要确保我们的教育取得实效，政治教育课的这种状况亟须改变。

正当我对这个问题苦思冥想的时候，于丹讲《论语》，易中天讲《三国》在国内外产生巨大影响，掀起了从未有过的思想波澜，给我以极大的心灵震撼。同样是写文章，同样是讲课，他们为什么能把普通的课题讲得风生水起，引发社会大众的巨大关注呢？我认为，关键是他们研究和把握了群众的接受心理。我想，如果仅仅从学术角度考虑，这两位教授所讲述的内容在理论上或许不是在作更深入的学术探讨，但他们成功了，为什么？因为他们用一种非常科学而巧妙的办法，以一种老百姓喜闻乐见的方式把传统国学请进了千家万户，把历来属于专家教授的学术专利从学术殿堂请下来，走进了寻常百姓家。不论是对《论语》为代表的儒学，还是对《三国》为代表的历史知识，因为有两位教授的推动，都收到了中国近年来从未有过的普及效果。应该说，提升国民对传统文化的认知，于丹、易中天们功莫大焉。

这个现象给我触动很大，由此联想到我们的思想政治教育，对于构筑当代中国国民核心价值体系的大厦最需要的是什么？就是把我们共产党人所倡导的核心价值观，即我们经常所说的主流思想体系，要通过扎扎实实的工作传达给群众，使之心悦诚服地接受，感到这是切切实实为他们自己服务的理论，变“要我受教育”为“我要受教育”，变被动为主动，这才是最为重要的。而我们的工作恰恰在这方面存在弊端，对我们思想政治教育的某些形式和方法，群众有逆反心理，这就必须对其进行研究，革除弊端，加以改进。于丹、易中天们既然能以老百姓喜闻乐见的形式普及国学，为什么就不能用同样的方式向老百姓普及我们发了多少文件、印了多少理论著作所要阐述的核心价值观呢？

要做到这一点，就要把历来看作高深的理论内容变为与老百姓生活丝丝相扣的通俗内容，做到雅俗共赏。让老百姓在潜移默化和阅读快感中接受你要传达的理论内容，这比那些刻板教条地宣读理论，不知要强多少倍。理论教育是化人的，化人首先得化心，如果能把我们所要阐述的核心价值观，变成形象通俗的教人处世做人的修身宝典，让它通俗化、家常化，且与人们的生活密切相关，如春风化雨，沁人心田，这正是我们政治工作者的最高目标。这几年，我将这种带有对政治工作创新性的探求和想法，在各类讲坛、报告中作了探索性的试验，其反响和赞誉连我自己也不曾想到，它让我从内心深处感到不是群众不喜欢政治教育课，而是你拿没拿出让群众喜闻乐见的内容和方法。去年，我又把讲坛上、课堂上讲到的反响比较好的观点，以随感随笔形式撰写了名为《人生悟语》的一本书，其在军内外读者中产生的广泛影响，更让我始料未及。这让我深刻地认识到丰富思想教育内容、改进思想教育形式，群众是何等的急迫和欢迎。同时我也认为，对执政党来说，对这个课题的探索研究显得尤为重要和紧迫。说严重点，它与巩固执政党的地位密切相关，与从信仰和理念上让人民对党的理论工作信服密切相关。无形之中，作为一名政治工作者，我也深感自身责任的重大。正是基于以上思考，所以我把近些年自己在讲坛上带有试验性的讲课内容，排出最受听众欢迎的二十讲，以随笔形式把它整理出来，这便是呈现给广大读者的这部《讲坛随笔》。

称其“随笔”，当然是文学。我想用文学形式搞教育，去普及我们政治教育的内容，不论对文学还是对教育，都是很有意义的新尝试。在这两个方面，这些年我一直都在进行思考和探索，并有了自己的一些粗浅体会：随笔是一种抒情特色很鲜明的文学体裁，它能紧追时代的脚步，最迅速地反映现实生活，反映社会大众的心灵脉动，它离不开我们火热的现实生活，离不开我们亘古未有的改革浪潮，离不开这个瞬息万变的时代，因而决不能把随笔搞成单纯的茶肆酒楼的闲适文学、无病呻吟的消遣文学，甚至搞成抒发小情小我的小天地。一个有责任感的作家不应消极地回避生活，而应以手中之笔主动去干预生活，去为我们这个时代鼓与呼，去为我们的民族传承最优秀的文化基因，努力为提高国民的整体素质多作贡献。作为一名共产党员，特别是党的思想政治战线的领导干部，就要主动地为党分忧，为巩固执政党地位主动做些宣传党的核心理论的工作。一种政治工作者的强烈使命感和责任感，迫使我用自己习惯的随笔形式写作，背负着宣传主流核心价值观的使命，对随笔写作进行了一次题材和内容上的拓展创新。这无疑是对随笔写作方式的一次有益探索。在我看来，回避时事，且以远离党和国家的主流宣传为荣的态度，不是一个革命的有责任感的作家应有的态度。我以自己的行动来阐发我的文学想法，那就是任何时候，都要把党的需要、人民的需要当作第一需要，用文学去表现我们政治生活的“现在进行时”，主动去干预生活。如果我们这种方式能得到读者的认可，同时能得到文学界更多作家的认同，且有更多的朋友愿意拿起笔来一起为宣传主流价值观做些工作，那我将感到莫大的欣慰。

在整理编辑此书时，先后得到了省军区领导和机关的热情关心和帮助，得到了花城出版社以及部队广大思想政治工作者的鼎力相助，一些老首长、老战友还提出了许多中肯的意见建议，进一步增强了我编好这本册子的信心。在此，谨表示衷心地感谢！同时，在收集整理过程中，曾参阅了大量报刊资料及专家、学者、教授的有关著作，未能一一注明出处，谨向有关作者表示感谢和歉意！

由于本人学识水平有限，书中难免有一些不足和可商榷之处，敬请读者批评指正。

蔡多文

2009 年 11 月 16 日于广州